Solidworks
项目教程

Solidworks XIANGMU JIAOCHENG

主 编／何风梅　易熙琼

西南交通大学出版社
·成都·

内容提要

本书以计算机辅助工业设计软件 Solidworks 的使用为主要内容，以学生掌握软件的实际操作为主旨，重点介绍了软件二维绘图、三维实体建模、三维曲面建模、装配体、工程图等功能在产品造型设计中的应用。全书分为 18 个项目，每个项目下都设置了经典案例操作示范，并配备了知识点详解及拓展应用，每个项目后的课后小结归纳了知识重点，并提出问题让学生思考。另外，本书配有一定数量的习题供学生练习、巩固和提高。本书的特点和安排有助于读者理解思路，学会建模方法，掌握软件工具，从而有效地完成产品造型的三维建模与表达。

本书可作为高等职业院校工业设计专业学生教材，也可供产品设计和工程技术人员、设计爱好者阅读参考。

图书在版编目（CIP）数据

Solidworks 项目教程 / 何风梅，易熙琼主编. —成都：西南交通大学出版社，2016.8
ISBN 978-7-5643-4999-8

Ⅰ.①S… Ⅱ.①何… ②易… Ⅲ.①计算机辅助设计–应用软件–高等职业教育–教材 Ⅳ.①TP391.72

中国版本图书馆 CIP 数据核字（2016）第 213689 号

Solidworks 项目教程
主　编　何风梅　易熙琼

责　任　编　辑		黄庆斌
封　面　设　计		墨创文化
出　版　发　行		西南交通大学出版社 （四川省成都市二环路北一段 111 号 西南交通大学创新大厦 21 楼）
发　行　部　电　话		028-87600564　028-87600533
邮　政　编　码		610031
网　　　　址		http://www.xnjdcbs.com
印　　　　刷		成都中铁二局永经堂印务有限责任公司
成　品　尺　寸		185 mm × 260 mm
印　　　　张		15.75
字　　　　数		390 千
版　　　　次		2016 年 8 月第 1 版
印　　　　次		2016 年 8 月第 1 次
书　　　　号		ISBN 978-7-5643-4999-8
定　　　　价		39.80 元

课件咨询电话：028-87600533
图书如有印装质量问题　本社负责退换
版权所有　盗版必究　举报电话：028-87600562

前言

近年来高等职业教育迅猛发展,但是教材建设相对滞后,具有针对性、适用性的符合高职教育的精品教材并不多见。基于这种情况,本书编者编写了本教材。

本教材按照产品设计实践要求,以应用为主线,突出实用性。结构上区别于传统教材先系统介绍知识再应用举例,而是将系统知识适当分解到不同项目案例中。通过各种项目案例的讲解,读者能系统掌握软件的功能和使用。在内容上不求面面俱到,而是通过项目案例介绍 Solidworks 的基本功能和常用功能,突出了知识的应用性,同时也符合高职学生基于工作任务的项目化教学要求。

本教材在编写过程中注重突出以下特点:

(1)本教材内容按照 CSWA(Solidworks 助理工程师认证)考试大纲要求编写,既适合初学者学习,又对 CSWA 考证具有很强的针对性。

(2)项目案例按照难易程度由低到高编排,符合一般认知规律。

(3)项目案例基本上采用典型产品设计、典型机械零件及典型装配体等,与知识学习有机结合,有利于用户将软件功能学习与工程实践有机结合,体现了教材的实用性、典型性和应用性。

(4)本教材以基于工作任务的项目案例进行编写,符合高职教育教学改革方向。

全书共计 18 项目,内容包含 Solidworks 参数化草图设计、实体建模技术、装配体及工程图等。其中项目 1~9 由东莞职业技术学院易熙琼编写,项目 10~18 由东莞职业技术学院何凤梅编写。全书由何凤梅统稿。

本教材在编写过程中得到学院领导、同事以及部分企业的大力支持,在此一并表示感谢!

由于时间紧促,作者水平有限,书中难免会有疏漏和不足之处,恳请读者批评指正。

编 者
2016 年 6 月

目 录

项目 1　Solidworks 软件入门 1
 1.1　学习介绍 1
 1.2　学习知识点 1
 1.3　学习内容 1
 1.4　小结与思考 10

项目 2　手柄草图绘制 11
 2.1　案例介绍 11
 2.2　学习知识点 11
 2.3　案例分析 11
 2.4　操作步骤 12
 2.5　能力拓展 13
 2.6　小结与思考 20
 2.7　实战演练 20
 2.8　能力测试 22

项目 3　金属零件草图绘制 23
 3.1　案例介绍 23
 3.2　学习知识点 23
 3.3　案例分析 23
 3.4　操作步骤 24
 3.5　能力拓展 27
 3.6　小结与思考 33
 3.7　实战演练 33
 3.8　能力测试 35

项目 4　公章文字草图绘制 36
 4.1　案例介绍 36
 4.2　学习知识点 36
 4.3　案例分析 36
 4.4　操作步骤 36
 4.5　能力拓展 38

  4.6 小结与思考 ... 42
  4.7 实战演练 ... 43
  4.8 能力测试 ... 45

项目 5 闷 盖 ... 47
  5.1 案例介绍 ... 47
  5.2 学习知识点 ... 47
  5.3 案例分析 ... 47
  5.4 操作步骤 ... 48
  5.5 能力拓展 ... 51
  5.6 小结与思考 ... 54
  5.7 实战演练 ... 54
  5.8 能力测试 ... 57

项目 6 陀 螺 ... 60
  6.1 案例介绍 ... 60
  6.2 学习知识点 ... 60
  6.3 案例分析 ... 60
  6.4 操作步骤 ... 61
  6.5 能力拓展 ... 63
  6.6 小结与思考 ... 66
  6.7 实战演练 ... 66
  6.8 能力测试 ... 68

项目 7 果 盘 ... 69
  7.1 案例介绍 ... 69
  7.2 学习知识点 ... 69
  7.3 案例分析 ... 69
  7.4 操作步骤 ... 70
  7.5 能力拓展 ... 72
  7.6 小结与思考 ... 76
  7.7 实战演练 ... 76
  7.8 能力测试 ... 80

项目 8 蝶形螺母 ... 81
  8.1 案例介绍 ... 81
  8.2 学习知识点 ... 81
  8.3 案例分析 ... 81
  8.4 操作步骤 ... 81

8.5	能力拓展	85
8.6	小结与思考	86
8.7	实战演练	87
8.8	能力测试	89

项目 9 凿 子 91

9.1	案例介绍	91
9.2	学习知识点	91
9.3	案例分析	91
9.4	操作步骤	92
9.5	能力拓展	94
9.6	小结与思考	98
9.7	实战演练	98
9.8	能力测试	102

项目 10 碎纸机 103

10.1	案例介绍	103
10.2	学习知识点	103
10.3	案例分析	103
10.4	操作步骤	104
10.5	能力拓展	113
10.6	小结与思考	117
10.7	实战演练	117
10.8	能力测试	124

项目 11 搓衣板 125

11.1	案例介绍	125
11.2	学习知识点	125
11.3	案例分析	125
11.4	操作步骤	126
11.5	能力拓展	129
11.6	小结与思考	132
11.7	实战演练	132
11.8	能力测试	135

项目 12 U 盘 136

12.1	案例介绍	136
12.2	学习知识点	136
12.3	案例分析	136

12.4	操作步骤	137
12.5	能力拓展	141
12.6	小结与思考	145
12.7	实战演练	145
12.8	能力测试	148

项目13 草 帽 ... 149

13.1	案例介绍	149
13.2	学习知识点	149
13.3	案例分析	150
13.4	操作步骤	150
13.5	能力拓展	154
13.6	小结与思考	160
13.7	实战演练	161
13.8	能力测试	166

项目14 电饭煲 ... 167

14.1	案例介绍	167
14.2	学习知识点	167
14.3	案例分析	167
14.4	操作步骤	168
14.5	能力拓展	178
14.6	小结与思考	180
14.7	实战演练	180
14.8	能力测试	183

项目15 玩具猴头装配 ... 184

15.1	案例介绍	184
15.2	学习知识点	184
15.3	案例分析	184
15.4	操作步骤	185
15.5	能力拓展	189
15.6	小结与思考	192
15.7	实战演练	192
15.8	能力测试	194

项目16 万向节装配 ... 196

16.1	案例介绍	196
16.2	学习知识点	196

16.3	案例分析	196
16.4	操作步骤	197
16.5	能力拓展	205
16.6	小结与思考	210
16.7	实战演练	211
16.8	能力测试	213

项目17 饭盒工程图 215

17.1	案例介绍	215
17.2	学习知识点	215
17.3	案例分析	216
17.4	操作步骤	216
17.5	能力拓展	219
17.6	小结与思考	224
17.7	实战演练	224
17.8	能力测试	227

项目18 插线板工程图 230

18.1	案例介绍	230
18.2	学习知识点	230
18.3	案例分析	230
18.4	操作步骤	231
18.5	能力拓展	233
18.6	小结与思考	235
18.7	实战演练	236
18.8	能力测试	239

参考文献 241

项目 1　Solidworks 软件入门

1.1　学习介绍

Solidworks 作为 Windows 平台下的三维设计软件，它完全融入了 Windows 软件使用方便和操作简单的特点，其强大的设计功能完全可以满足工业产品的设计需要。

通过本项目学习，学生能初步认识 Solidworks 软件，了解软件特点，了解软件对计算机硬件环境的要求以及安装方法，掌握常用术语，体会用 Solidworks 软件进行产品设计的一般设计思想、设计过程与方法。

1.2　学习知识点

（1）软件特点。
（2）安装软件。
（3）软件基本操作。
（4）常用术语与设计思想。
（5）一般设计过程与方法。

1.3　学习内容

1.3.1　Solidworks 软件简介

Solidworks 自 1995 年问世以来，以其优异的性能、易用性和创新性，极大地提高了工程师的设计效率，在与同类软件的激烈竞争中已经确立了它的市场地位，成为三维设计软件的标准，在航空航天、铁道、兵器、电子、机械、产品设计等领域有广泛的用户，现在已经发展到最新的 Solidworks 2015 版本。

Solidworks 2015 在设计创新、使用方便性和提高整体性能等方面都得到了显著加强，包括增强了大装配处理能力、复杂曲面造型能力等。

Solidworks 软件集零件设计、钣金设计、造型设计、模具开发、有限元分析、注塑模拟、管道设计、设计验证和产品数据管理功能于一体，为三维产品设计提供了完整的解决方案，减少了设计过程中的错误，提高了产品设计的质量。Solidworks 与 Windows 系统的无缝结合，从而使 Solidworks 具有易学易用性，Windows 系统的拖放、点击、剪切/粘贴等操作同样适用于 Solidworks 中。只要读者熟悉微软的 Windows 系统，基本上就可以用 Solidworks 进行产品设计。

Solidworks 公司始终关注用户需求，不断更新软件功能，这些新增功能使得 Solidworks

使用更加方便、快捷与人性化,从而三维设计变得更轻松、更快速,减少设计师繁杂的工作,提高自动化程度,释放了设计师和工程师的创造力,使他们只需花费同类软件所需时间的一小部分即可设计出更好、更有吸引力的产品。

1.3.2 安装系统需求

1. 操作系统

推荐的操作系统为:Microsoft Windows XP Professional、Windows 2000(Service Pack 2 or higher)。

2. 硬件配置

(1)Intel Pentium 或者 AMD Athlon™5 CPU。

(2)显示器至少能够显示 1024×768 像素和 24 位色。

(3)至少为 512 MB 内存,使用更大内存可提高性能,推荐内存为 1 GB 或更大。

注意:运行 Solidworks 程序时尽量不要再运行其他程序。

(4)6.5 GB 或更大可用硬盘空间。

(5)鼠标或其他定点设备。

(6)光盘驱动器。

1.3.3 安装步骤

(1)将 Solidworks 软件安装光盘装入光盘驱动器。

(2)在"我的电脑"中查看光盘中的文件,找到并双击其中的"setup.exe"文件,打开"Solidworks 软件中的安装管理程序"对话框,选择"中文(简体)"选项,如图 1.1 所示。

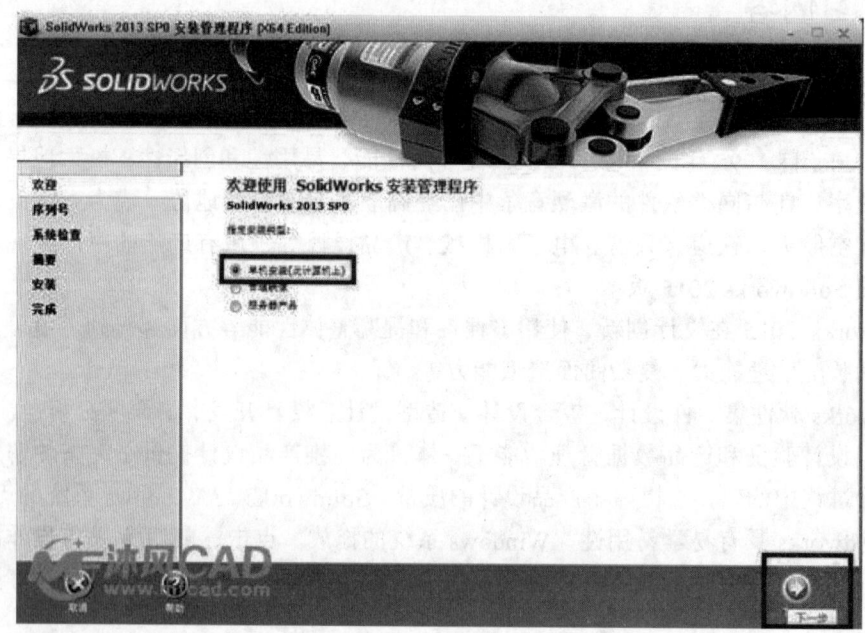

图 1.1 "Solidworks 软件安装管理程序"对话框

（3）点选"单击安装"单选按钮，单击"下一步"按钮，进入"序列号"界面，如图1.2所示。

图1.2 "序列号"界面

（4）输入授权序列号，单击"下一步"按钮，进入"摘要"界面，如图1.3所示。

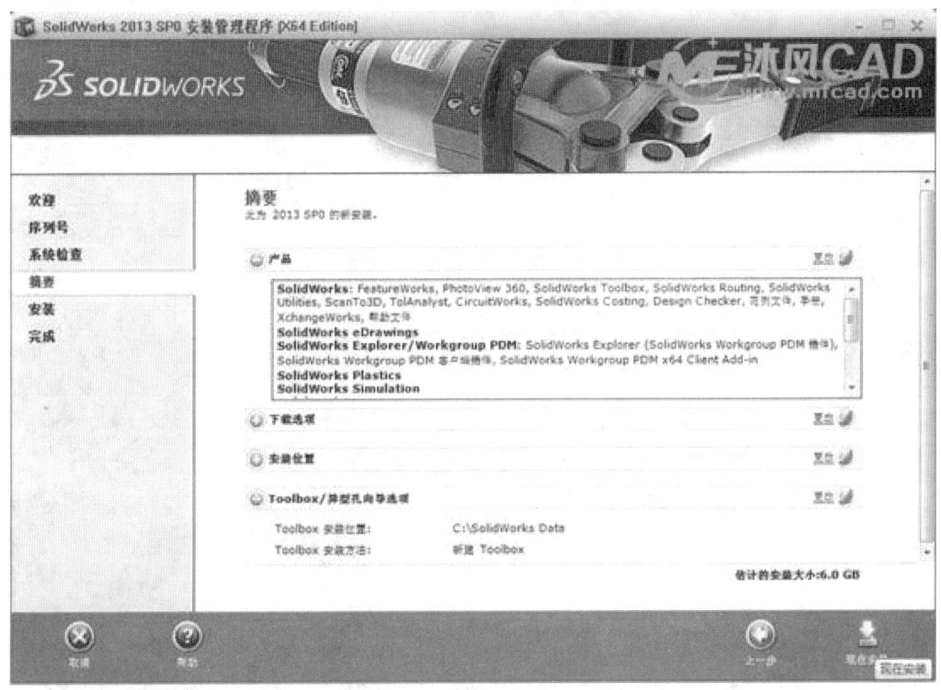

图1.3 "摘要"界面

（5）更改默认选项，也可以以默认选项进行安装。完成后可以单击"现在安装"按钮，开始安装软件，进入"安装选定的产品"界面，如图 1.4 所示。

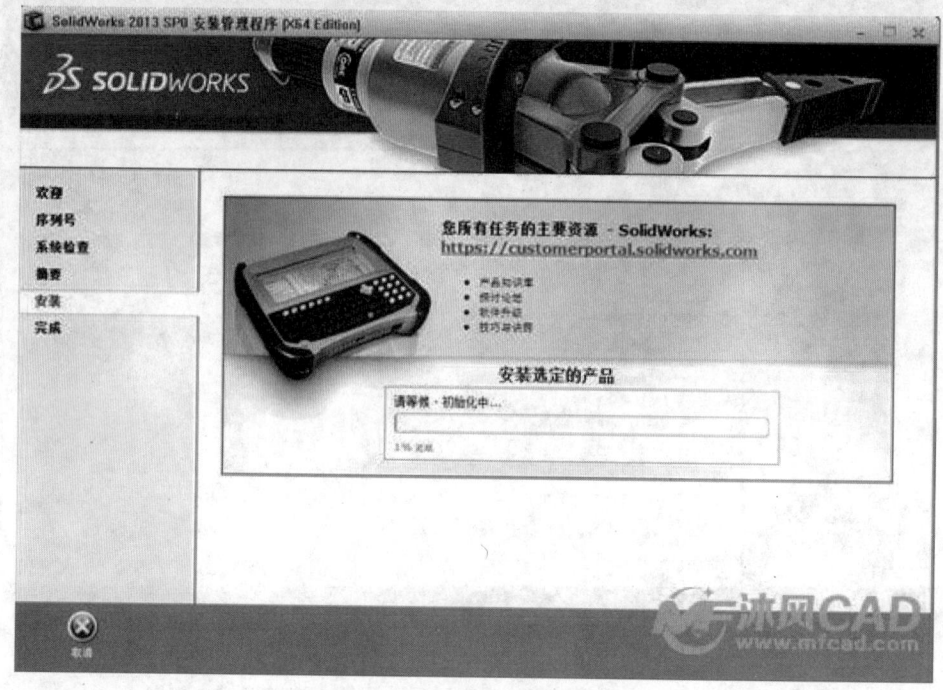

图 1.4 "安装选定的产品"界面

（6）安装完成后，进入"安装完成"界面，如图 1.5 所示，单击"完成"按钮即可完成安装。

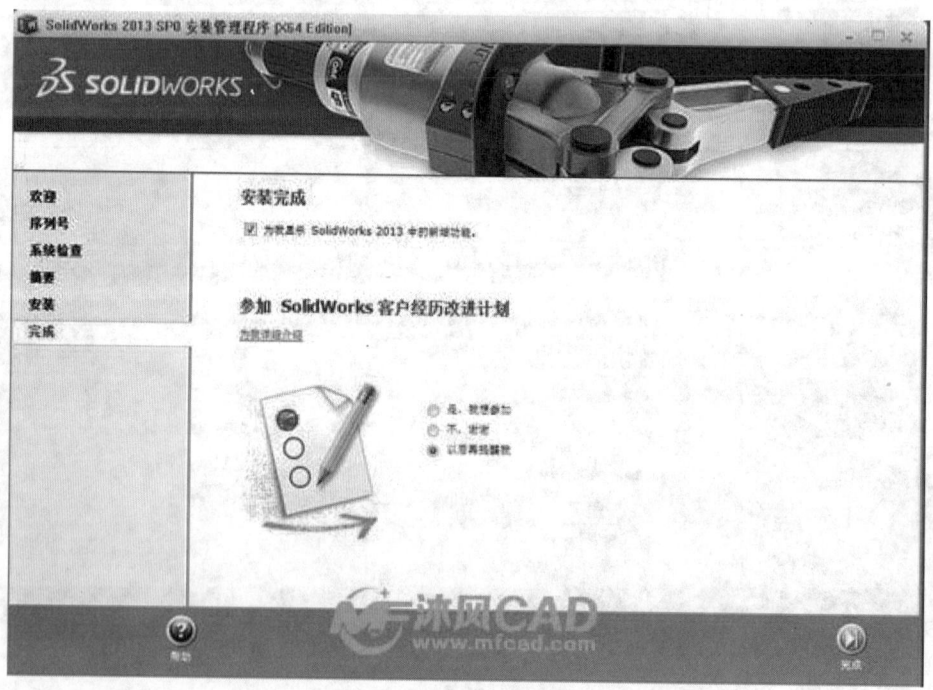

图 1.5 "安装完成"界面

1.3.4 启动与退出

选择菜单栏中的"开始"/"所有程序"/"Solidworks"/"Solidworks"命令，即可启动Solidworks软件，Solidworks启动界面如图1.6所示。

绘制、编辑图形结束后，用户可选择菜单栏中的"文件"/"关闭"命令退出Solidworks。退出时若用户尚未保存修改后的图形，Solidworks会提醒"是否保存零件"。

图1.6　Solidworks启动界面

1.3.5 基本功能

Solidworks是一套设计自动化软件，采用用户熟悉的MS Windows图形用户界面。使用这套简单易学的工具，设计师能快速地按照其设计思想绘制草图，运用各种特征与不同尺寸制作模型和详细工程图。特别是Solidworks 2015的新增功能与插件能够使用户更加得心应手地建立模型，并提供产品数据管理的集成平台，展示可能的设计实施及设计意图。

（1）Solidworks 2015模型由零件、装配体和工程图组成，并且三者具有联动功能。

（2）用Solidworks 2015可以生成二维工程图及三维零件模型，用三维零件模型可建立二维工程图和三维装配体。

（3）Solidworks 2015是尺寸驱动系统，可指定尺寸和各实体之间的关系。改变尺寸能改变零件的尺寸和形状，并可保留原有设计意图。

（4）Solidworks 2015有特征造型的功能。一般可用草图建立一个基本特征，然后加上更多的特征，再由特征建立零件。在此过程中，可通过对特征的加减、改变或调动来自由地重新定义设计。

（5）Solidworks中零件、装配体和工程图之间的联动功能联系，保证了将一个视图上的改变自动地反映到其他视图，且可在设计过程中的任何时候生成工程图和装配体。

（6）Solidworks 提供了特征管理器功能，可以让用户同时查看特征管理器设计树和属性管理器。

（7）Solidworks 2015 具有灵活多样的帮助功能。

1.3.6 常用术语

在产品设计实例中经常用到这些术语：

（1）三重轴：在图形区中左下角显示为 3 个立体箭头，红色代表 X 轴、绿色代表 Y 轴、蓝色代表 Z 轴。三重轴的作用只是作为观察模型的参照，不能作为作图参考几何体，鼠标也不能捕捉到各轴。

（2）原点：三维模型中原点为两个代表 X、Y 轴蓝色箭头的交叉点，代表模型的（0，0，0）坐标。当草图为激活状态时，草图原点显示为红色，代表草图的（0，0，0）坐标。

（3）基准面：基准面用来绘制草图、生成模型的剖面视图，或用于拔模特征中的中性面等，在建模过程中经常用到。系统默认有 3 个基准面，即前视基准面、上视基准面和右视基准面，它们的交点即是坐标原点。基准面可以通过多种方式来生成。

（4）基准轴：用来作为旋转、阵列特征的轴线或生成基准面和特征的参考直线。

（5）临时轴：由旋转或阵列特征的轴线生成，它是实际上不存在的轴线，但可以作为其他特征的参考。

（6）平面：组成面的边线在同一个面上，它通常用来生成基准面或拔模特征中的中性面。

（7）曲面：由旋转、扫描、放样等工具或曲面工具生成的面，在复杂产品建模中曲面建模是非常重要的一种方式。

（8）顶点：边线的交点，可以作为基准面、基准轴的参考或者生成曲面。

（9）边线：两面的交线。可以作为基准面、基准轴的参考。

1.3.7 设计思想

产品造型也称产品建模，它研究如何以数学方法在计算机中表达物体的形状、属性及其相互关系，以及如何在计算机中模拟模型的特定状态。

产品造型技术研究始于 20 世纪 60 年代。总体上，产品造型技术经历了三个发展阶段：60 年代，研究重点是线框造型；70 年代，研究重点是自由曲面造型和实体造型；80 年代后，研究重点是参数化造型及特征造型。本软件主要建模思想是实体造型技术、参数化造型技术和特征造型技术。

1. 实体造型

实体造型就是在计算机中用一些基本元素来构造机械零件的完整几何模型。传统的工程设计方法是设计人员在图样上利用几个不同的投影图来表示一个三维产品的设计模型，图样上还有很多人为的规定、标准、符号和文字描述。对于一个较为复杂的部件，要用若干图样来描述。尽管这样，图样上还是密布各种线条、符号和标记等。工艺、生产和管理部门的人员再去认真阅读这些图样，理解设计意图，通过不同视图的描述想象出设计模型的每一个细节。这项工作非常艰苦，由于一个人的能力有限，设计人员不可能保证图样的每个细节都正确,尽管经过层层设计主管的检查和审批,图样的错误总是在所难免。

对于复杂的零件,设计人员有时只能用代用毛坯,边加工边设计边更改,经过长时间艰苦的工作后才能给出产品的最终设计图样。所以,传统的设计方法严重影响着产品的制造周期和产品质量。利用实体造型软件进行产品设计时,设计人员可以在计算机上直接进行三维设计,在屏幕上直接看到产品的真实的三维模型,所以这是工程设计的一个突破。在产品设计中的一个总趋势就是:产品零件的形状结构越复杂,更改越频繁,采用三维实体设计软件进行设计的优越性越突出。

当零件在计算机中建立模型后,工程师就可以在计算机上很方便地进行后续环节设计工作,如部件的模拟装配、总体布置、管路铺设、运动模拟、干涉检查以及数控加工与模拟等。所以它在计算机集成制造和并行工程思想指导下为实现整个生产环节采用统一的生产信息模型奠定了基础。

2. 参数化

传统的CAD绘图技术都用固定的尺寸值定义几何元素。输入的每一条线都有确定的位置。要想修改图面的内容,只有删除原有的线条后重画。而新产品开发设计需要多次反复修改,进行零件的形状和尺寸的综合协调和优化。对于定型产品的设计,需要形成系列,以便针对用户的特点提供不同吨位、功率、规格的产品型号,参数化设计可以使产品的设计图随着某些结构尺寸的修改和使用环境的变化而自动修改图形。

参数化设计一般是指设计对象的结构形状比较定型,可以用一组参数来约束尺寸关系。参数的求解较为简单,参数与设计对象的控制尺寸有着显示的对应关系,设计结果的修改会受到尺寸的驱动。生产中最常用的系列化标准件就属于这一类。

3. 特征

特征是一个专业术语,它兼有两种功能和属性,包括特定的几何形状、拓扑关系、典型功能、绘图表示方法、制造技术和公差要求。特征是产品设计与制造者最关注的对象,是产品局部信息的集合。

基于特征的设计是把特征作为产品的设计单元,并将机械产品描述成特征的有机集合。

特征设计有突出的优点,在设计阶段就可以把很多的后续环节要使用的有关信息放到数据库中。这样便于实现并行工程,使设计绘图、计算分析、工艺性审查到数控加工等后续环节工作都能顺利完成。

1.3.8 零件建模的一般过程

零件是设计基础,零件建模的一般过程如下:

(1)启动 Solidworks 软件,系统弹出"新建文件"对话框。这里要求选择文件类型,单击"零件"按钮,如图1.7所示。单击"确定"按钮,进入编辑零件界面,如图1.8所示。如果在编辑过程中新建一个文件,单击菜单栏中"文件"/"新建"命令,弹出"新建文件"对话框,单击"零件"按钮。单击"确定"按钮,创建 Solidworks 零件文件。

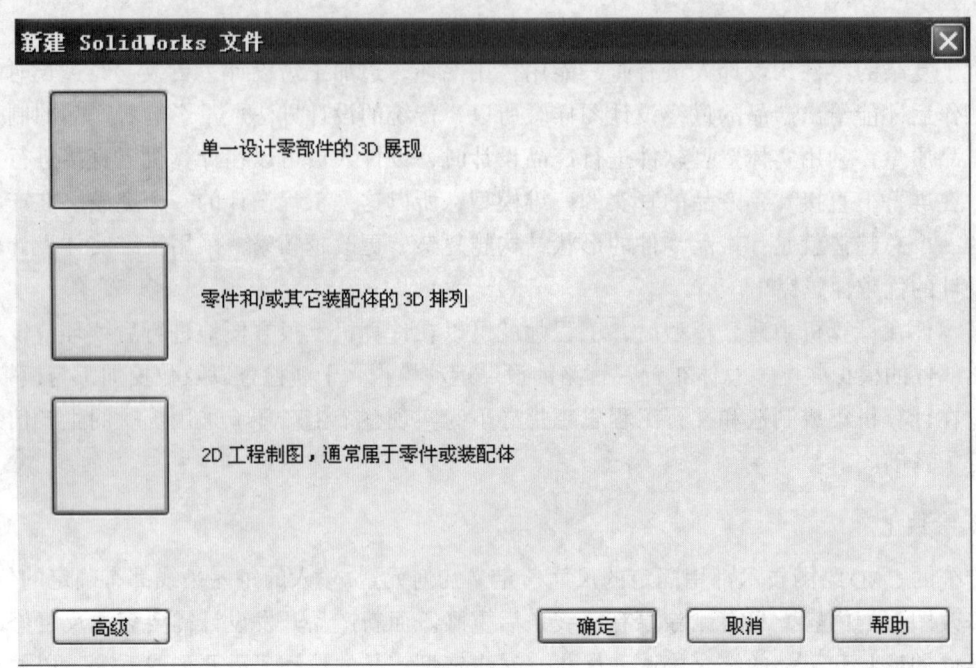

图 1.7 "新建 Solidworks 文件"对话框

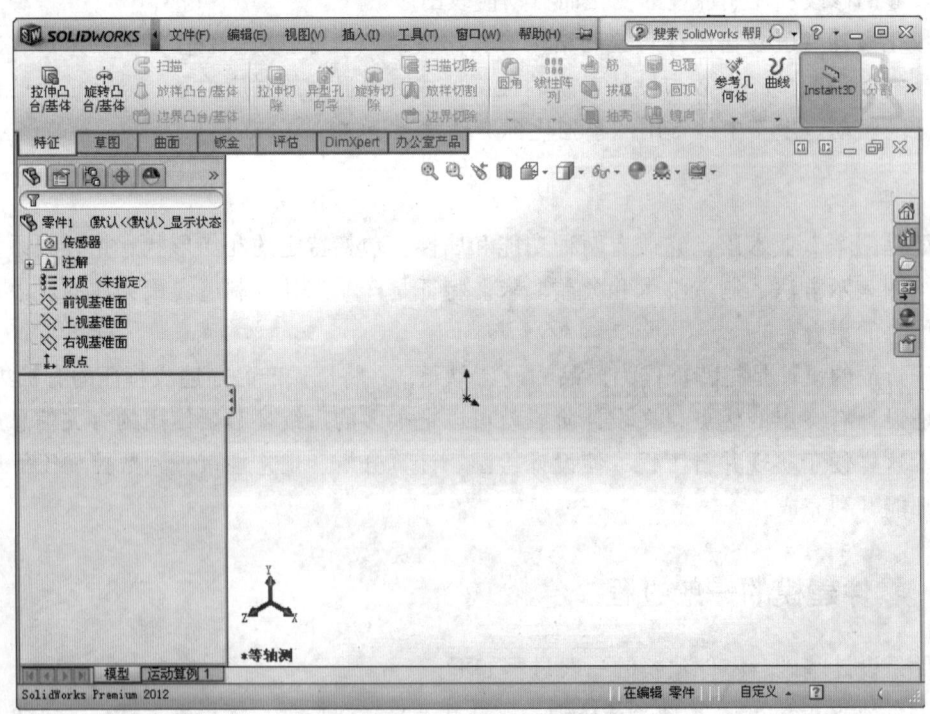

图 1.8 编辑零件界面

（2）绘制第一个特征草图。第一个特征，一般为实体中的拉伸特征、旋转特征，或者曲面中的拉伸曲面特征、旋转曲面特征，或者钣金中的基本法兰特征。

（3）在基本特征上添加或修改其他特征，直到完成设计。
（4）单击菜单栏中"文件"/"保存"命令，零件命名、保存，完成操作。

1.3.9 一般设计方法

传统的 CAD 设计方法是由平面（二维）到立体（三维），如图 1.9（a）所示。工程师首先设计出图样，工艺人员或加工人员根据图样还原出实际零件。在 Solidworks 系统中是工程师设计出三维实体零件，然后根据需要生成相关的工程图，如图 1.9（b）所示。

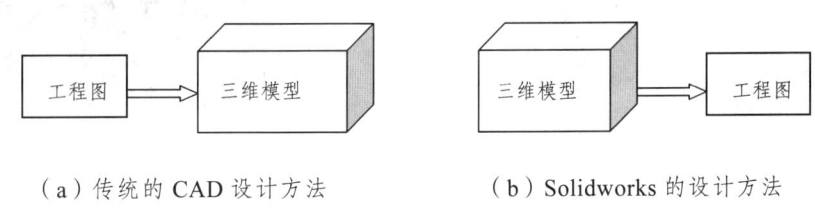

（a）传统的 CAD 设计方法　　　　（b）Solidworks 的设计方法

图 1.9　不同设计方法

此外，Solidworks 系统的零件设计的构造过程类似于真实制造环境下的生产过程，如图 1.10 所示。

装配件是若干零件的组合，是 Solidworks 系统中的对象，通常用来实现一定的设计功能。在 Solidworks 系统中，用户先设计好所需的零件，然后根据配合关系和约束条件将零件组装在一起，生成装配体。使用配合关系，可相对于其他零部件来精确地定位零部件，还可以定义零部件如何相对于其他零部件移动和旋转。通过继续添加配合关系，还可以将零部件移动到所需的位置。配合会在零部件之间建立几何关系，例如共点、垂直、相切等，每种配合关系对于特定的几何实体组合有效。

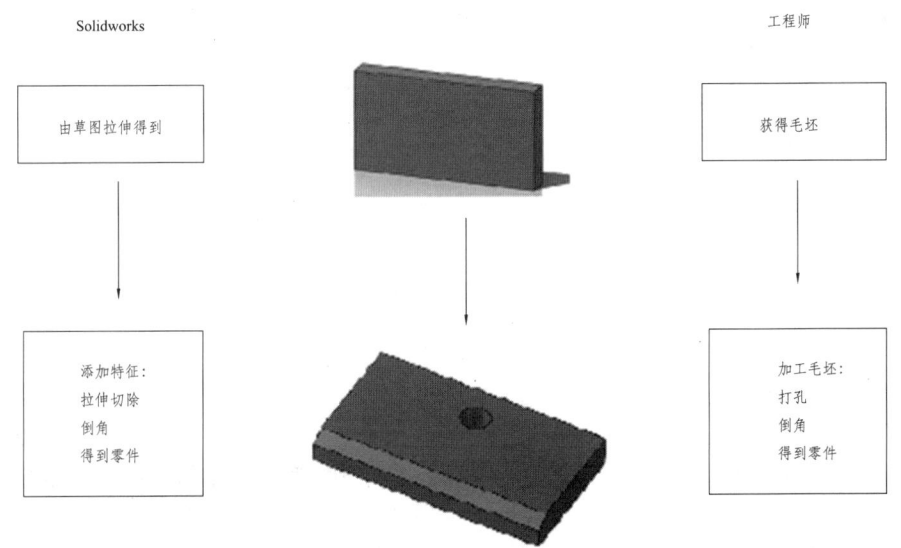

图 1.10　在 Solidworks 中生成零件

一个简单装配体，如图 1.11 所示，由顶盖和底座 2 个零件组成。设计和装配过程如下：
（1）设计出两个零件。

（2）新建一个装配体文件。
（3）将两个零件分别拖入到新建的装配体文件中。
（4）使顶盖底面和基座顶面［重合］，顶盖底的一个侧面和底座对应的侧面［重合］，将顶盖和底座装配在一起，从而完成装配工作。

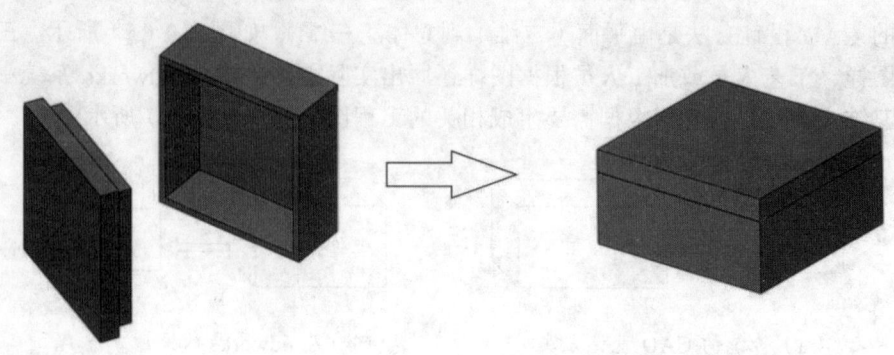

图 1.11　在 Solidworks 中生成装配体

工程图就是常说的工程图样，在 Solidworks 系统中的对象，用来记录和描述设计结果，是工程设计中的主要档案文件。

用户由设计好的零件和装配体，按照图样的表达需要，通过 Solidworks 系统中的命令，生成各种视图、剖面图、轴测图等，然后添加尺寸说明，得到最终的工程图。图 1.12 显示了一个零件的多个视图，它们都是由实体零件自动生成，无需进行二维绘图设计，这也体现了三维设计的优越性。此外，对零件或装配体进行修改，对应的工程图文件也会相应修改。

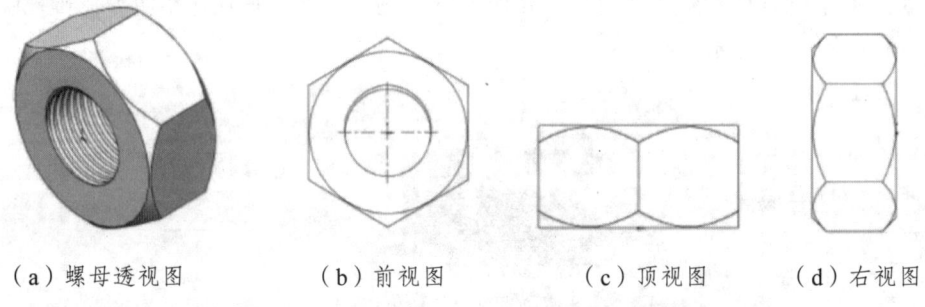

（a）螺母透视图　　　（b）前视图　　　（c）顶视图　　　（d）右视图

图 1.12　Solidworks 中生成的工程图

1.4　小结与思考

本项目主要讲述了 Solidworks 软件的一些基本知识，基本设计思想。读者掌握这些知识与方法，可以减少软件使用过程中的许多工作量，提高工作效率，给学习工作带来许多方便，因此要充分重视本项目的学习。

经过本项目的学习，请思考以下问题：
1. Solidworks 软件与其他三维软件的区别是什么？具有什么优点？
2. 什么是自上而下的设计？这种设计思想有什么特点？
3. Solidworks 软件主要具有哪些功能？

项目 2　手柄草图绘制

草图是生成三维模型的基础，通过草图绘制命令和草图操作能够精确生成二维图形。绝大部分 Solidworks 的设计工作都是从绘制二维草图开始的。所以，熟练掌握好草图绘制是使用 Solidworks 工作的良好开端。

2.1　案例介绍

这是一款手柄草图，如图 2.1 所示。

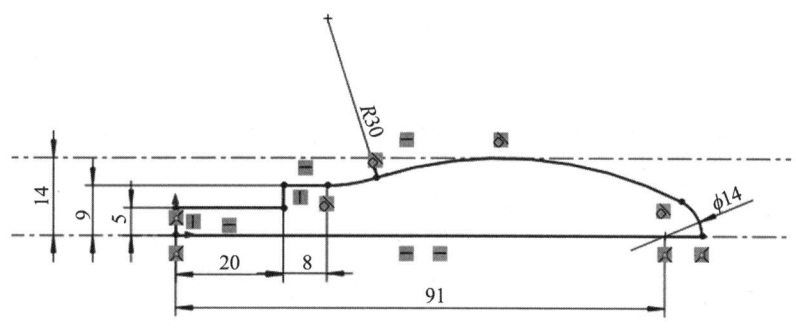

图 2.1

2.2　学习知识点

（1）创建草图的方法。
（2）草图的实体绘制：
① 绘制直线的基本操作。
② 绘制圆形的基本操作。
③ 绘制圆弧的基本操作。
（3）标注尺寸。
（4）草图约束。
（5）草图的几何关系。

2.3　案例分析

这是一个手柄轮廓图，展示了基本二维图形的绘制思路。

采用以下绘图分解思路：绘制辅助线——绘制直线——绘制圆弧——标注尺寸——添加几何关系——完成制作。

2.4 操作步骤

（1）启动 Solidworks 后，单击"新建"按钮。在弹出的"新建 Solidworks 文件"对话框中选择"零件"复选框，单击"确定"。

（2）绘制草图。选取草图基准面，单击设计树中"前视基准面"。单击位于"CommandManager"下面的选项卡"草图"，草图工具栏将出现，选取草图实体绘制工具，利用直线命令和智能尺寸，绘制一条辅助线以控制手柄宽度，如图 2.2 所示。

图 2.2

（3）绘制手柄前端轮廓。利用直线段命令绘制手柄后端，并标注好尺寸，作为长度方向的前端的限制，如图 2.3 所示。

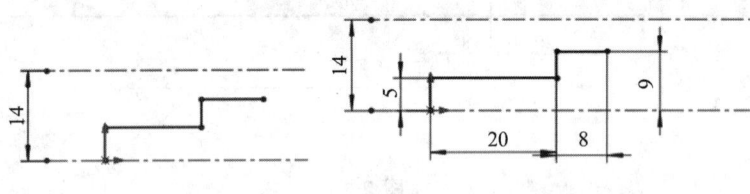

图 2.3

（4）绘制手柄后端轮廓。利用圆命令绘制手柄后端，并标注好尺寸，作为长度方向的后端的限制，如图 2.4 所示。

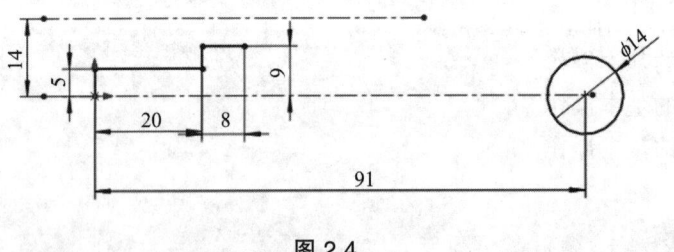

图 2.4

（5）绘制弧度。利用三点圆弧命令绘制两个圆弧，并标注好尺寸，完成手柄的弧度部分绘制，如图 2.5 所示。

（6）定义弧形。添加几何关系使 R30 的圆弧和 R45 的圆弧相切，R45 的圆弧与 ⌀14 的圆弧相切，R45 的圆弧与上面的辅助线相切，定义好上述几何关系，如图 2.6 所示。

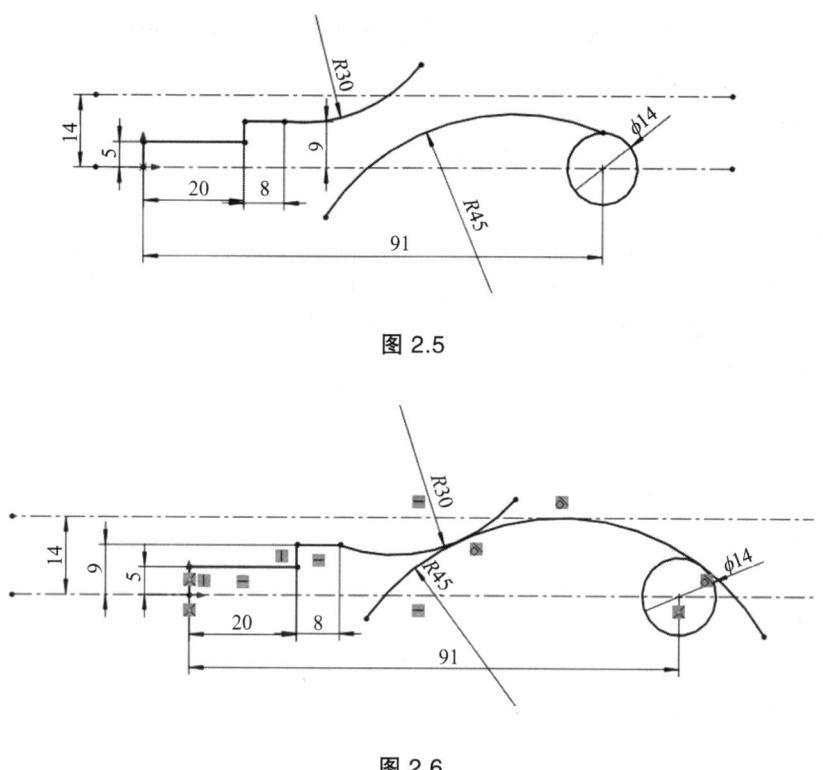

图 2.5

图 2.6

（7）修剪轮廓。利用裁剪命令完善好轮廓边缘，删掉多余部分，并绘制一条直线使草图轮廓封闭，$\phi14$ 尺寸删除，重新标识为 R7，完成案例制作，如图 2.7 所示。

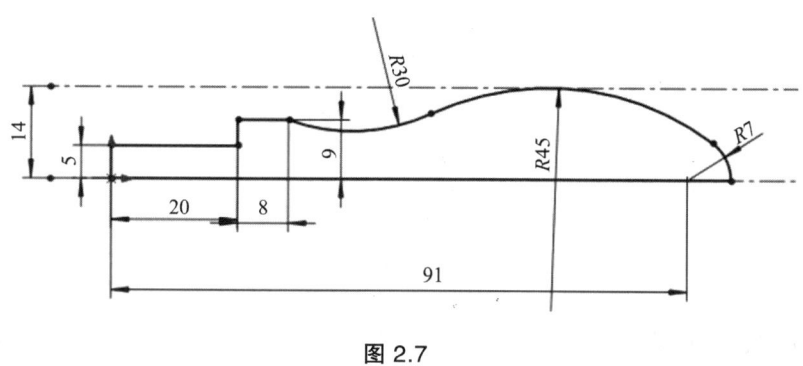

图 2.7

2.5 能力拓展

2.5.1 草图的概念及新建方法

当打开一新零件文件时，首先生成草图。草图是 3D 模型的基础，可在任何默认基准面（前视基准面、上视基准面及右视基准面）或生成的基准面上生成草图。新建草图的方法如下：

（1）三个基准面（前视基准面、上视基准面、及右视基准面），如图 2.8 所示。默认情况下，新的草图在前视基准面上打开。

（2）在零件的面上绘制草图：要在零件上生成新特征，在想找出特征的零件的面上绘制草图。在零件的面上绘制操作的操作过程如下：

① 选取要在其上绘制草图的模型平面。

② 单击"草图"工具栏上的一草图实体工具来生成新的草图。

③ 为草图实体标注尺寸。

④ 退出草图，或单击"特征"工具栏上的拉伸凸台/基体或旋转凸台/基体。

（3）从一个草图派生新的草图：可以从属于同一零件的一草图派生草图。从现有草图派生草图时，这两个草图将保持相同的特性。对原始草图所作的更改将反映到派生草图中。派生草图的操作过程如下：

① 选择希望派生新草图的草图。

② 按住 Ctrl 键并单击将放置新草图的面。

③ 单击"插入"/"派生草图"。草图在基准面上出现，状态栏指示正在编辑草图。

④ 通过拖动派生草图和标注尺寸，将草图定位在所选的面上（派生的草图是固定连接的，作为单一实体拖动）。

⑤ 退出草图。

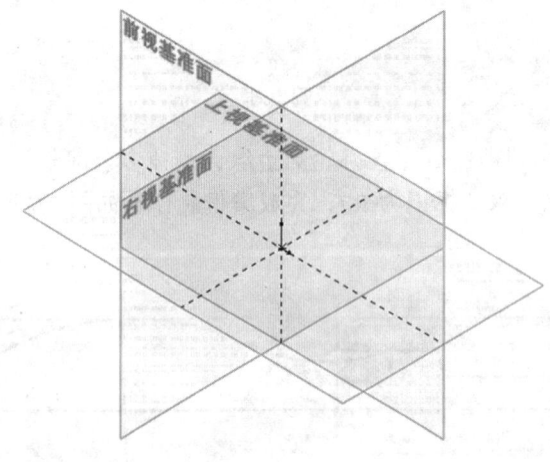

图 2.8

2.5.2 草图实体绘制

Solidworks 提供了直线、圆、矩形、样条曲线等草图实体绘图工具，可以方便地绘制简单的草图图形。通过 CommandManager 上的草图或草图工具栏可以选择各种草图实体绘制工具。草图工具栏并不一定包括所有的草图实体绘制工具按钮，用户可以根据自己的需要进行工具栏设置。CommandManager 上的草图、草图工具栏和所有草图工具按钮如图 2.9 所示。

1. 绘制直线

在图形中，直线是最基本的图形实体。

绘制一条直线操作步骤如下：

（1）单击"草图"工具栏上的直线 ，指针形状将变为 。

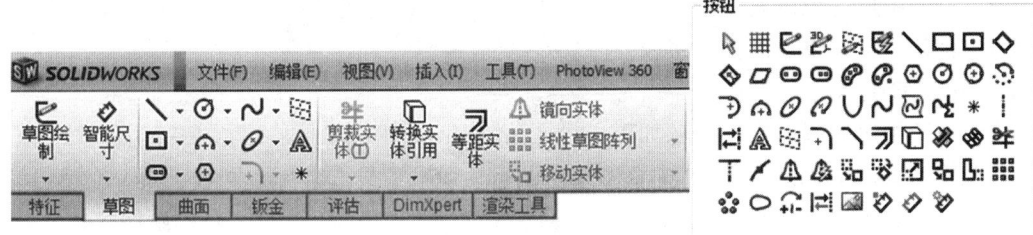

图 2.9

（2）在插入直线 PropertyManager 中，在方向下选择按绘制原样、水平、竖直和角度之一，除按绘制原样外的所有选择均显示参数组。插入线条属性如图 2.10 所示。

在选项下可以选择：作为构造线来绘制构造线，无限长度来绘制无限长度直线，添加尺寸（仅限角度方向）来显示长度和角度值。

在参数下，根据直线方向可进行以下操作：水平或竖直时，为长度设定一数值，选择添加尺寸来显示长度值；角度时，为长度设定一数值，为角度设定一数值，选择添加尺寸来显示长度和角度值。

（3）在图形区域中单击并绘制直线。将指针拖动到直线的端点然后放开；释放指针，移动指针到直线的端点，然后再次单击，完成直线绘制。

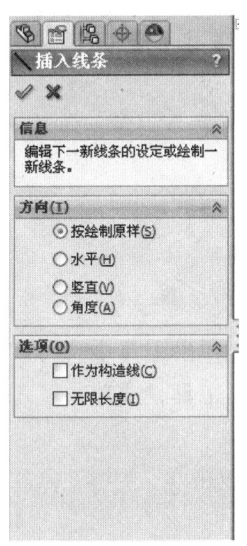 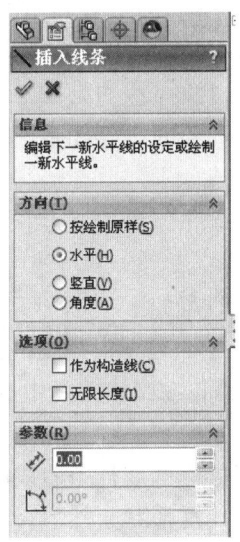

图 2.10

2. 绘制圆

圆是草图实体绘制中经常使用的图形实体。

绘制圆的默认方式是制定圆心和半径。可使用圆工具绘制一基于中心的圆，或可使用周边圆工具绘制一基于周边的圆（多用于和其他图形相切的情况下）。

绘制基于中心的圆的操作步骤如下：

（1）单击 CommandManager 中草图，从圆弹出工具选取圆工具，或单击"草图"工具栏上的圆，或单击"工具"/"草图绘制实体"/"圆"。指针变为。

（2）单击图形区域以放置圆心。
（3）移动指针并单击以设定半径。
（4）单击确定 ✔。

绘制基于周边的圆的操作步骤如下：
（1）单击 CommandManager 中草图，从圆 ⊙▾ 弹出工具选取周边圆 ⊙ 工具，或单击"草图"工具栏上的 ⊙▾，弹出工具选取周边圆 ⊕ 工具，或单击"工具"/"草图绘制实体"/"周边圆"。指针变为 ✎。
（2）单击以放置周边。
（3）往左或往右拖动来绘制圆。
（4）单击 ✎ 来设定圆。
（5）单击确定 ✔。

3. 绘制圆弧

圆弧是圆的一部分，Solidworks 提供了圆心/起/终点画弧、切线弧和三点圆弧这 3 种绘制圆弧的方法。

圆心/起/终点画弧的操作步骤如下：
（1）单击 CommandManager 中草图，从圆弧 ⌒▾ 弹出工具中选择圆心/起/终点画弧工具，或单击"草图"工具栏上的 ⌒▾，在弹出工具中选择圆心/起/终点画弧工具，或单击"工具"/"草图绘制实体"/"圆心/起/终点画弧"。指针变为 ✎。
（2）单击 ✎ 放置圆弧的圆心。
（3）释放并拖动，以设置半径和角度。
（4）单击以放置起点。
（5）释放、拖动和单击以设置终点。
（6）单击确定 ✔。

绘制切线弧的操作过程如下：
（1）单击 CommandManager 中草图，从圆弧 ⌒▾ 弹出工具中选择切线弧工具，或单击"草图"工具栏上的圆弧 ⌒▾，在弹出工具中选择切线弧工具，或单击"工具"/"草图绘制实体"/"切线弧"。指针变为 ✎。
（2）在直线、圆弧、椭圆或样条曲线的终点上单击 ✎。
（3）拖动圆弧绘制所需形状，然后释放。
（4）单击确定 ✔。

2.5.3 标注尺寸

通过草图实体绘制和编辑后，草图已经具备所需的形状，进一步工作就是定量地确定各个草图实体尺寸和相互的尺寸关系。Solidworks 具有尺寸驱动功能，可以根据指定尺寸和几何关系更改尺寸来智能改变尺寸和形状，使用智能尺寸工具和其他标注尺寸工具给草图实体标注尺寸。

草图标注尺寸，使草图满足设计者的要求并让草图固定。Solidworks 标注尺寸共有 6 种命令，命令管理器的"草图"工具栏上的"智能尺寸"工具下拉菜单中就包含了这 6 种标注尺寸命令类型，如图2.11所示。

另外，还可以通过"尺寸/几何关系"工具栏上标注尺寸命令或菜单中的"工具"/"标注尺寸"下标注尺寸命令，菜单中的标注尺寸命令，如图2.11所示。

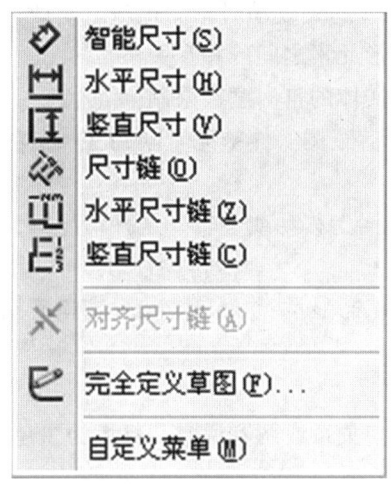
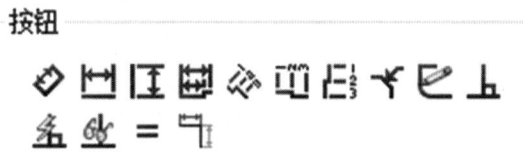

图 2.11

用户可通过以下方式来执行标注尺寸命令：
（1）单击命令管理器的"草图"工具栏上的"智能尺寸"按钮，或其他尺寸标注按钮。
（2）单击"尺寸/几何关系"工具栏上的单击"智能尺寸"按钮，或其他尺寸标注按钮。
（3）单击"工具"/"标注尺寸"/"智能尺寸"命令或其他命令。
常见的几种草图实体标注样式如图2.12所示。

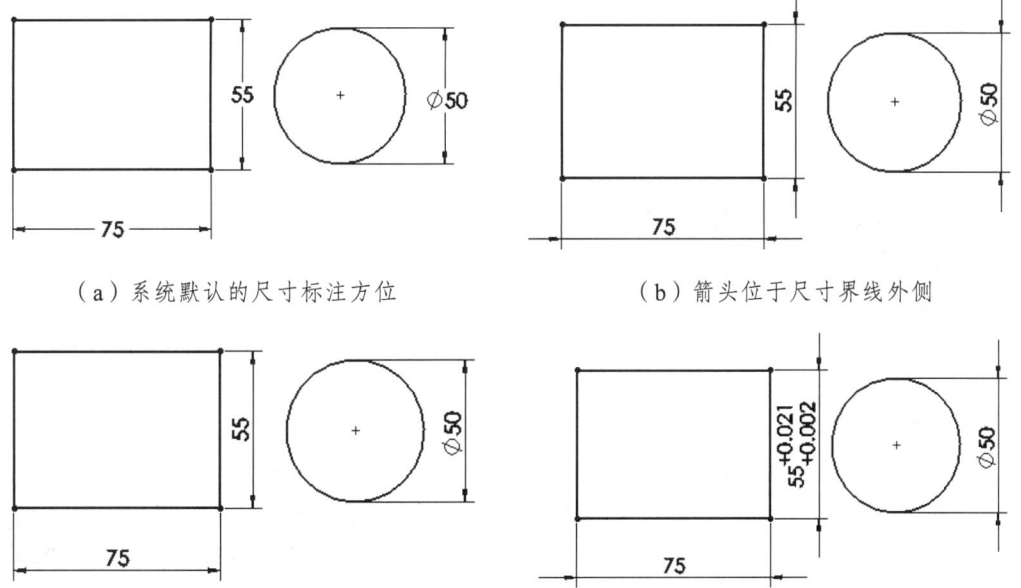

图 2.12

2.5.4 草图的约束

草图的约束分为尺寸约束和几何约束。

尺寸约束是指控制草图大小的参数驱动尺寸，当尺寸约束改动时草图也随之更改。几何约束用来控制草图中几何图形元素的定位方向及几何图形元素之间的相互关系。

草图按设计意图标注尺寸和添加几何关系后，草图实体的自由度被限制。

当草图的约束度等于草图的自由度时，草图中的所有草图实体被完全限制在当前的位置上，这种情况称为完全定义。

当约束度小于自由度时，草图实体还可以在某个方向上移动或旋转，这种情况称为欠定义。当约束度大于自由度时，这种情况称为过定义。

草图可能处于以下五种状态中的任何一种。草图的状态显示于 Solidworks 窗口底端的状态栏上。

（1）完全定义。

草图中所有的直线和曲线及其位置，均由尺寸或几何关系或两者说明。颜色为黑色。

（2）过定义。

有些尺寸或几何关系、或两者处于冲突中或多余。颜色为红色。

（3）欠定义。

草图中的一些尺寸或几何关系未定义，可以随意改变。可以拖动端点、直线或曲线，直到草图实体改变形状。颜色为蓝色。

（4）无法找到解。

草图未解出。显示导致草图不能解出的几何体、几何关系和尺寸。颜色为粉红色。

（5）发现无效的解。

草图虽解出但会导致无效的几何体，如零长度线段、零半径圆弧或自相交叉的样条曲线。颜色为黄色。

2.5.5 草图的几何关系

在 Solidworks 中，2D 或 3D 草图里草图实体和模型几何体之间的几何关系是设计意图中一重要创建手段。

（1）添加几何关系。

草图的几何关系为草图实体之间或草图实体与基准面、基准轴、边线、或顶点之间的几何约束。可以自动或手动添加几何关系。

使用添加几何关系可以在草图实体之间或在草图实体与基准面、轴、边线、顶点之间生成几何关系。现有几何关系和添加的几何关系部分将在所有草图绘制实体 PropertyManager 中出现。当生成几何关系时，其中至少必须有一个项目是草图实体，其他项目可以是草图实体或边线、面、顶点、原点、基准面、轴，或其他草图的曲线投影到草图基准面上形成的直线或圆弧。

一般地，用户在绘制草图过程中，程序会自动添加其几何约束关系。但是当"自动添加几何关系"的选项（系统选项）未被设置时，这就需要用户手动添加几何约束关系。

用户可通过以下方式来执行添加几何关系命令。
① 单击 CommandManager 草图上的添加几何关系 ⊥ 工具。
② 单击"尺寸/几何关系"工具栏上的添加几何关系 ⊥ 工具。
③ 单击菜单栏中"工具"/"几何关系"/"添加"。
④ 右键单击绘图区域空白处，在弹出的对话框中选择"添加几何关系"。

根据所选的草图曲线不同，则"添加几何关系"操控板中的几何关系选项也会不同。几种典型的关系如图 2.13 所示，用户可为几何关系选择草图曲线以及所产生的几何关系的特点可以参考图 2.14。

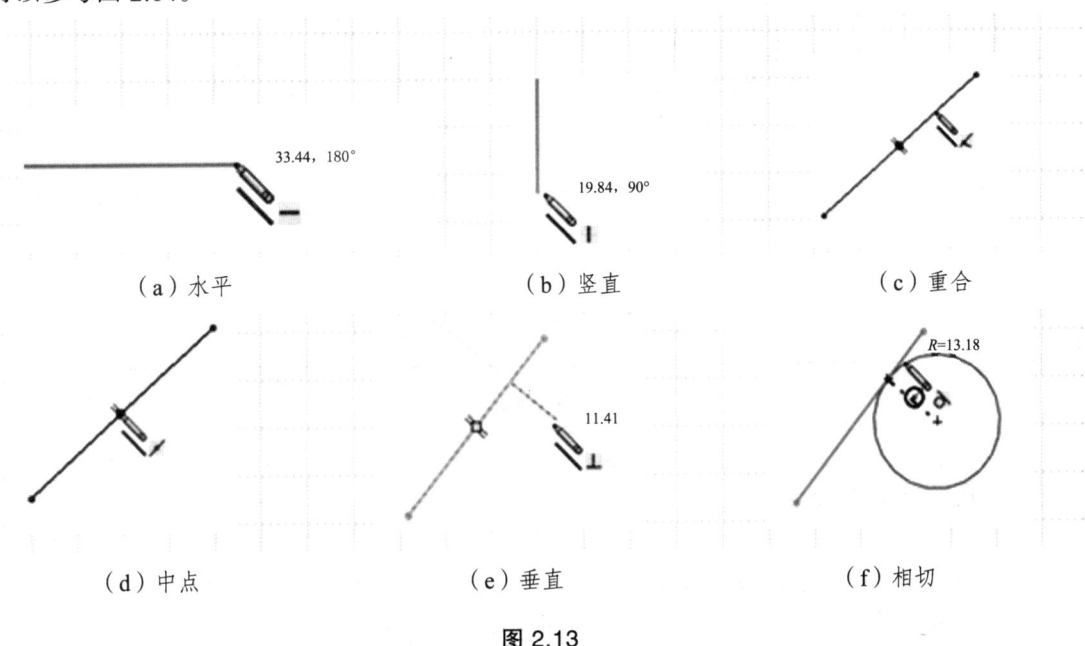

图 2.13

（2）推理线、指针、草图捕捉、几何关系在草图实体中的作用。

推理线：推理线为在绘图时出现的虚线。当指针接近高亮显示的提示时，推理线相对于现有草图实体进行引导。

指针：指针显示表示什么时候指针位于几何关系上，什么工具为激活，及具体尺寸。

草图捕捉：草图捕捉默认情况下为打开。当绘制草图时，草图捕捉图标显示。若想消除选择草图捕捉，单击"工具"/"选项"/"系统选项"/"几何关系/捕捉"，然后消除选择激活捕捉。

几何关系	适用对象	结果
水平或竖直	一条或多条直线，两个或多个点	直线会变成水平或竖直，点会在水平或竖直方向上对齐
共线	两条或多条直线	实体位于同一条直线上
全等	两个或多个圆弧	实体的半径相等
垂直	两条直线	两条直线互相垂直

续表

几何关系	适用对象	结果
平行	两条和多条直线	直线保持平行
相切	圆弧、椭圆和样条直线,直线和圆弧,直线和曲面	两个实体保持相切
同心	两个或多个圆弧,一个点和一个圆弧	圆或圆弧共用相同的圆心
中点	一个点和一条直线	使点位于直线段的中点
交叉	一个点和两条直线	使点位于两直线的交点
重合	一个点和一条直线、圆弧或椭圆	使点位于直线、圆弧或椭圆上
相等	两条或多条直线,两个或多个圆弧	使直线段长度或圆弧半径相等
对称	一条中心线和两个点、直线、圆弧和椭圆	实体会保持与中心线等距离,并位于与中心线垂直的一条直线上
固定	任何实体	实体的大小和位置固定
穿透	一个草图和一个基准轴、边线、直线和样条直线	草图点与基准轴、边线或曲线在草图基准面上穿透的位置重合
合并点	两个草图点或端点	两个点合并成一个点

图 2.14

2.6 小结与思考

本项目主要讲述了 Solidworks 软件二维图形绘制的基本操作和基本思想。在草图绘制过程中,添加几何关系、标注尺寸、编辑草图并没有规定一定的顺序,用户可以根据自己的思路灵活运用。不同的思路绘制的步骤不同,故此草图也可以有多种绘图顺序。

经过本项目的学习,请思考以下问题:
1. 如何快速高效地绘制二维图形?
2. 是否在建立模型时需要将二维图形一次性画全?
3. 如何改变草图中的几何关系?

2.7 实战演练

运用二维绘图命令完成如图 2.15 所示扳手图形。
建模分析:
这是一个扳手轮廓图。利用软件二维草图绘制命令,首先绘制辅助线,方便轮廓长宽定位;然后用直线、弧形绘制手柄轮廓,最后添加几何关系和尺寸约束,完成制作。
建模步骤如下:
(1)绘制辅助线。利用直线命令和智能尺寸,绘制三条辅助线控制手柄宽度,如图 2.16 所示。

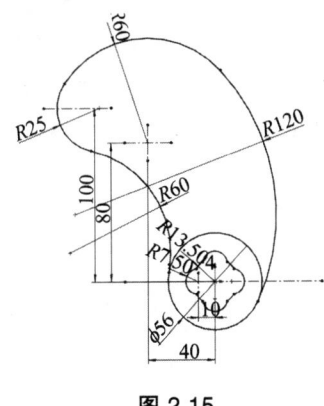

图 2.15　　　　　　　　　图 2.16

（2）绘制扳手螺纹口。利用圆命令、圆周命令、修剪图形命令，绘制扳手的螺纹形状，并标注好尺寸，如图 2.17 所示。

（3）绘制扳手轮廓弧度。利用圆形命令、智能尺寸和添加几何关系，绘制手柄的弧度部分，如图 2.18 所示。

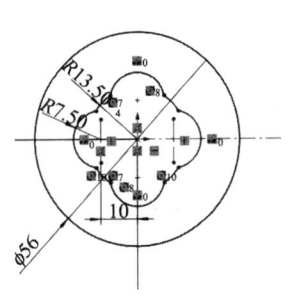
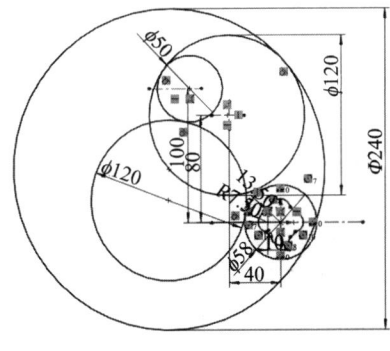

图 2.17　　　　　　　　　图 2.18

（4）修剪轮廓。利用剪裁实体命令，将外轮廓多余线段删除，并重新标注好尺寸，完成扳手轮廓图绘制，如图 2.19 所示。

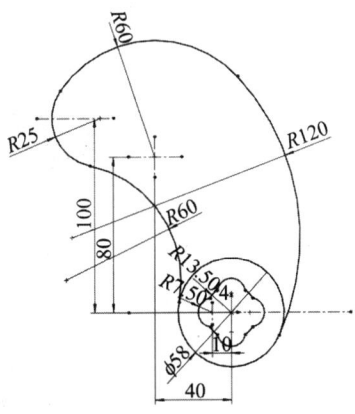

图 2.19

2.8 能力测试

请依据图形所给尺寸，在 100 min 内完成以下 3 个项目建模。

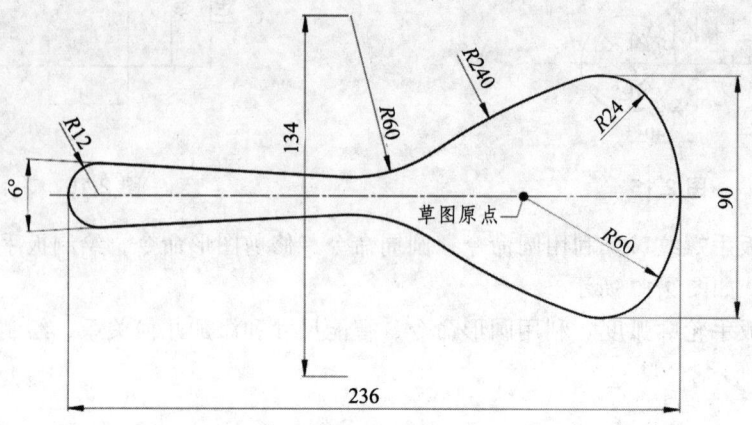

练习图 1

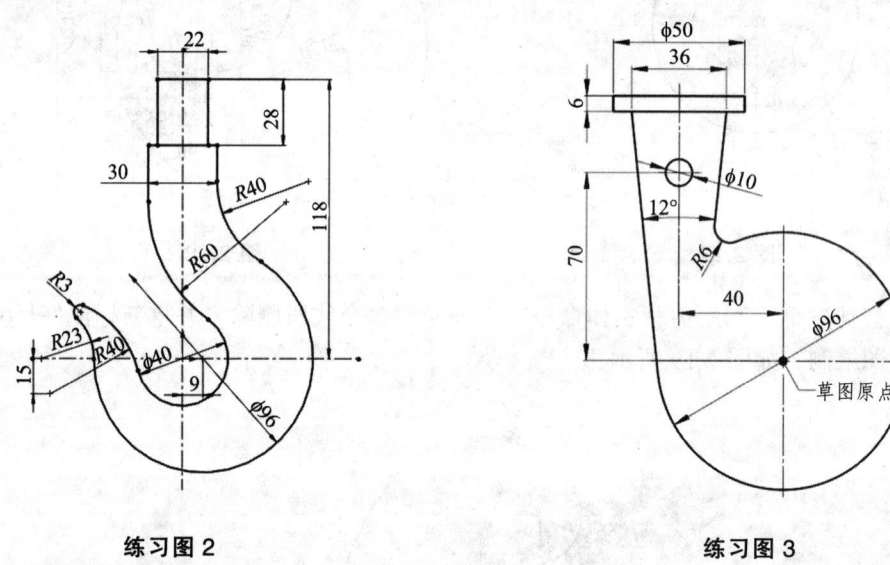

练习图 2　　　　　　　　　　　练习图 3

项目 3　金属零件草图绘制

3.1　案例介绍

这是一款零件草图,如图 3.1 所示。

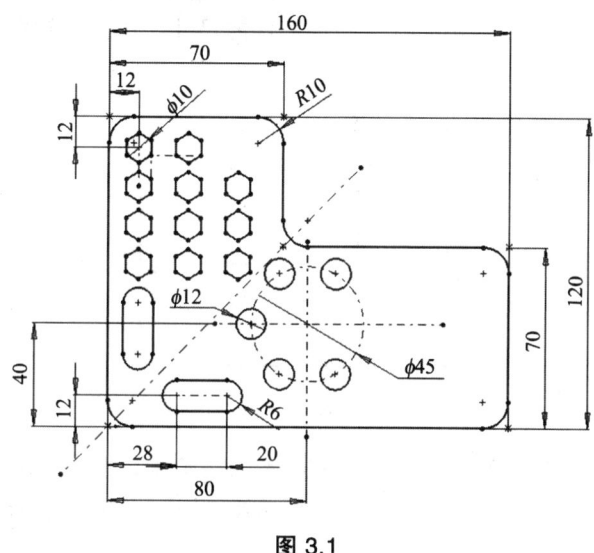

图 3.1

3.2　学习知识点

(1)草图的实体绘制。
① 绘制多边形的基本操作。
② 绘制直槽口的基本操作。
(2)草图的实体编辑。
① 圆角命令的基本操作。
② 圆周阵列的基本操作。
③ 矩形阵列的基本操作。
④ 镜像命令的基本操作。
⑤ 等距实体命令的基本操作。

3.3　案例分析

这是一个零件轮廓图,展示了基本二维图形的绘制思路。

采用以下绘图分解思路：绘制直线——绘制辅助线——绘制圆——圆周阵列——绘制槽口——镜像槽口——绘制六边形——矩形阵列——圆角命令——完成制作。

3.4 操作步骤

（1）启动 Solidworks 后，单击"新建"按钮。在弹出的"新建 Solidworks 文件"对话框中选择"零件"复选框，单击"确定"。

（2）绘制草图。选取草图基准面，单击设计树中"前视基准面"。单击位于"CommandManager"下面的选项卡"草图"，草图工具栏将出现，选取草图实体绘制工具，单击"直线"按钮，画出零件的长、宽，固定零件的尺寸。单击"智能尺寸"按钮，标注尺寸。如图 3.2 所示。

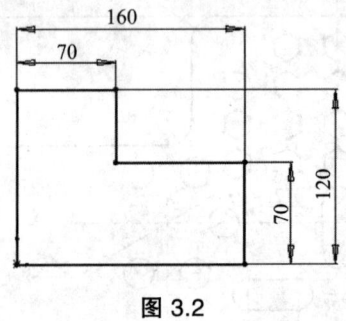

图 3.2

（3）单击"中心线"按钮，绘制中心线 A、B 和 C，单击"圆"按钮，绘制 $\phi 45$ 圆 B，单击"构造几何线"按钮，选取圆 D，标注尺寸，如图 3.3 所示。

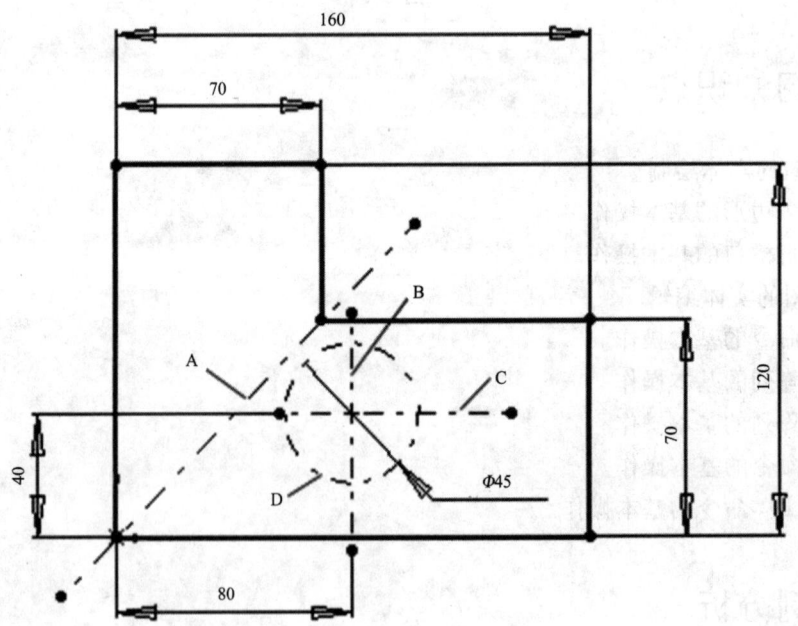

图 3.3

（4）单击"圆"按钮，绘制圆 E，如图 3.4（a）所示。单击"添加几何关系"按钮，选取圆 D、C 中心线和圆 E 的圆心，单击"交叉点"按钮，建立"交叉点"几何关系，单击"确定"按钮，标注尺寸，如图 3.4（b）所示。

（5）单击"圆周草图排列和复制"按钮，出现"圆周草图排列和复制"对话框，在"半径"文本框中输入"22.5 mm"，在"角度"文本框内输入"0°"，在"中心 X"文本框内输入"80 mm"，在"中心 Y"文本框内输入"40 mm"，在"数量"文本框内输入"6"，"要重复的项目"选择"圆 E"。在"实例"列表框中选中（4），按 Delete 键，在"删除的实例"中出现（4），单击"确定"按钮，如图 3.5 所示。

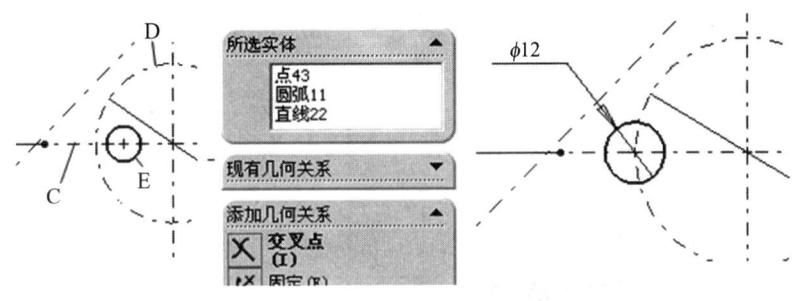

（a）绘制圆　　　　　　（b）建立"交叉点"几何关系

图 3.4

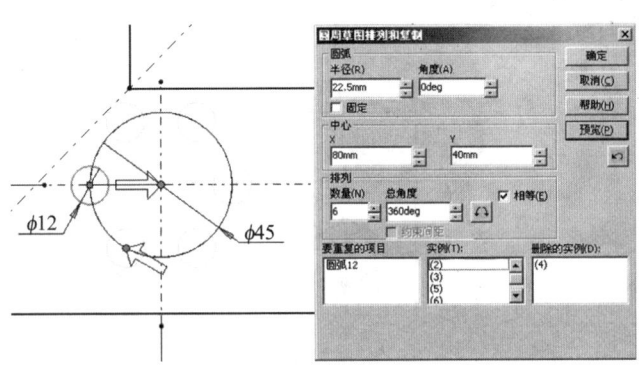

图 3.5

（6）单击"中心线"按钮，绘制中心线 F，如图 3.6（a）所示。单击"等距实体"按钮，出现"等距实体"属性管理器，选取中心线 F，在"等距距离"文本框内输入"6 mm"，选中"双向""顶端加盖"复选框，选中"圆弧"单选按钮，单击"确定"按钮，标注尺寸，如图 3.6（b）所示。

（7）单击"镜向实体"按钮，"要镜向的实体"选取上一步骤绘制的直槽口，"镜向点"选取中心线 A，选中"复制"复选框，单击"确定"按钮，如图 3.7 所示。

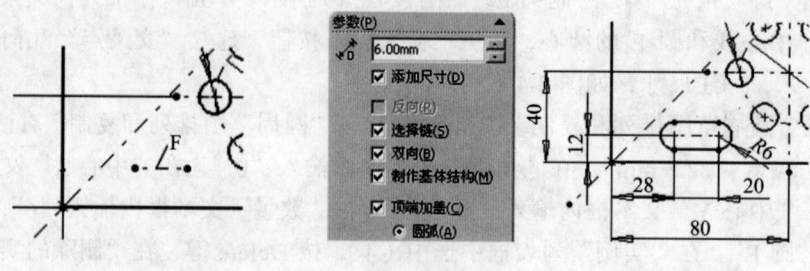

(a) 绘制中心线 F　　　　　　(b) 建立"顶端加盖"等距实体

图 3.6

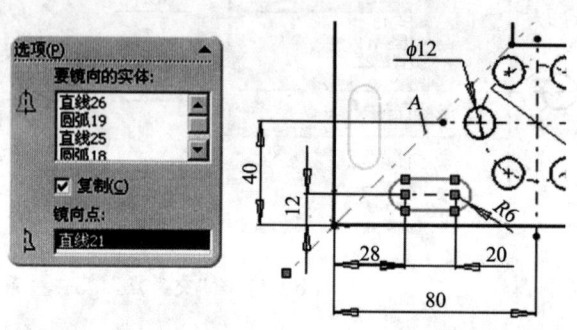

图 3.7

(8) 单击"多边形"按钮 ⊙，在"边数"文本框内输入"6"，绘制多边形，标注尺寸，如图 3.8 所示。

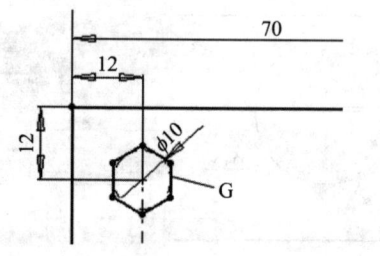

图 3.8

(9) 单击"线性草图排列和复制"按钮 ▦，出现"线性草图排列和复制"对话框，在第一方向"数量"文本框内输入"3"，"间距"文本框内输入"20"，"角度"文本框内输入"0°"，第二方向"数量"文本框内输入"4"，"间距"文本框内输入"15"，"角度"文本框内输入"270°"，"要复制的项目"列表框中选择"多边形 G"。在"实例"列表框中选中 (3,1)，按 Delete 键，在"删除的实例"框中出现 (3,1)，单击"确定"按钮，如图 3.9 所示。

(10) 单击"绘制圆角"按钮 ⌐，出现"绘制圆角"属性管理器，在"半径"文本框内输入"10 mm"，选取六个角创建圆角。

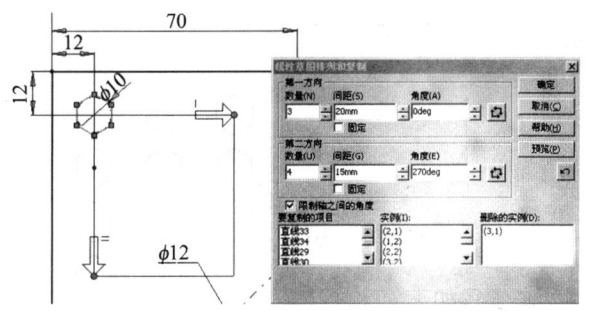

图 3.9

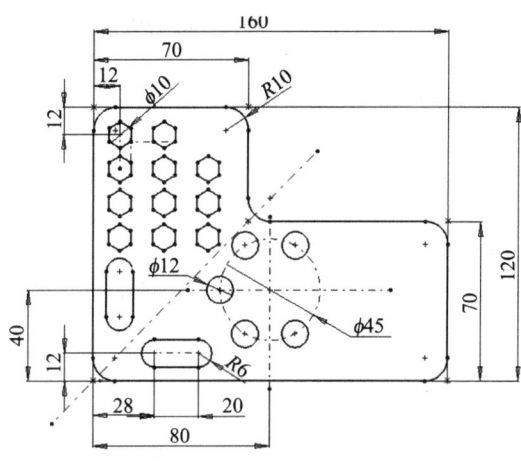

图 3.10

（11）单击"重建模型"按钮 ，结束草图绘制。

3.5 能力拓展

3.5.1 草图实体绘制

1. 绘制矩形和平行四边形

可生成相对于草图网格线边为水平或竖直的矩形。对于其边处于不同视向的矩形，可生成平行四边形。

绘制矩形的操作步骤如下：

（1）单击"草图"工具栏上的矩形 ，或单击"工具"/"草图绘制实体"/"矩形"，指针变为 。

（2）单击以放置矩形的第一个角落并拖动，当矩形的大小和形状正确时释放。在拖动时，矩形的尺寸会动态地显示，如图 3.11 所示。

（3）单击确定 。

x=41,y=27.89

图 3.11

绘制平行四边形的操作步骤如下：

（1）单击"草图"工具栏上的平行四边形 ⬚，或单击"工具"/"草图绘制实体"/"平行四边形"，指针形状变为 ✎。

（2）单击以放置平行四边形的第一个角，当平行四边形的一边线为正确长度和方向时拖动并释放。

（3）再次单击并拖动，直到平行四边形大小和形状正确。

2. 绘制多边形

可生成边数量在 3 和 40 之间的等边多边形。

生成多边形的操作步骤如下：

（1）单击"草图"工具栏上的多边形 ⬡，或单击"工具"/"草图绘制实体"/"多边形"。指针形状变为 ✎。

（2）根据需要在多边形 PropertyManager 中设定属性，多边形属性如图 3.12 所示。

（3）单击图形区域以定位多边形中心，然后拖动多边形。

（4）单击确定 ✓。

在打开的草图中，通过拖动可以修改多边形。

① 通过拖动多边形的边之一来改变多边形的大小。

② 通过拖动多边形的顶点或中心点来移动多边形。

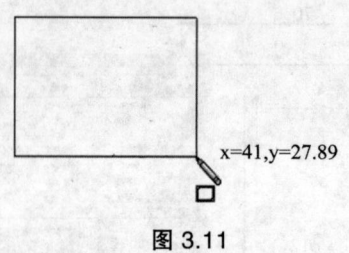

图 3.12

3. 绘制圆角

绘制圆角的操作步骤如下：

（1）在打开的草图中，单击 CommandManager 中草图，从圆角 ⬚·弹出工具选取圆角 ⬚ 工具，或单击"草图"工具栏，从圆角 ⬚·弹出工具选取圆角 ⬚ 工具，或单击"工具"/"草图工具"/"圆角"。

（2）在绘制圆角 PropertyManager 中设定属性。

（3）选择要圆角化的草图实体。

（4）如有必要，拖动预览以调整圆角大小。

（5）单击确定 ✓ 接受圆角。

4. 绘制倒角

绘制倒角工具在 2D 和 3D 草图中将倒角应用到相邻的草图实体中。此工具在 2D 和 3D 草图中均可使用。

绘制倒角的操作步骤如下：

（1）在打开的草图中，单击 CommandManager 中草图，从圆角弹出工具选取倒角工具，或单击"草图"工具栏上的，从圆角弹出工具选取倒角工具，或单击"工具"/"草图工具"/"倒角"。

（2）在 PropertyManager 中根据需要设定倒角参数。

（3）在图形区域中选择要进行倒角化的草图实体。

（4）单击确定接受倒角。

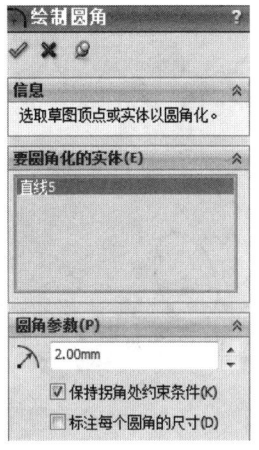
图 3.13

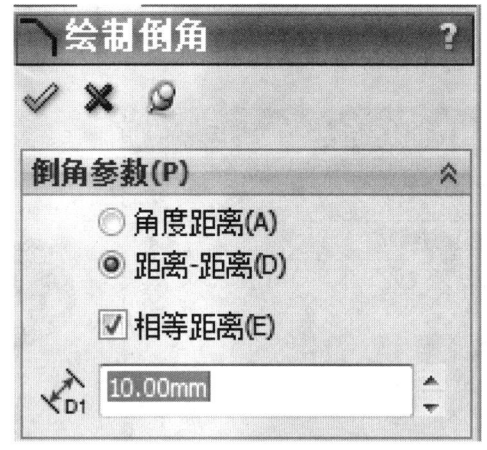
图 3.14

3.5.2 草图实体编辑

1. 等距实体

等距实体是指在距草图实体相等距离的位置上生成一个与草图实体相同形状的草图。

在生成等距实体时，系统会自动在每个原始实体和相对应的等距实体之间建立几何关系。如果原始实体改变，则等距实体生成的曲线会随之改变。

等距实体的操作步骤：

（1）先选择一个或多个草图实体、一个模型面、一条模型边线或外部草图曲线。

（2）单击"等距实体"按钮，在弹出的等距实体属性管理器中设置距离量、方向等属性。

（3）退出命令即可。

 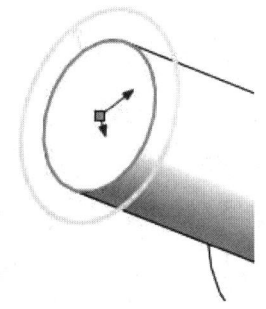 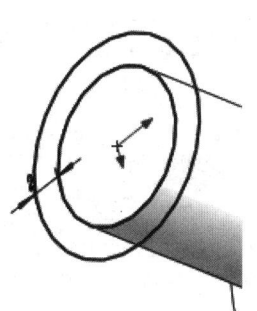

图 3.15

2. 转换实体引用

通过转换实体引用功能可将边、环、面、外部草图曲线、外部草图轮廓、一组边线或一组外部草图曲线投影到草图基准面中，在草图上生成一个或多个实体。

步骤如下：

（1）点击"草图"绘制工具栏中"转换实体引用"命令按钮。

（2）在草图处于激活状态时单击模型边线、环、面、曲线、外部草图轮廓、一组边线或一组曲线。

（3）退出命令即可。

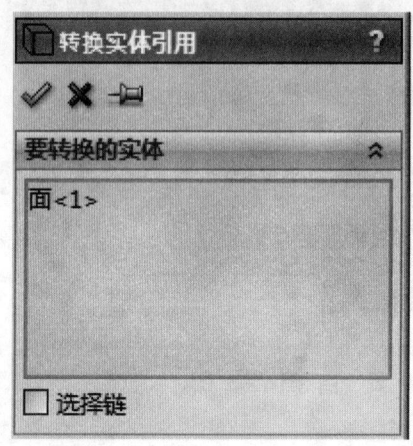
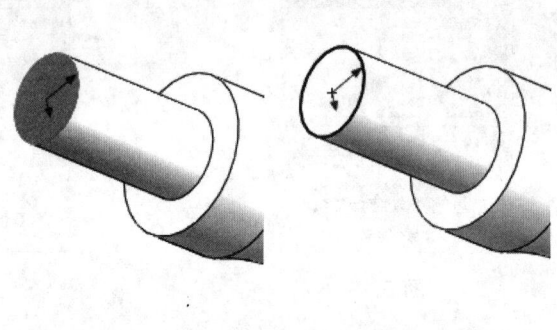

图 3.16

3. 草图裁剪

草图裁剪可以达到两种效果：一是裁剪直线、圆弧、圆、椭圆、样条曲线或中心线，使其截断于另一个实体；二是删除一条直线、圆弧、圆、椭圆、样条曲线或中心线。

裁剪草图实体的步骤：

（1）单击"草图"绘制工具栏的"裁剪"按钮。

（2）在草图上移动鼠标到希望或删除的草图线段上。

（3）线段显示为红色高亮度，单击鼠标，则将选中的部分删除。

（4）退出命令即可。

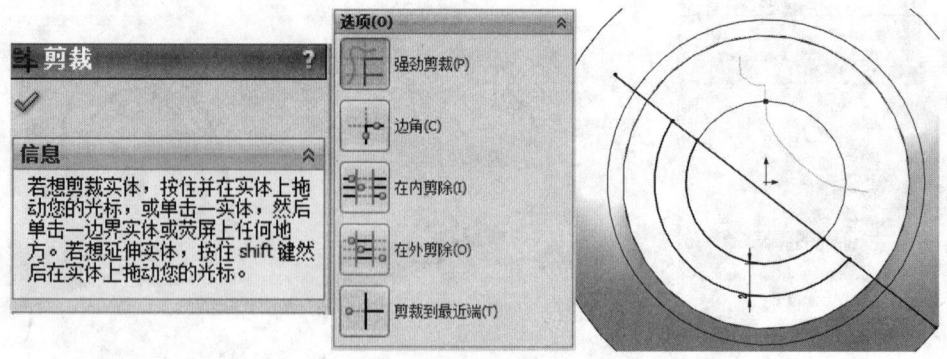

图 3.17

4. 草图延伸

草图延伸是指将草图实体延伸到另一个草图实体，经常用在增加草图实体（直线、中心线或圆弧）的长度的情况下。

延伸操作步骤：

（1）单击"草图延伸"按钮。

（2）将鼠标移动到要延伸的草图实体上，此时所选实体显示为红色，而绿色的线条指示实体将延伸的方向。如果要向相反的方向延伸实体，则将鼠标移到实体的另一半上。

（3）单击该草图实体接受预览效果，此时草图实体延伸到与下一个可用的草图实体相交，如图 3.18 所示。

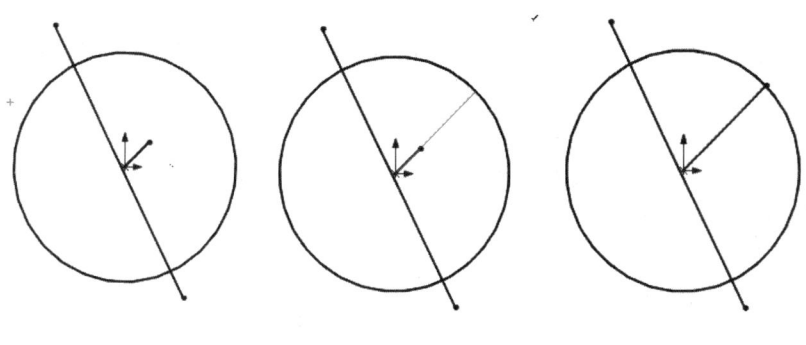

图 3.18

5. 镜像

Solidworks 可以沿中心线镜像草图实体。生成的镜像实体与原实体的草图点之间都用一个对称关系。如果改变原实体，则其镜像实体也将随之改变。

镜像工具操作步骤：

（1）使用草图绘制工具栏上的"中心线"按钮绘制一条中心线作为对称轴。

（2）单击"镜像"按钮。

（3）选择相应的被镜像实体和镜像中心线即可，如图 3.19 所示。

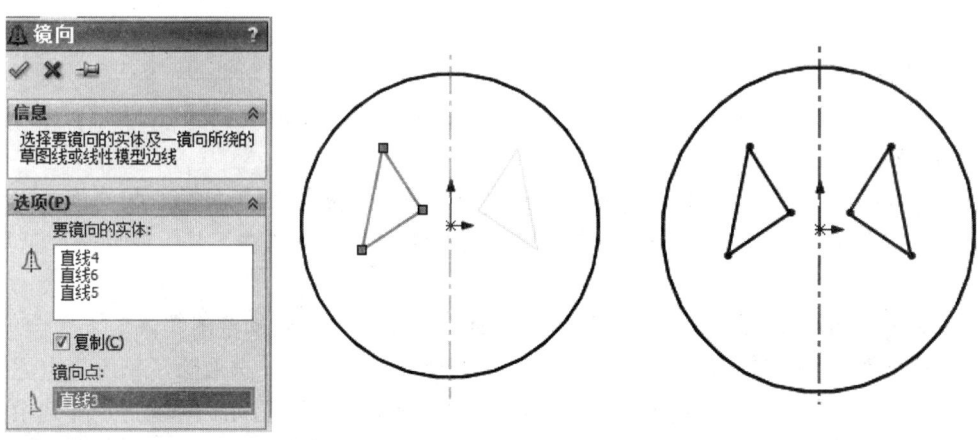

图 3.19

6. 阵列

阵列绘图工具包括线性阵列和圆周阵列两种方式。Solidworks 中的阵列是参数化的，阵列的参数与阵列结果一同保存下来，通过改变阵列参数可以很方便地更改阵列。

（1）线性阵列草图。

线性阵列可以将草图实体延两个方向进行多次等间距的复制。

生成线性阵列草图的操作步骤如下：

① 在打开的草图中，单击 CommandManager 中草图，从 ▦·弹出工具选取线性草图阵列 ▦ 工具，或单击"草图"工具栏上，从 ▦·弹出工具选取线性草图阵列 ▦ 工具，或单击"工具"/"草图工具"/"线性阵列"。

② 在 PropertyManager 中，在"要阵列的实体"下选择要阵列的草图实体 ▫。

③ 为"方向 1"设定值（X-轴）。单击反向 ，设置草图实体之间的距离 。选择添加尺寸以显示实体之间的尺寸，设置草图实体的数量 。设置阵列草图实体的角度 。

④ 为"方向 2"进行重复（Y-轴）。

⑤ 单击"确定"，如图 3.20 所示。

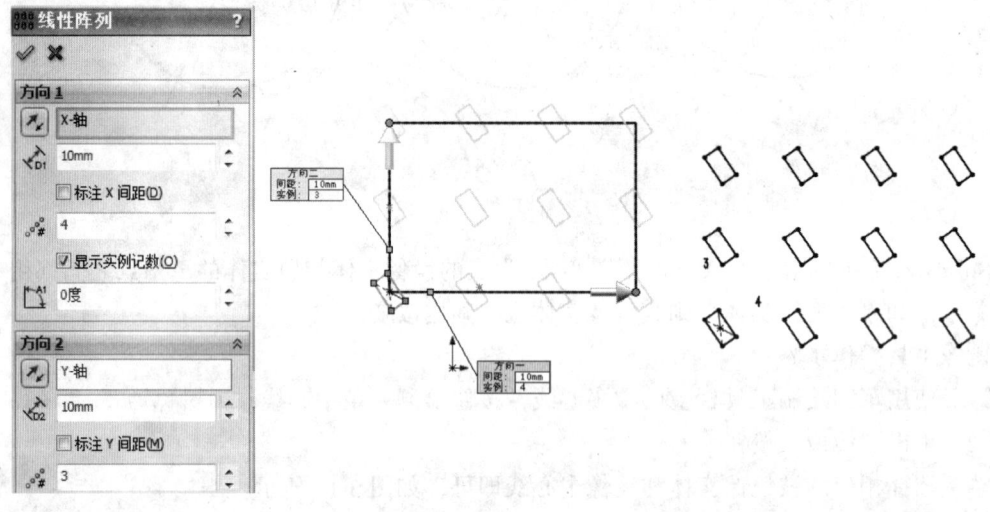

图 3.20

（2）圆周阵列草图。

圆周阵列可以将草图实体围绕中心点按照相等的角度进行连续复制。

生成圆周阵列草图的操作步骤：

① 在打开的草图中，单击 CommandManager 中草图，从 ▦·弹出工具选取圆周草图阵列 ✥ 工具，或单击"草图"工具栏，从 ▦·弹出工具选取圆周草图阵列 ✥ 工具，或单击"工具"/"草图工具"/"圆周阵列"。

② 在 PropertyManager 中，在"要阵列的实体"下选择要阵列的草图实体 ▫。

③ 在"参数"下，单击反向 。在图形区域中拖动选择点 ➚ 选取除了草图原点之外的阵列中心。此外，可在中心 点 X 和中心 点 Y 中设定数值。设置间距 以指定阵列中的总度数。选择等间距以排成实例彼此间距相等的阵列。选择添加间距尺寸以显示阵列实例之间的尺寸。设置阵列实例的数量 。选择显示实例记数以显示阵列中的实例数。设置半径 以

指定阵列的半径。设置圆弧角度以指定从所选实体的中心到阵列的中心点或顶点的夹角。

④ 单击"确定" ，如图 3.21 所示。

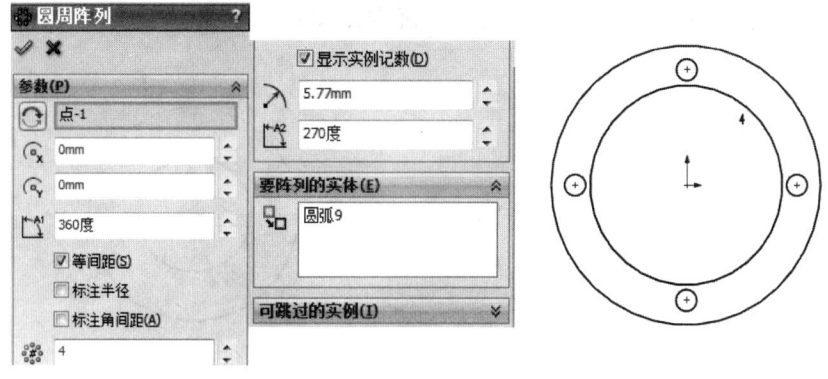

图 3.21

3.6 小结与思考

本项目主要讲述了 Solidworks 软件二维图形绘制的基本操作与编辑，重点讲授了阵列、镜像等绘图技巧。通过该项目的练习，读者能进一步巩固标注尺寸、定义关系等草图的绘制方法和编辑技巧。

经过本项目的学习，请思考以下问题：
1. 圆周阵列和线性阵列各自有怎样的特点？
2. 如何利用绘图编辑工具加快绘图速度？

3.7 实战演练

运用二维绘图命令完成如图 3.22 所示图形。

建模分析：

这是一个零件轮廓图。利用软件二维草图绘制命令，首先绘制辅助线，方便轮廓长度和宽度的定位；然后绘制圆形、进行圆弧修剪、圆周阵列，最后添加几何关系和尺寸约束，完成制作。

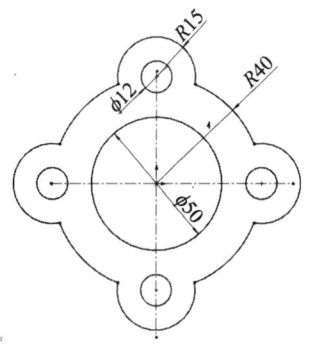

图 3.22

建模步骤如下:
(1)绘制辅助线。利用直线命令,绘制二条中心线控制零件中心,如图 3.23 所示。
(2)利用圆命令,以原点为圆心绘制 2 个同心圆,如图 3.24 所示。

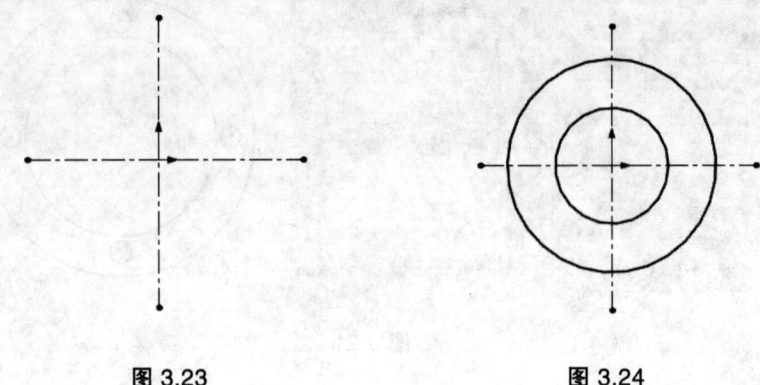

图 3.23　　　　　　　　　　图 3.24

(3)利用圆形命令添加一个与内圆相切的小圆,并且修剪边线,只保留外圆边线,如图 3.25 所示。

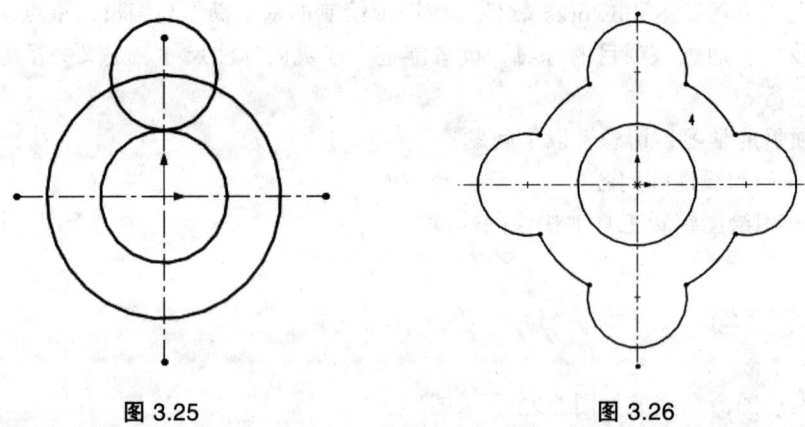

图 3.25　　　　　　　　　　图 3.26

(4)利用圆周阵列命令,将外圆边线进行阵列,形成如图 3.26 所示轮廓。
(5)圆周阵列。利用圆周阵列命令,绘制一个小圆并用圆周阵列命令 4 个小圆,完成图形绘制,如图 3.27 所示。

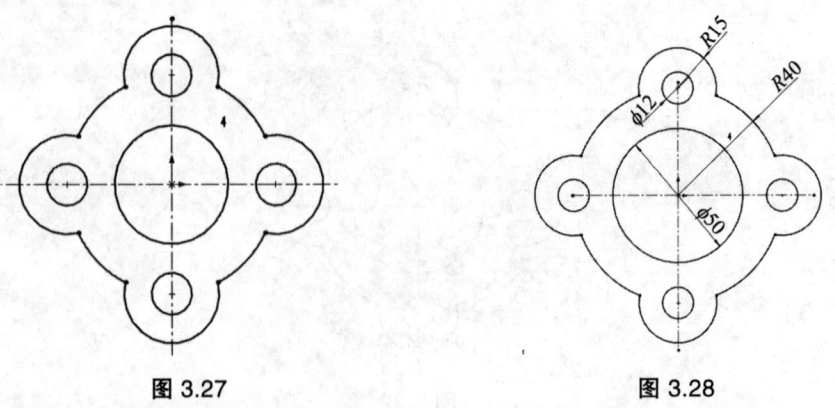

图 3.27　　　　　　　　　　图 3.28

（6）定义尺寸。利用智能尺寸命令，将所在圆形、圆弧标注好尺寸，完成零件草图绘制，如图 3.28 所示。

3.8　能力测试

请依据图形所给尺寸，在 100 min 内完成以下 4 个项目建模。

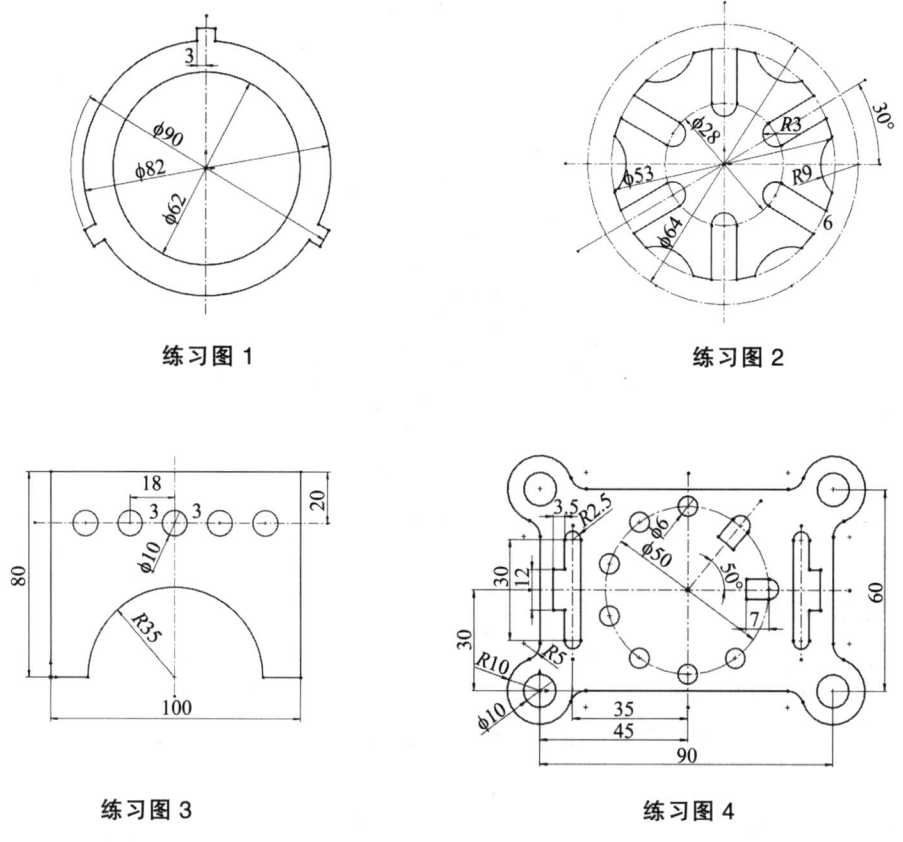

练习图 1

练习图 2

练习图 3

练习图 4

项目4 公章文字草图绘制

4.1 案例介绍

这是一款零件草图，如图4.1所示。

图4.1

4.2 学习知识点

（1）草图文字的基本操作。
（2）草图的实体编辑：移动、复制、旋转、等比例缩放的基本操作。

4.3 案例分析

这是一个公章的底部平面图。
采用以下绘图分解思路：绘制辅助线——绘制圆——旋转辅助线——文字输入——文字调整——完成制作。

4.4 操作步骤

（1）启动Solidworks后，单击"新建"按钮。在弹出的"新建Solidworks文件"对话框中选择"零件"复选框，单击"确定"。
（2）绘制草图。选取草图基准面，单击设计树中"前视基准面"。单击位于"CommandManager"下面的选项卡"草图"，草图工具栏将出现，选取草图实体绘制工具，单击"直线"按钮，画出零件的长、宽，定好零件的中心位置。并以原点为中心，绘制2个圆形。单击"智能尺寸"按钮,标注尺寸。如图 4.2 所示。

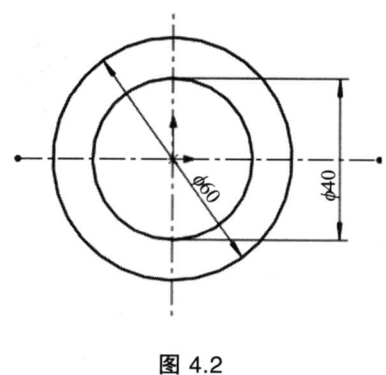

图 4.2

(3)单击"移动实体"按钮,选择"旋转实体"按钮,选择水平的辅助线,在旋转参数中选择原点为旋转中心,角度为 20°,如图 4.3 所示。

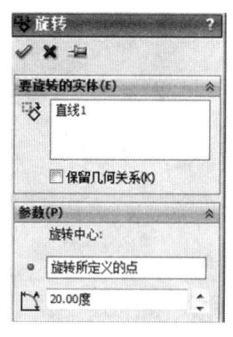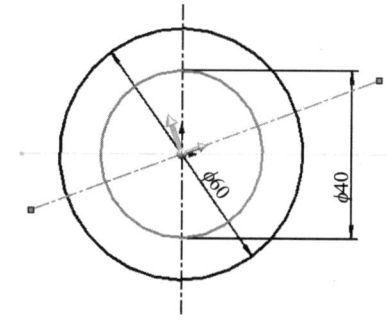

图 4.3

(4)单击"镜像实体"按钮,选择旋转的 20°辅助线,镜向点选择垂直辅助线,如图 4.4 所示。

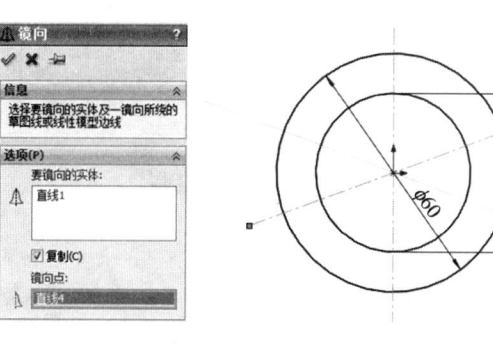

图 4.4

(5)单击"圆弧"按钮,选择"圆心/起点/终点画弧"命令,绘制 2 条以原点为中心的圆弧,并标注尺寸,如图 4.5 所示。

(6)单击"文字"按钮,在"草图文字"参数栏"曲线"中选取上一步骤绘制的圆弧作为文字路径,文字输入需要的内容,并打开"字体"参数栏,调整文字大小,如图 4.6 所示。

(7)同理,将其他文字内容输入后放置在合适位置,完成案例的制作,如图 4.7 所示。

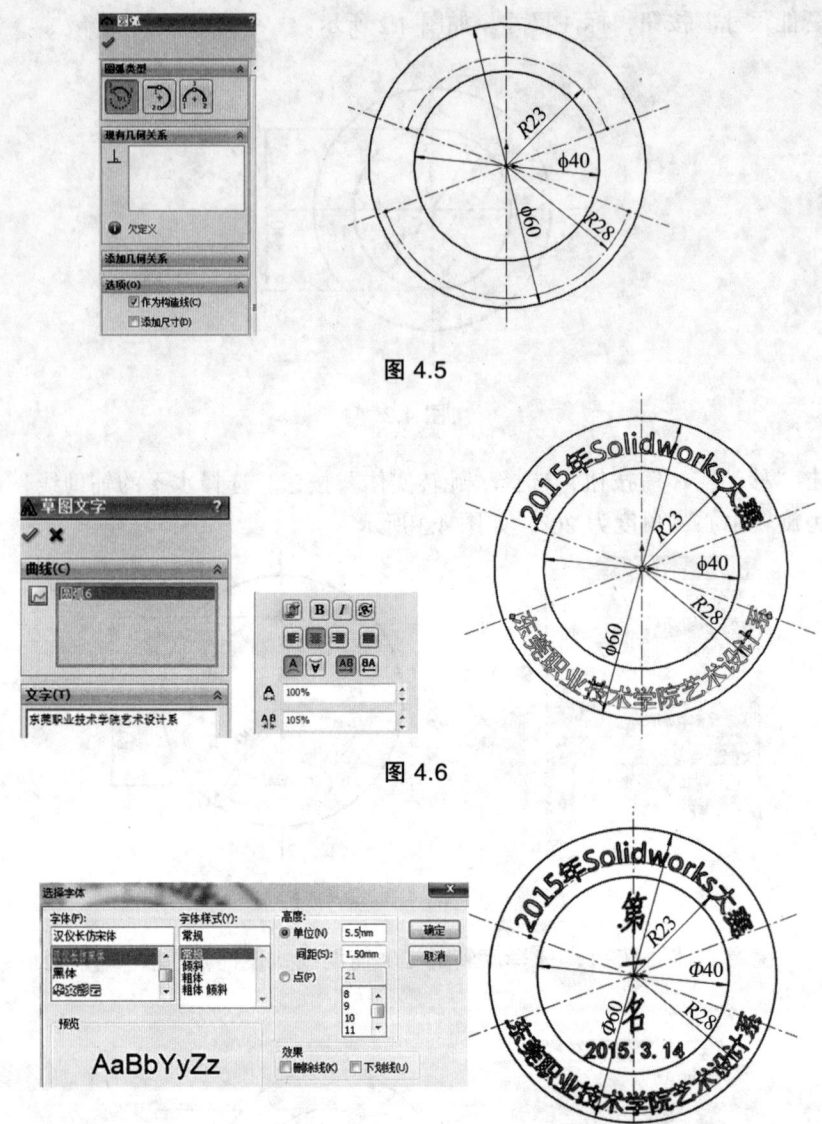

图 4.5

图 4.6

图 4.7

（8）单击"重建模型"按钮，退出草图，结束草图绘制。

4.5　能力拓展

4.5.1　草图实体绘制

1. 绘制文字

可以在任何连续曲线或边线组上（包括零件面上由直线、圆弧、或样条曲线组成的圆或轮廓）绘制文字，并且拉伸或剪切文字。字体里面的参数调整与 Word 里面操作一致。

绘制文字的操作步骤如下：

（1）单击零件的面。

(2)单击 CommandManager 中草图,选择文字 A 工具,或单击"草图"中文字 A 工具,或单击"工具"/"草图绘制实体"/"文字"。

(3)在图形区域中选择一边线、曲线、草图或草图线段,所选项目出现在曲线 下。

(4)在 PropertyManager 中,在文字下键入要显示的文字。键入时,文字将出现在图形区域中。

(5)根据需要在草图文字 PropertyManager 中设定属性,如图 4.8 所示。

(6)单击确定 。

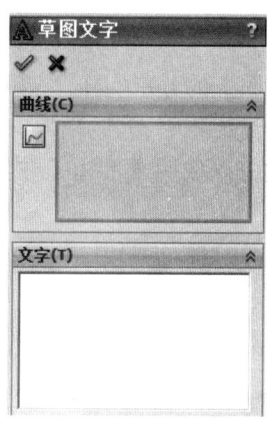 

图 4.8

2. 绘制样条曲线

样条曲线是由一组点定义的光滑曲线,样条曲线用于精确地表示曲线的形状和尺寸。样条曲线的点可少至两个点,可在端点指定相切。

绘制样条曲线的操作步骤如下:

(1)单击 CommandManager 中草图,从 弹出工具中选择样条曲线工具,或单击"草图",从 弹出工具中选择样条曲线工具,或单击"工具"/"草图绘制实体"/"样条曲线"。指针变为 。

(2)单击以放置第一个点并将第一个线段拖出。

(3)单击下一个点并将第二个线段拖出,如图 4.9 所示。

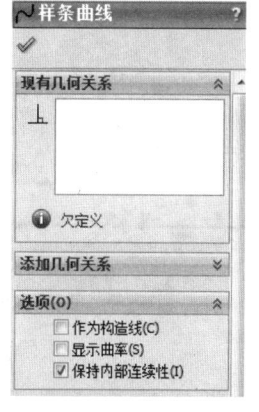  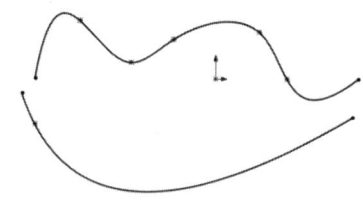

图 4.9

（4）为每个线段重复，然后在样条曲线完成时双击。
（5）单击确定 ✓。

4.5.2 草图实体编辑

1. 分割草图实体

分割实体绘制工具可以通过添加一分割点而将草图实体分割为两个实体。可以使用两个分割点来分割一个圆、完整椭圆或闭合样条曲线。

分割草图实体的操作步骤如下：

（1）在打开的草图中，单击 CommandManager 草图上的分割实体✔工具，或单击"草图"工具栏上的分割实体✔工具，或单击"工具"/"草图工具"/"分割实体"。指针变成 ✎。

（2）单击草图实体上的分割位置。该草图实体被分割成两个实体，并且这两个实体之间会添加一个分割点，如图 4.10 所示。

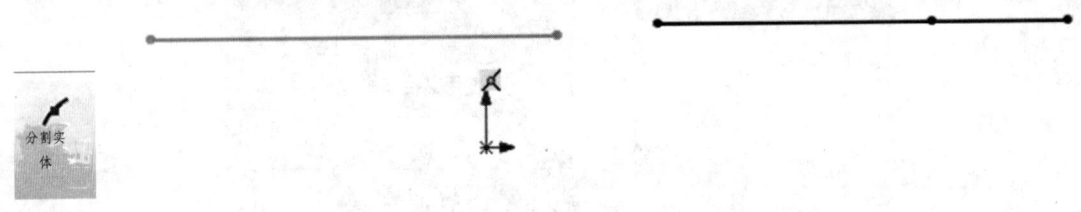

图 4.10

2. 移动草图实体

移动草图实体的操作步骤如下：

（1）在草图模式中，单击 CommandManager 中草图，从 ⬚ ·弹出工具选取移动实体工具 ⬚，或单击"草图"工具栏，从 ⬚ ·弹出工具选取移动实体 ⬚ 工具，或单击"工具"/"草图工具"/"移动"。

（2）在 PropertyManager 中的"要移动的实体"下，为草图项目或注解 ⬚ 选择草图实体，并且在保留几何关系前面打上 ✓。

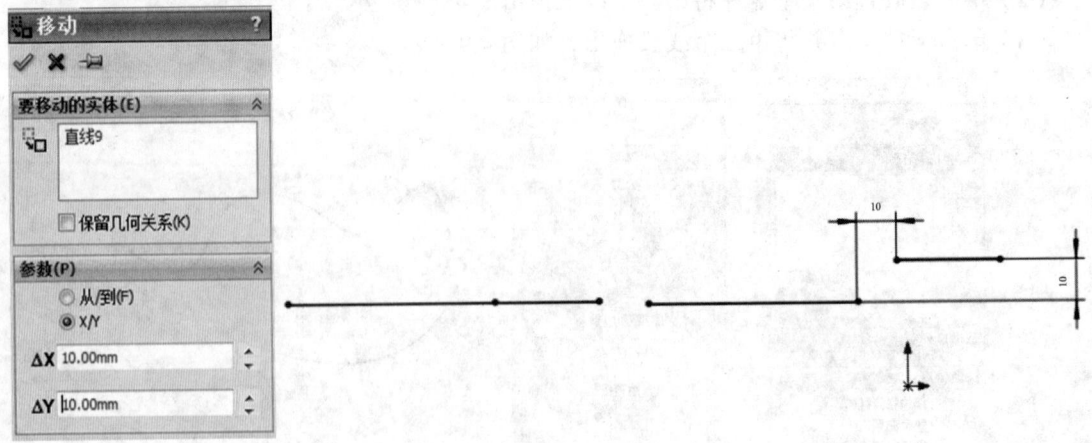

图 4.11

（3）在"参数"下，选择"从/到"，单击起点来设定基点●，然后拖动将草图实体定位。或选择"X/Y"，然后为 ΔX 和 ΔY 设定数值以将草图实体定位，如图 4.11 所示。

（4）单击确定 ✔。

3. 复制草图实体

复制草图实体的操作步骤如下：

（1）在草图模式中，单击 CommandManager 中草图，从 ▦·弹出工具选取复制实体工具 ▦，或单击"草图"工具栏，从 ▦·弹出工具选取复制实体 ▦ 工具，或单击"工具"/"草图工具"/"复制"。

（2）在 PropertyManager 中的"要复制的实体"下，为草图项目或注解 ▦ 选择草图实体，并且在保留几何关系前面打上 ✔。

（3）在"参数"下，选择"从/到"，单击起点来设定基点●，然后拖动将草图实体定位。或选择"X/Y"，然后为 ΔX 和 ΔY 设定数值以将草图实体定位，如图 4.12 所示。

（4）单击确定 ✔。

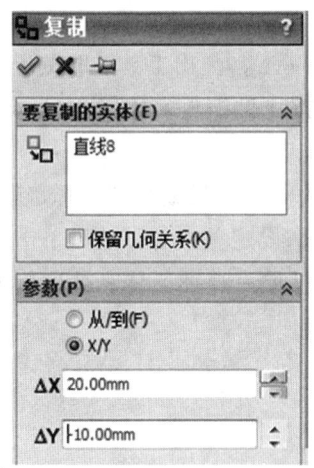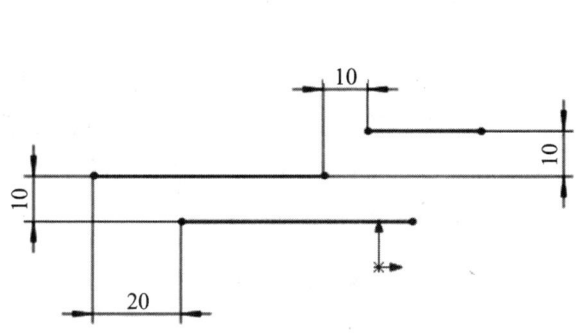

图 4.12

4. 旋转草图实体

旋转草图实体的操作步骤如下：

（1）在草图模式中，单击 CommandManager 中草图，从 ▦·弹出工具选取旋转实体工具 ▦，或单击"草图"工具栏，从 ▦·弹出工具选取旋转实体 ▦ 工具，或单击"工具"/"草图工具"/"旋转"。

（2）在 PropertyManager 中的"要旋转的实体"下，为草图项目或注解 ▦ 选择草图实体，并且在保留几何关系前面打上 ✔。

（3）在"参数"下，单击基点（已定义的旋转点）来设定基点●，然后单击图形区域来设定旋转中心。为角度 ▦ 设定一数值，如图 4.13 所示。

（4）单击确定 ✔。

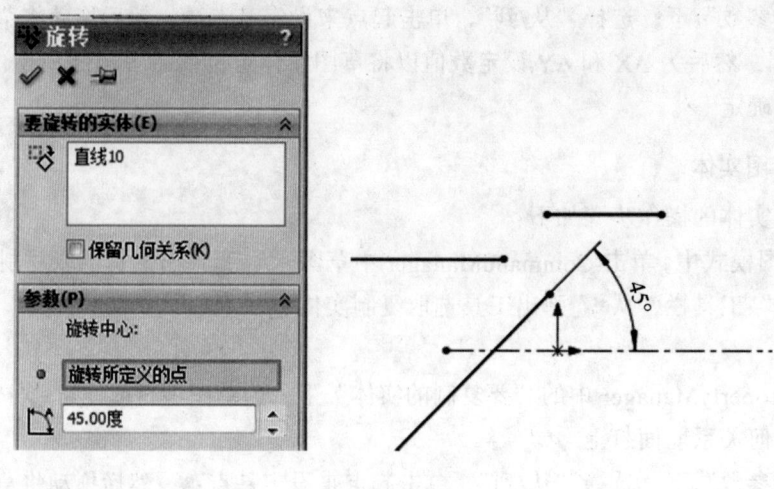

图 4.13

5. 缩放实体比例

缩放草图实体的操作步骤如下：

（1）在编辑草图模式中，单击 CommandManager 中草图，从 ▨ ▾ 弹出工具选取按比例缩放实体 ▨ 工具，或单击"草图"工具栏，从 ▨ ▾ 弹出工具选取按比例缩放实体 ▨ 工具，或单击"工具"/"草图工具"/"缩放比例"。

（2）在 PropertyManager 中的"要缩放比例的实体"下，为草图项目或注解选择草图实体。

（3）在"参数"下，单击基点（已定义的比例缩放点）来设定基点 ▨，然后单击图形区域来设定比例缩放点。设定比例因子 ▨ 的值。选择复制以包括原有草图实体和按比例缩放的副本，为份数 ▨ 设定一数值，如图 4.14 所示。

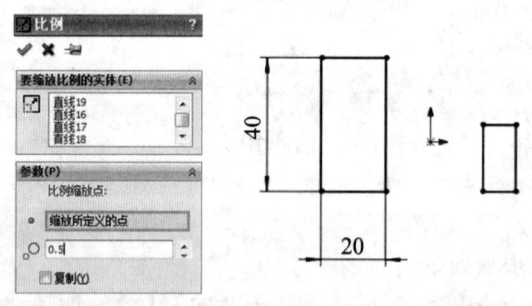

图 4.14

（4）单击确定 ▨。

4.6 小结与思考

本项目主要讲述了 Solidworks 软件二维图形绘制的文字基本操作与编辑，重点讲授了文字围绕路径及文字大小的调节等绘图技巧。通过该项目的练习，进一步巩固绘图步骤及标注尺寸等草图的绘制方法。

经过本项目的学习，请思考以下问题：

1. 什么字体适合该软件的文字编辑？
2. 复制、旋转、缩放等操作如何灵活运用？

4.7 实战演练

运用二维绘图命令完成如图 4.15 所示图形。

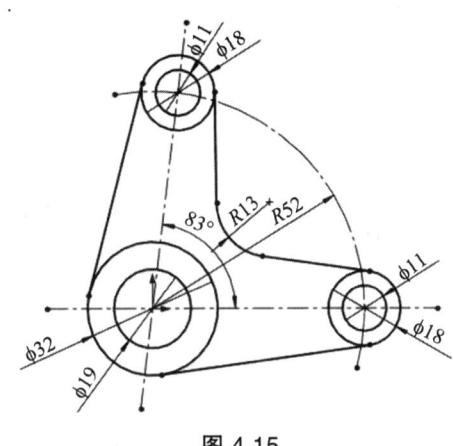

图 4.15

建模分析：

这是一个零件轮廓图。利用软件二维草图绘制命令，首先绘制辅助线，方便轮廓长度和宽度的定位；然后绘制圆形、直线，并且对图形进行圆周阵列和修剪，完成图形绘制后，最后添加几何关系和尺寸约束，完成制作。

建模步骤如下：

（1）绘制辅助线。利用直线命令，绘制二条中心线控制零件中心，如图 4.16 所示。
（2）利用圆命令，以原点为圆心绘制 2 个同心圆，并标注好尺寸，如图 4.17 所示。
（3）利用圆周阵列命令在 83°的辅助线上添加一个圆环，如图 4.18 所示。
（4）绘制 4 条直线，打开"添加几何关系"图标，利用"相切"命令，将 4 条直线分别与圆环两两相切，形成如图 4.19 所示轮廓。

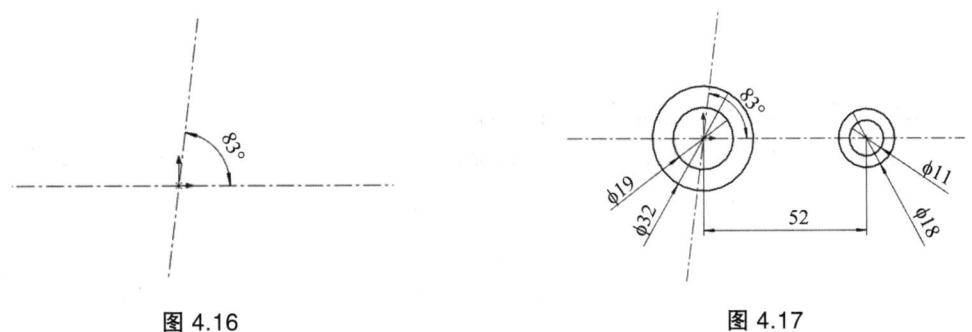

图 4.16　　　　　　　　　　　　图 4.17

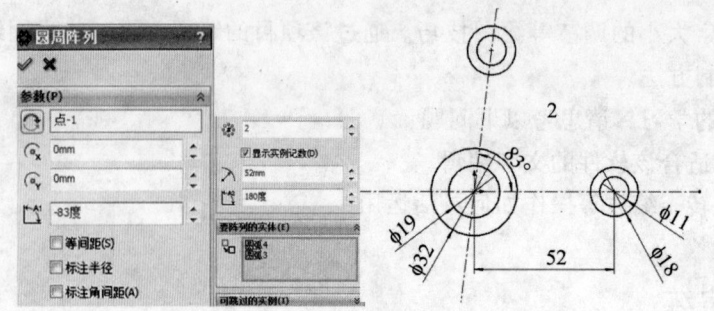

图 4.18

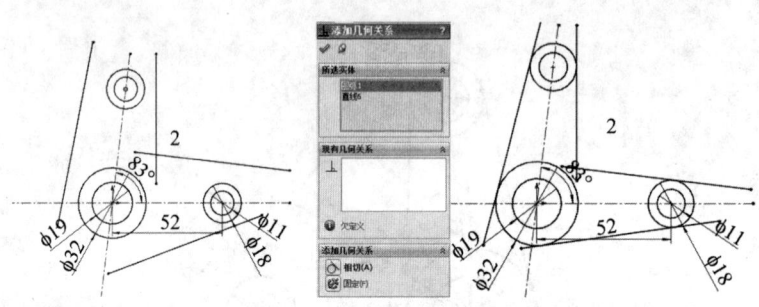

图 4.19

（5）修剪图形。选择"剪裁"命令，选择"剪裁到最近端"图标，修剪多余的线段，如图 4.20 所示。

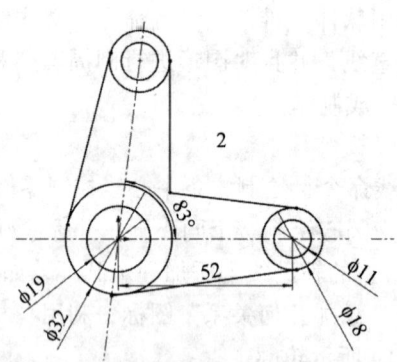

图 4.20

（6）圆角。利用圆角命令，完成中间圆环的绘制，如图 4.21 所示。
（7）利用智能尺寸命令将所在的圆形、圆弧标注好尺寸，如图 4.22 所示，完成零件草图的绘制。

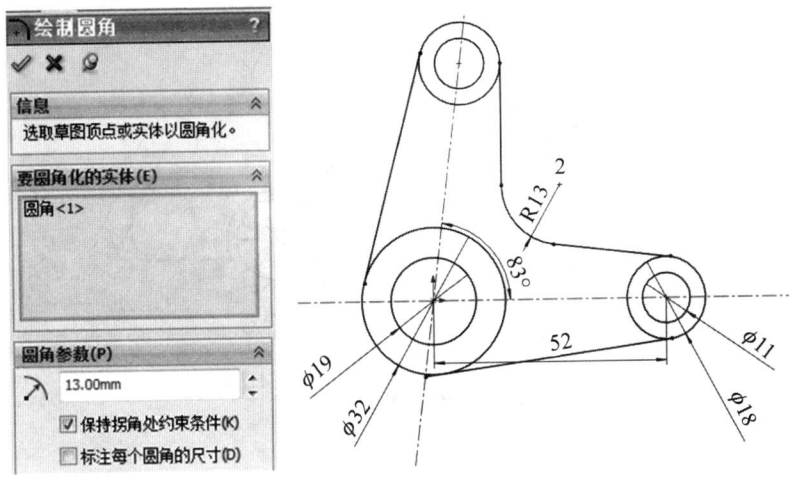

图 4.21

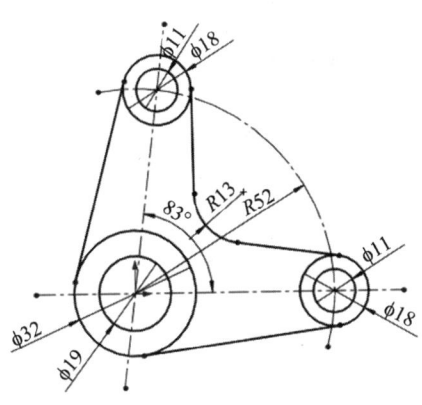

图 4.22

4.8 能力测试

请依据图形所给尺寸，在 100 min 内完成以下 4 个项目建模。

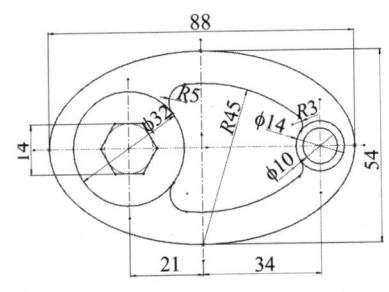

练习图 1

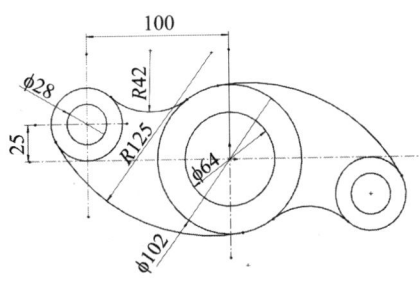

练习图 2

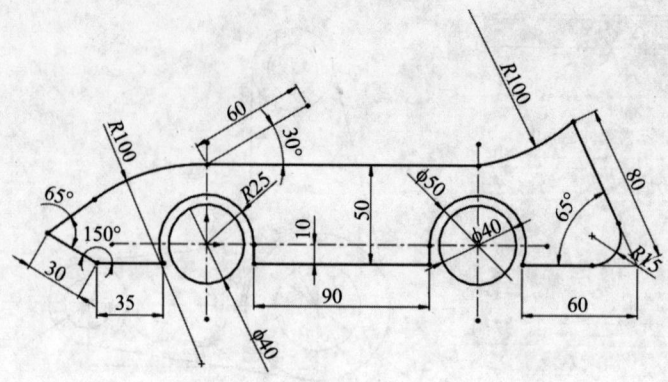

练习图 3

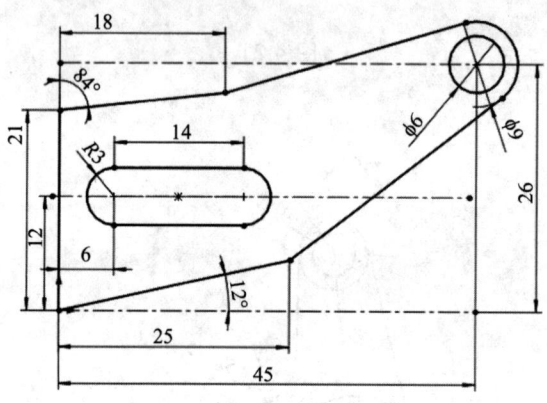

练习图 4

项目 5 闷 盖

5.1 案例介绍

这是一款简单的闷盖三维模型,如图 5.1 所示。

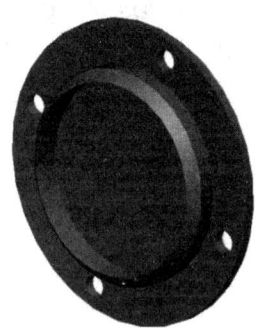

图 5.1

5.2 学习知识点

(1)拉伸特征命令的基本操作。
①拉伸切除特征命令的基本操作。
②倒角特征命令的基本操作。
(2)三维零件建模的基本思路。

5.3 案例分析

本案例比较简单,主要使用拉伸、拉伸切除等特征命令完成。
案例采用以下建模分解思路:拉伸基体、拉伸切除创建闷盖主体——绘制孔——圆周阵列——拉伸切除闷盖孔位——倒角修饰闷盖边缘——完成制作。
绘制流程如图 5.2 所示。

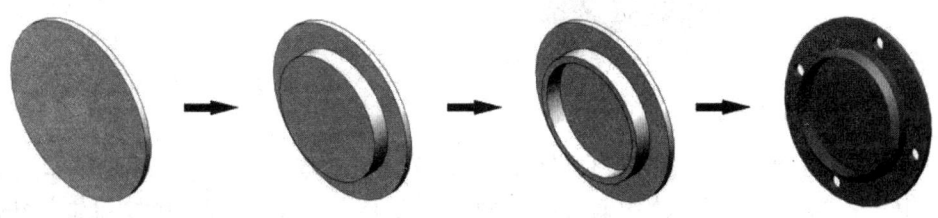

图 5.2

5.4 操作步骤

1. 绘制闷盖主体

（1）新建文件。启动 Solidworks 2015，单击菜单栏中的"文件"/"新建"命令，在弹出的"新建 Solidworks 文件"对话框中选择"零件"图标，然后单击"确定"按钮，创建一个新的零件文件。

（2）绘制草图。在左侧的"FeatureManager 设计树"中，选择"前视基准面"后，点击鼠标右键，在出现的快捷工具栏中选择"正视于"图标，使前视基准面正视于屏幕。单击"草图"工具栏中的"中心线"命令，绘制二条通过原点的垂直中心线；单击"草图"工具栏中"圆心/起/终点画弧"，以原点为中心绘制一个圆。

（3）标注尺寸。选择工具栏中的"智能尺寸"命令，单击半圆边缘上一点，在"修改"属性管理器中输入数值 280 mm，单击属性管理器中的"确定"图标，结果如图 5.3 所示。

（4）拉伸实体。单击"特征"工具栏中的"拉伸凸台/基体"图标，在"凸台-拉伸"属性管理器中，在"深度"图标中输入数值 10 mm，单击属性管理器中的"确定"图标，结果如图 5.4 所示。

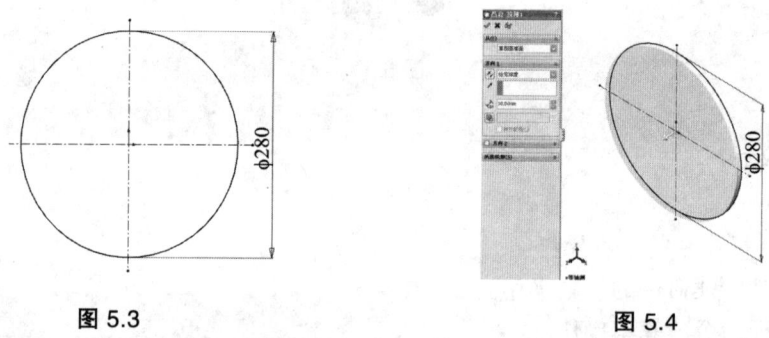

图 5.3   图 5.4

（5）绘制草图。选择上面步骤中所创建实体上表面，点击鼠标右键，在出现的快捷工具栏中选择"正视于"图标，使其表面作为草图绘制平面正视于屏幕，如图 5.5 所示。单击"草图"工具栏中"圆心/起/终点画弧"，以原点为圆心绘制一个直径 200 mm 的圆，如图 5.6 所示。

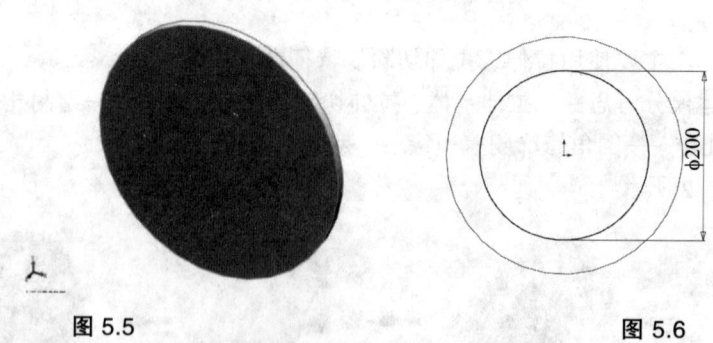

图 5.5   图 5.6

（6）拉伸实体。单击"特征"工具栏中的"拉伸凸台/基体"图标，在"凸台-拉伸"属性管理器中，在"深度"图标中输入数值 27.5 mm，单击属性管理器中的"确定"图标，完成闷盖实体的制作，如图 5.7 所示。

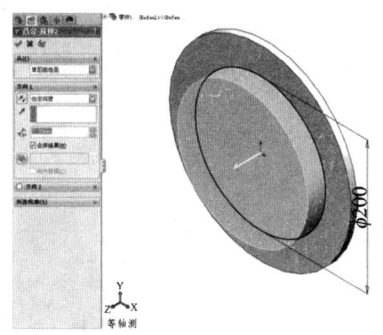

图 5.7

（7）绘制草图。选择闷盖实体小端面，点击鼠标右键，在出现的快捷工具栏中选择"正视于"图标 ，使小端面正视于屏幕，如图 5.8 所示。单击"草图"工具栏中"圆心/起/终点画弧"命令，以原点为圆心绘制一个直径 180 mm 的圆，如图 5.9 所示。

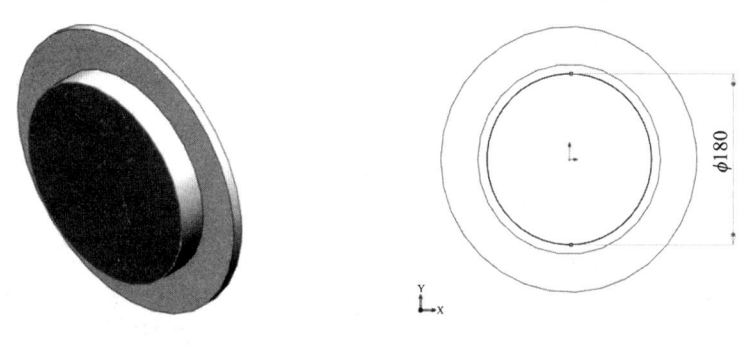

图 5.8　　　　　　　　　　图 5.9

（8）拉伸切除实体。单击"特征"工具栏中的"拉伸切除"图标 ，在"拉伸切除"属性管理器中，在"深度"图标 中输入数值 27.5 mm，保持其他选项的系统默认值不变，单击属性管理器中的"确定"图标 ，结果如图 5.10 所示。

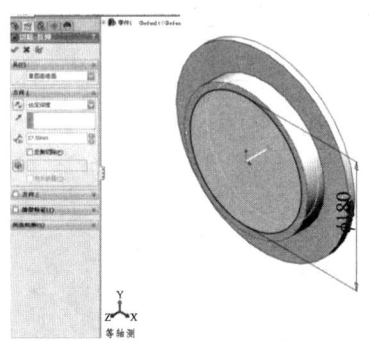

图 5.10

2. 绘制闷盖安装孔

（1）绘制草图。选择闷盖实体大端面，点击鼠标右键，在出现的快捷工具栏中选择"正视于"图标 ，使大端面正视于屏幕，如图 5.11 所示。单击"草图"工具栏中"圆心/起/终点画弧"命令，以原点为圆心绘制一个直径 240 mm 的圆，在属性管理器中，选择其作为构造线，如图 5.12 所示。

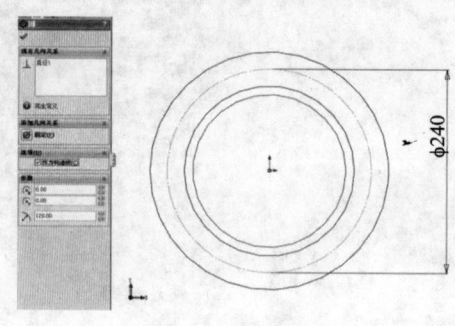

图 5.11　　　　　　　　　　　　　　图 5.12

再单击"草图"工具栏中"圆心/起/终点画弧"命令，绘制一个直径为 20 mm 的圆，作为端盖安装孔，如图 5.13 所示。再单击"草图"工具栏中"线性草图阵列"命令下的"圆周草图阵列"命令，在其属性管理器中，选择需要"阵列的实体"为直径 20 mm 的圆，保持其他选项的系统默认值不变，单击"确定"图标 ✓ ，结果如图 5.14 所示。

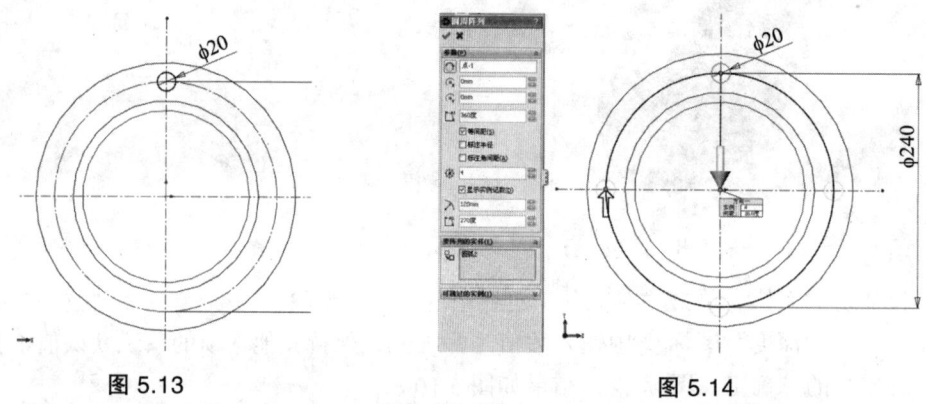

图 5.13　　　　　　　　　　　　　　图 5.14

（2）拉伸切除实体。单击"特征"工具栏中的"拉伸切除"图标，在"拉伸切除"属性管理器中，设置拉伸切除的"终止条件"为"完全贯穿"，保持其他选项的系统默认值不变，单击"确定"图标 ✓ ，生成端盖安装孔特征，如图 5.15 所示。

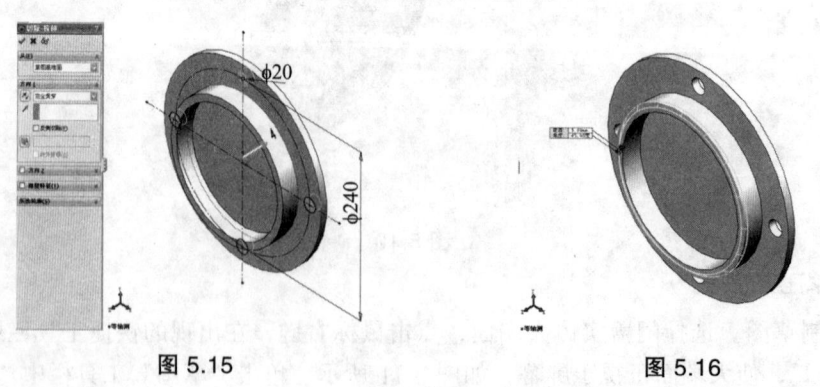

图 5.15　　　　　　　　　　　　　　图 5.16

3. 创建倒角

创建倒角特征：单击"特征"工具栏中的"倒角"图标，在"倒角"属性管理器中，设置倒角类型为"角度距离",在"距离"文本框中输入倒角的距离值为 5 mm,在角度输入框中输入角度值为 45°,选择生成倒角特征的闷盖小端盖外棱边,保持其他选项的系统默认值不变,单击"确定"图标 ✓,完成倒角特征的创建,如图 5.16 所示。

5.5 能力拓展

拉伸特征是将整个草图或草图中的某个草图轮廓沿一定方向延伸一段距离后所形成的特征。拉伸特征是 Solidworks 模型中最常用的建模特征。

5.5.1 拉伸特征的分类

按照拉伸特征形成的形状以及对零件产生的作用,可以将拉伸特征分为实体或薄壁拉伸、凸台/基体拉伸、切除拉伸、曲面拉伸,如图 5.17 所示。

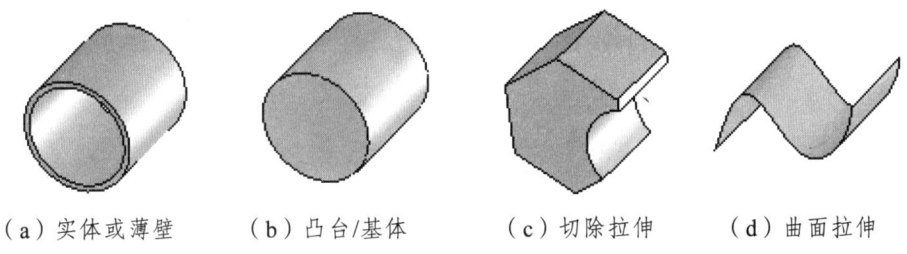

(a)实体或薄壁　　(b)凸台/基体　　(c)切除拉伸　　(d)曲面拉伸

图 5.17

5.5.2 拉伸特征操作

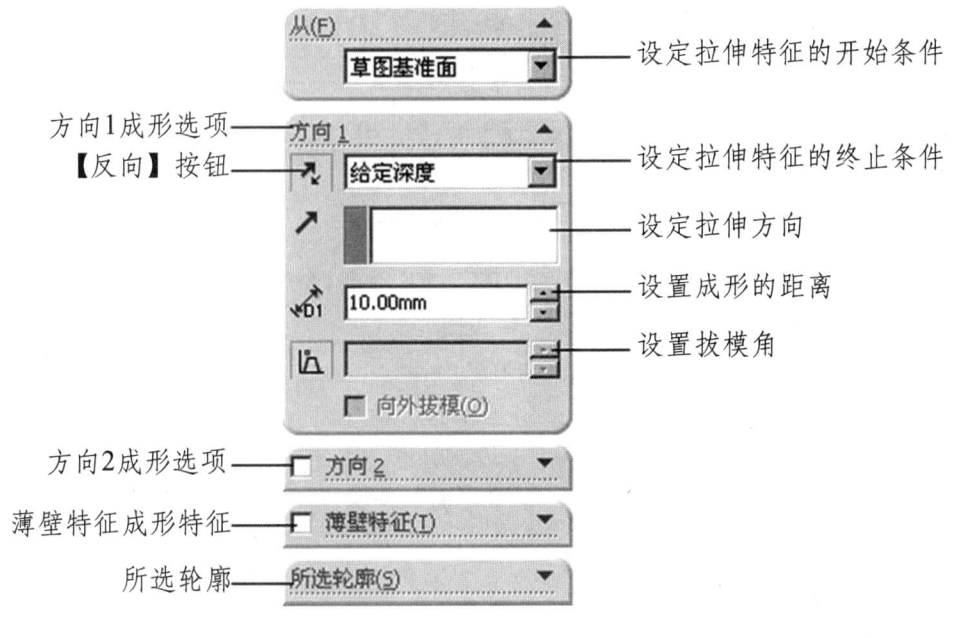

图 5.18

建立"拉伸"特征的操作步骤如下：
（1）生成草图。
（2）单击拉伸工具之一：
① 单击"特征"工具栏上的"拉伸凸台/基体"按钮 ，或选择下拉菜单"插入"/"凸台/基体"/"拉伸"命令。
② 单击"特征"工具栏上的"拉伸切除"按钮 ，或选择下拉菜单"插入"/"切除"/"拉伸"命令。
③ 单击"曲面"工具栏上的"拉伸曲面"按钮 ，或选择下拉菜单"插入"/"曲面"/"拉伸命令。
（3）出现"拉伸"属性管理器，如图5.18所示，设定相关选项，然后单击"确定"按钮 。

5.5.3 拉伸特征的选项

1. 反向

单击"反向"按钮 。以与预览中所示方向相反的方向延伸特征。

2. 拉伸方向

"拉伸方向" 。在图形区域中选择方向向量拉伸草图。

3. 设定拉伸特征的开始条件

设定拉伸特征的开始条件，拉伸特征有4种不同形式的开始类型，如图5.19所示。

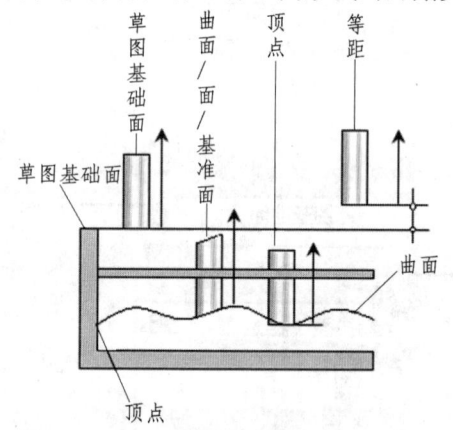

图 5.19

（1）草图基准面：从草图所在的基准面开始拉伸。
（2）曲面/面/基准面：从这些实体之一开始拉伸。为"曲面/面/基准面" 选择有效的实体。
（3）顶点：从选择的顶点开始拉伸。
（4）等距：从与当前草图基准面等距的基准面上开始拉伸。在"输入等距值"中设定等距距离。

4. 拉伸特征的终止条件

设定拉伸特征的终止条件，拉伸特征有7种不同形式的终止类型，如图5.20所示。

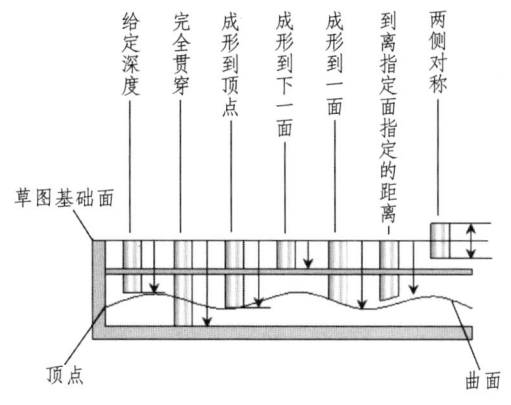

图 5.20

（1）给定深度：从草图的基准面拉伸特征到指定的距离。

（2）完全贯穿：从草图的基准面拉伸特征直到贯穿所有现有的几何体。

（3）成形到顶点：从草图的基准面拉伸特征到一个与草图基准面平行，且穿过指定顶点的平面。

（4）成形到下一面：从草图的基准面拉伸特征到相邻的下一面。

（5）成形到一面：从草图的基准面拉伸特征到一个要拉伸到的面或基准面。

（6）到离指定面指定的距离"：从草图的基准面拉伸特征到一个面或基准面指定距离平移处。

（7）两侧对称：从草图的基准面开始，沿正、负两个方向拉伸特征。

5. 拉伸特征的拔模

拔模开/关 ：设定拔模角度，如图 5.21 所示。

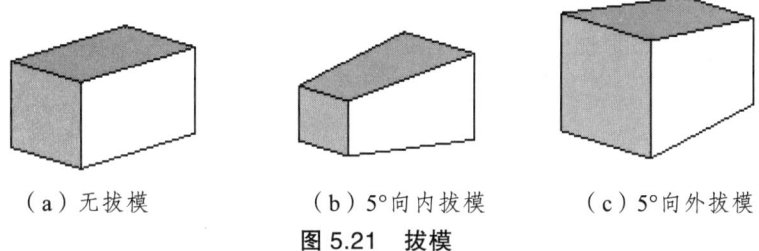

图 5.21　拔模

6. 反侧切除

反侧切除：仅限于拉伸的切除，移除轮廓外的所有材质。默认情况下，材料从轮廓内部移除，如图 5.22 所示。

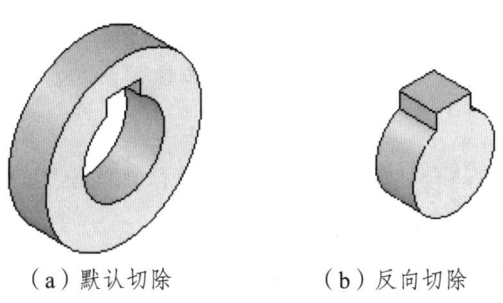

图 5.22　反侧切除

· 53 ·

7. 薄壁特征

选中"薄壁特征"复选框,则拉伸得到的是薄壁体。在薄壁特征中,可以选择薄壁特征厚度对于草图的方向类型。

(1)单向:设定从草图以一个方向(向外)拉伸的厚度。

(2)两侧对称:设定同时以两个方向从草图拉伸的厚度。

(3)两个方向:设定不同的拉伸厚度,方向1厚度和方向2厚度。

(4)选中自动加圆角复选框,在每一个具有直线相交夹角的边线上生成圆角。指定"圆角半径"设定圆角的内半径。

(5)选中"顶端加盖"复选框,为薄壁特征拉伸的顶端加盖,生成一个中空的零件。

(6)选中"加盖厚度"复选框,选择薄壁特征从拉伸端到草图基准面的加盖厚度。

5.6 小结与思考

本项目主要讲述了 Solidworks 软件三维建模的基本操作、基本思想以及拉伸、拉伸切除等命令。通过本项目学习,读者能学会简单的三维产品建模。

经过本项目的学习,请思考以下问题:

1. 拉伸特征不同情况下如何选择拉伸条件?
2. 拉伸切除命令的运用?

5.7 实战演练

应用拉伸特征创建如图 5.23 所示台钳钳身的三维模型。

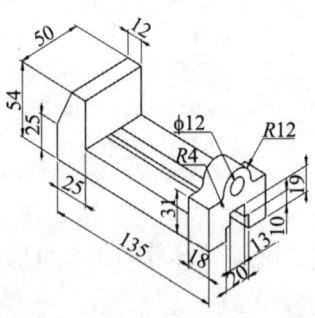

图 5.23 台钳钳身

建模分析:

建立模型时,应先创建凸台特征,后创建切除特征,此模型的建立将分为(a)→(b)→(c)共三部分完成,如图 5.24 所示。

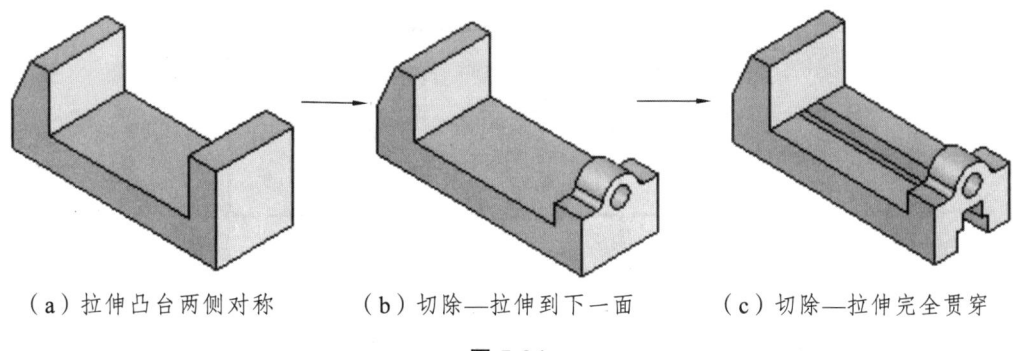

(a)拉伸凸台两侧对称　　　（b）切除—拉伸到下一面　　　（c）切除—拉伸完全贯穿

图 5.24

建模步骤如下：

1.（a）部分

（1）在 FeatureManager 设计树中选择"前视基准面"，单击"草图"工具栏上的"草图绘制"按钮，进入草图绘制，绘制如图 5.25 所示的草图。

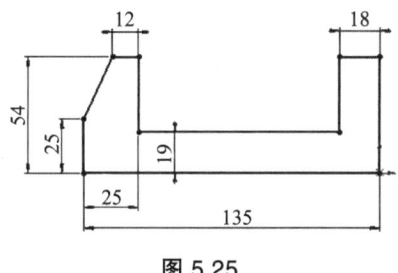

图 5.25

（2）单击"特征"工具栏上的"拉伸凸台/基体"按钮，出现"拉伸"属性管理器，在"开始条件"下拉列表框内选择"草图基准面"选项，在"终止条件"下拉列表框内选择"两侧对称"选项，在"深度"文本框内输入"50 mm"，如图 5.26 所示，单击"确定"按钮。

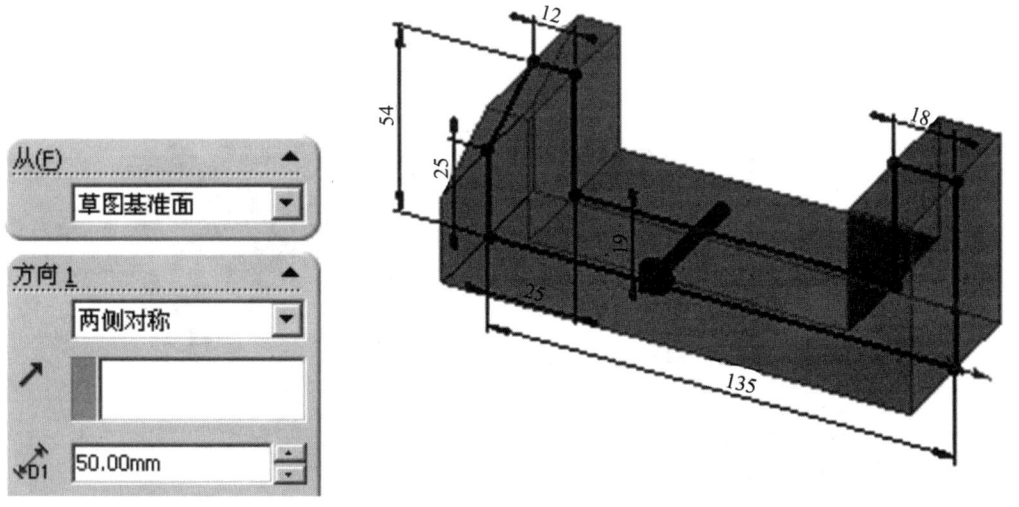

图 5.26

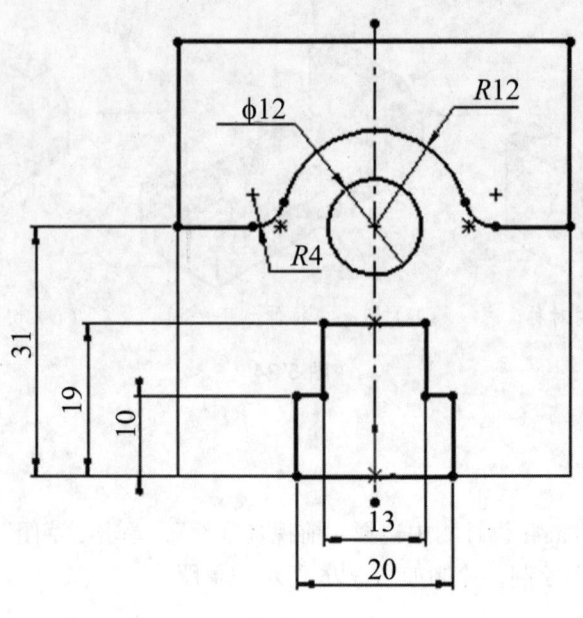

图 5.27

2.（b）部分

（1）在图形区选择右端面，单击"草图"工具栏上的"草图绘制"按钮 ，进入草图绘制，绘制如图 5.27 所示的草图。

（2）单击"特征"工具栏上的"拉伸切除"按钮 ，出现"切除-拉伸"属性管理器，在"开始条件"下拉列表框内选择"草图基准面"选项，在"终止条件"下拉列表框内选择"成形到下一面"选项，激活"所选轮廓"列表框，在绘图区选择需要切除的面，在"所选轮廓"中出现"草图 2-局部范围<1>"和"草图 2-轮廓<1>"，如图 5.28 所示，单击"确定"按钮 。

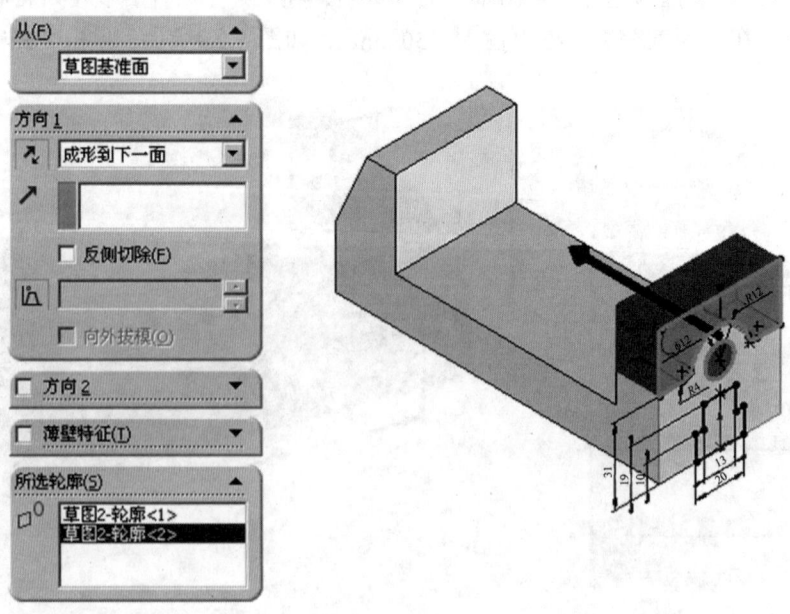

图 5.28

3.(c)部分

在 FeatureManager 设计树中选择"草图 2",单击"特征"工具栏上的"拉伸切除"按钮,出现"切除-拉伸"属性管理器,在"开始条件"下拉列表框内选择"草图基准面"选项,在"终止条件"下拉列表框内选择"完全贯穿"选项,激活"所选轮廓"列表框,在绘图区选择需要切除的面,在"所选轮廓"中出现"草图 2-局部范围<1>",如图 5.29 所示,单击"确定"按钮。

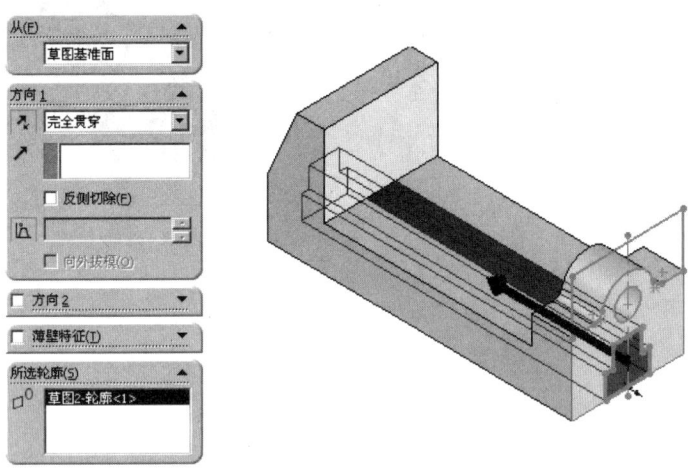

图 5.29

5.8 能力测试

自定义尺寸,请在 100 min 内完成以下 4 个项目建模。

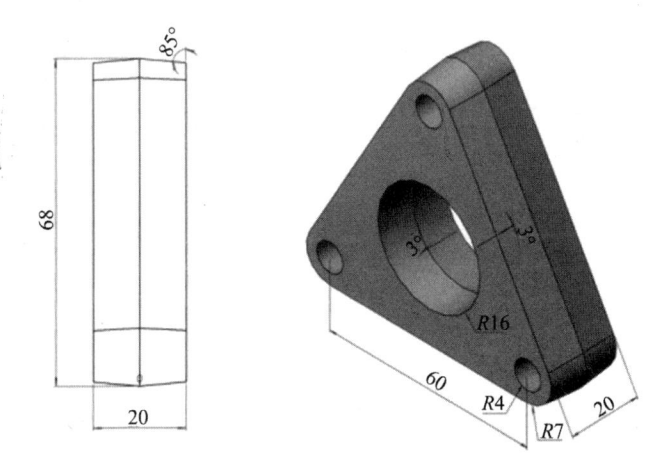

练习图 1

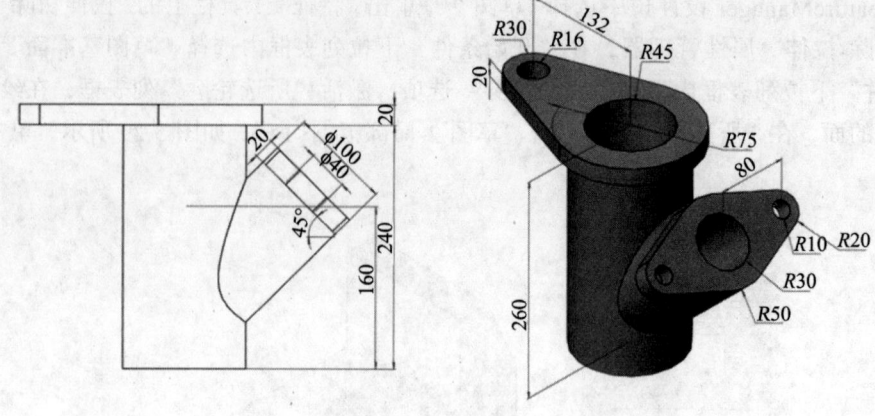

练习图 2

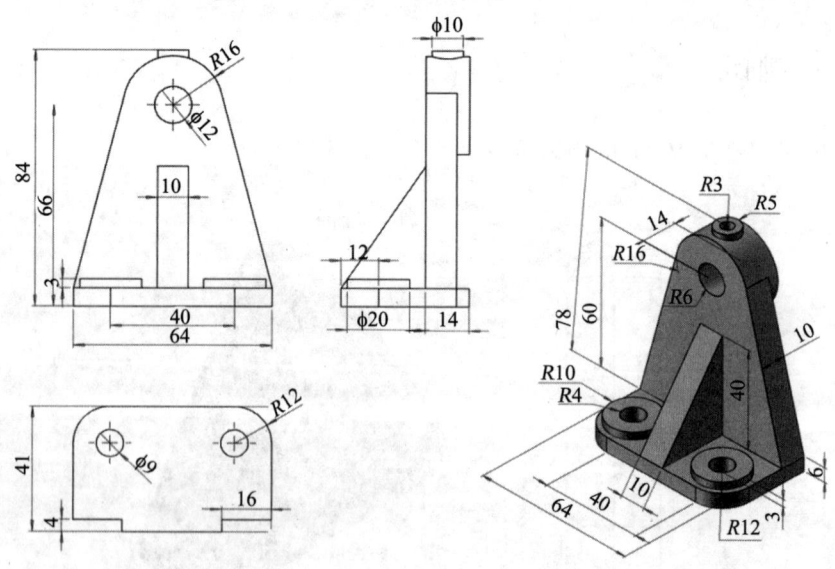

练习图 3

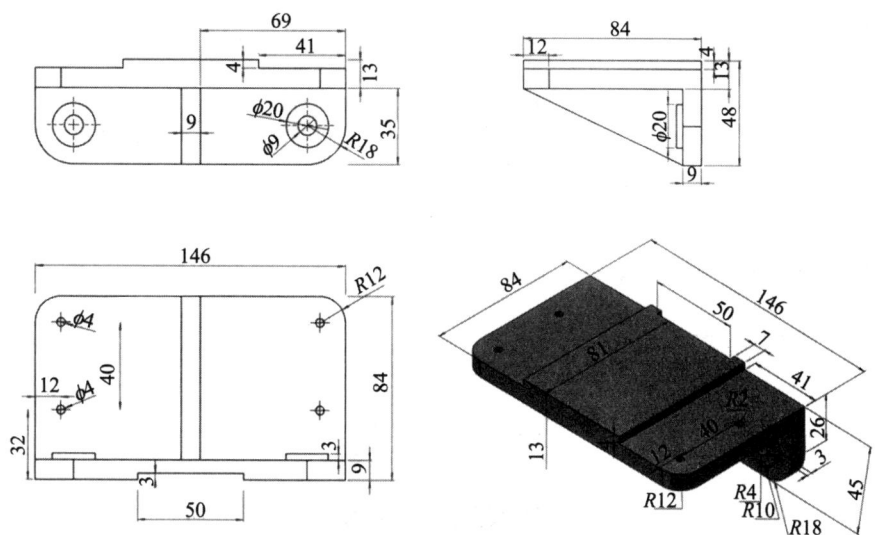

练习图 4

项目 6 陀 螺

6.1 案例介绍

这是一款简单的玩具陀螺,如图 6.1 所示。

图 6.1

6.2 学习知识点

(1)旋转特征命令的基本操作。
(2)旋转切除特征命令的基本操作。
(3)圆角特征命令的基本操作。

6.3 案例分析

本案例比较简单,主要使用拉伸、旋转、旋转切除等命令完成。

采用以下建模分解思路:拉伸基体创建陀螺主体——旋转圆锥部分——倒角命令——旋转切除命令来创建陀螺凹槽——完成制作。

绘制流程如图 6.2 所示。

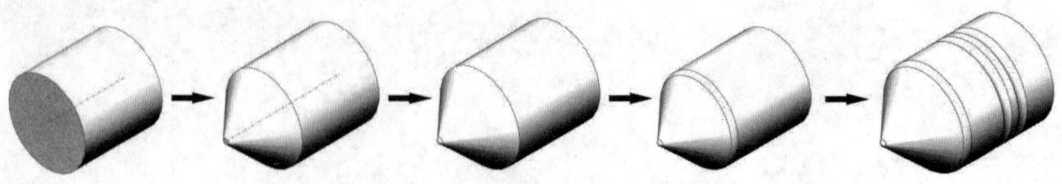

图 6.2

6.4 操作步骤

（1）新建文件。启动 Solidworks 2015，单击菜单栏中的"文件"/"新建"命令，在弹出的"新建 Solidworks 文件"对话框中选择"零件"图标，然后单击"确定"按钮，创建一个新的零件文件。

（2）绘制草图。在左侧的"FeatureManager 设计树"中，选择"前视基准面"后，点击鼠标右键，在出现的快捷工具栏中选择"正视于"图标，使前视基准面正视于屏幕。单击"草图"工具栏中"圆"，以原点为圆心绘制一个圆，直径为 20 mm，如图 6.3 所示。

（3）拉伸实体。单击"特征"工具栏中的"拉伸凸台/基体"图标，在"凸台-拉伸"属性管理器中，在"深度"图标中输入数值 20 mm，单击属性管理器中的"确定"图标，结果如图 6.4 所示。

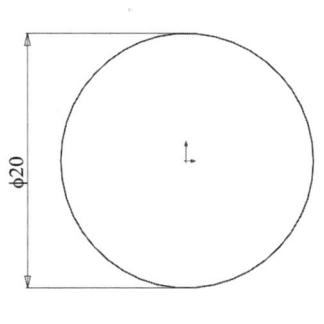

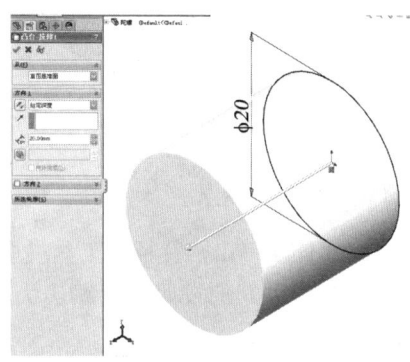

图 6.3　　　　　　　　　　　　　　图 6.4

（4）绘制草图。选择图 6.4 中的前表面，如图 6.5 所示。点击鼠标右键，在出现的快捷工具栏中选择"正视于"图标，使其正视于屏幕。单击"草图"工具栏中的"圆"命令，以原点为圆心绘制一个圆，直径为 20 mm，如图 6.6 所示。

（5）拉伸实体。单击"特征"工具栏中的"拉伸凸台/基体"图标，在"凸台-拉伸"属性管理器中，在"深度"图标中输入数值 10 mm，在"拔模角度"一栏中输入值 43，单击属性管理器中的"确定"图标，结果如图 6.7 所示。

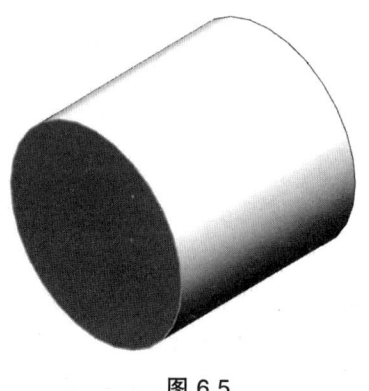

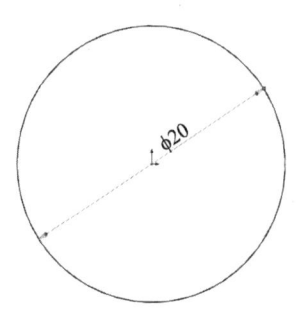

图 6.5　　　　　　　　　　　　　　图 6.6

（6）绘制草图。选择"上视基准面"后，点击鼠标右键，使其正视于屏幕。单击"草图"

工具栏中"直线"命令，绘制一条通过原点的竖直中心线，单击"草图"工具栏的"圆心/起/终点圆弧"绘制一个圆弧。

圆心为中心线和最下端直线的交点，起点为最下端直线左端的端点，终点为逆时针方向与竖直中心线的交点；点击"草图"工具栏中的"直线"命令，绘制从最下端直线左端到中心线的直线段，结果如图 6.8 所示。

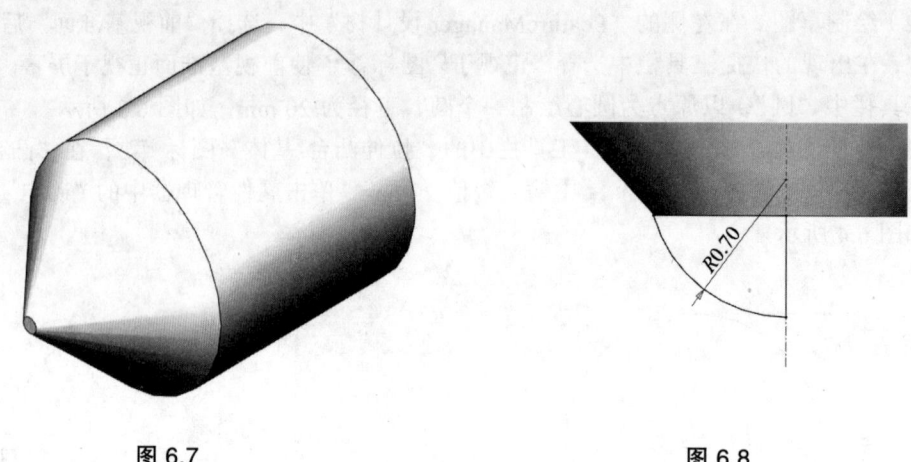

图 6.7　　　　　　　　　　　　　　图 6.8

（7）旋转实体。单击"特征"工具栏中的"旋转凸台/基体"图标 ，选择出现的系统提示中的"是"按钮，其他按照图示默认状态，单击属性管理器中的"确定"图标 ，结果如图 6.9 所示。

（8）圆角实体。单击"特征"工具栏中的"圆角"命令，在其属性管理器中选择陀螺椎体与圆柱体的交线，并且在"圆角参数"中输入数值 2 mm，单击属性管理器中的"确定"图标 ，结果如图 6.10 所示。

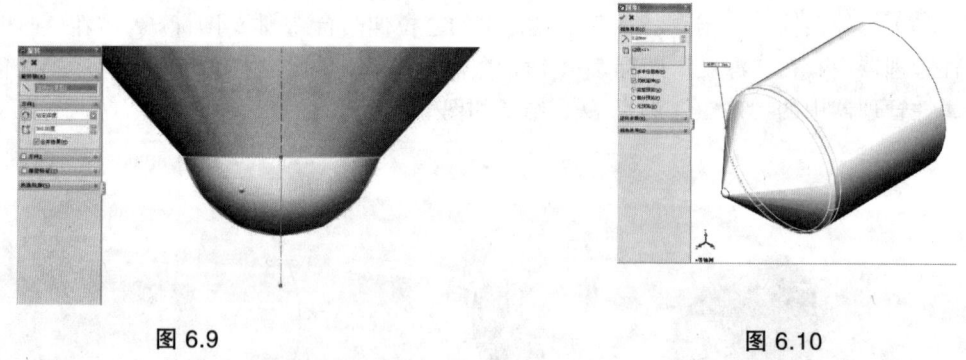

图 6.9　　　　　　　　　　　　　　图 6.10

（9）绘制草图。在左侧的"FeatureManager 设计树"中，选择"右视基准面"后，点击鼠标右键，在出现的快捷工具栏中选择"正视于"图标 ，使右视基准面正视于屏幕。单击"草图"工具栏中的"直线"和"圆弧"命令，绘制如图 6.11 所示图形。

（10）旋转切除。单击"特征"工具栏中的"旋转切除"图标 ，在"旋转切除"属性管理器中，选择过中心点的辅助线为"旋转轴"，单击属性管理器中的"确定"图标 ，结果如图 6.12 所示。

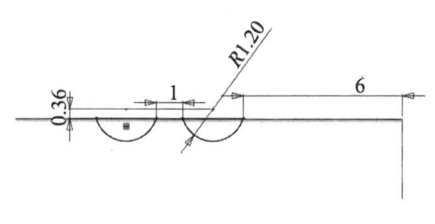

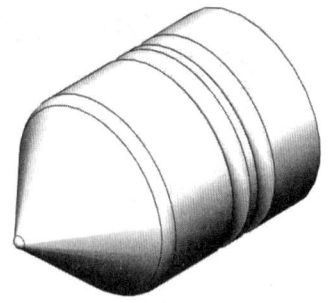

图 6.11   图 6.12

6.5 能力拓展

旋转特征是轮廓围绕一个轴旋转一定角度而得到的特征。

旋转特征的草图中包含一条构造线，草图轮廓以该构造线为轴旋转，即可建立旋转特征。另外，也可以选择草图中的草图直线作为旋转轴建立旋转特征。轮廓不能与中心线交叉。

如果草图包含一条以上中心线，应选择想要用作旋转轴的中心线。

6.5.1 旋转特征的分类及操作

旋转特征起源于机加工中的车削加工，大多数轴盘类零件可以使用旋转特征来建立。

1. 旋转特征的分类

设计中常用旋转特征来完成下面这些零件的建模。

（1）球或含有球面的零件，如图 6.13 所示。

（2）有多个台阶的轴、盘类零件，如图 6.14 所示。

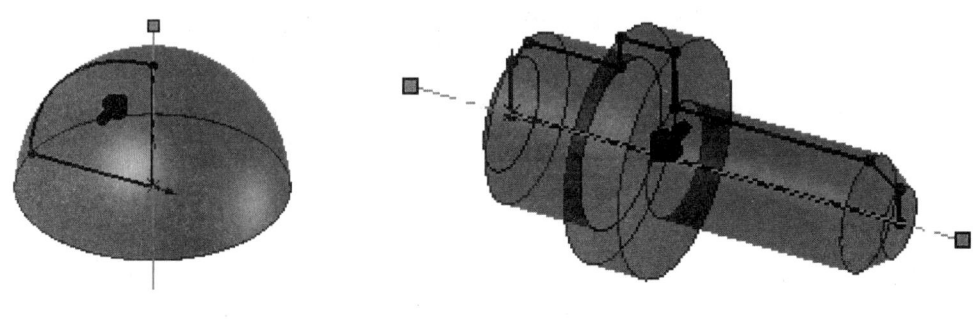

图 6.13   图 6.14

（3）"O"型密封圈，如图 6.15 所示。

（4）侧轮廓复杂的轮毂类零件，如图 6.16 所示。

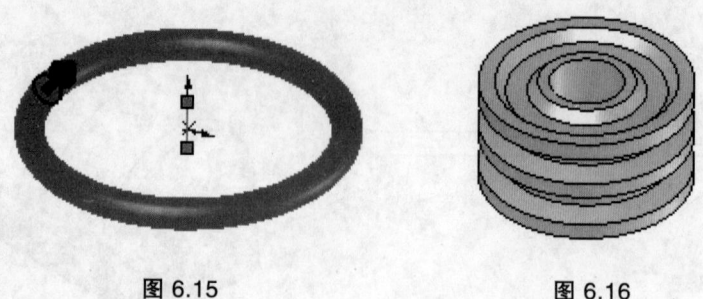

图 6.15　　　　　　　　　图 6.16

2. 旋转操作步骤

建立"旋转"特征的操作步骤如下：

（1）生成一草图，包含一个或多个轮廓和一中心线、直线或边线以作为特征旋转所绕的轴。

（2）单击旋转工具之一：

① 单击"特征"工具栏上的"旋转凸台/基体"按钮，或选择下拉菜单"插入"/"凸台/基体"/"旋转"命令。

② 单击"特征"工具栏上的"旋转切除"按钮，或选择下拉菜单"插入"/"切除"/"旋转"命令。

③ 单击"曲面"工具栏上的"旋转曲面"按钮，或选择下拉菜单"插入"/"曲面"/"旋转命令"。

（3）出现"旋转"属性管理器，如图 6.17 所示，设定以下选项，然后单击"确定"按钮。

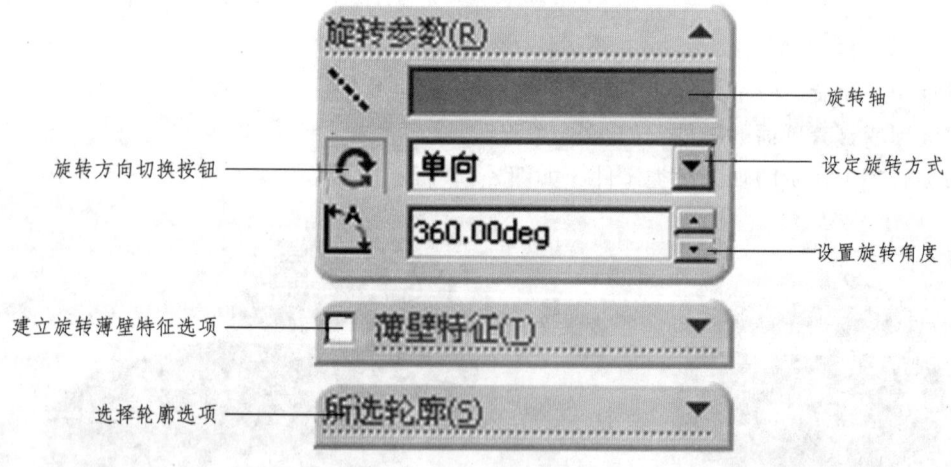

图 6.17

6.5.2　旋转特征的选项

根据旋转特征的类型设定属性管理器选项。

1. 旋转参数

旋转轴：选择一特征旋转所绕的轴。根据所生成的旋转特征的类型，此可能为中心线、直线或一边线。

旋转类型：从草图基准面定义旋转方向。单击"反向"按钮 ![] 来反转旋转方向。

◇ 单向：从草图以单一方向生成旋转。
◇ 两侧对称：对称地从草图基准面以顺时针和逆时针方向生成旋转。
◇ 双向：从草图基准面以顺时针和逆时针方向生成旋转。

说明：两个方向的角度总和不能超过360°。

角度 ![]：定义旋转角度。默认的角度为360°。角度以顺时针从所选草图测量。

2. 薄壁特征

类型：定义厚度的方向。选择以下选项之一：

① 单向：从草图以单一方向添加薄壁特征。单击"反向"按钮 ![] 来反转薄壁特征添加的方向。

② 两侧对称：通过以草图为中心，在草图两侧均等应用薄壁特征。

③ 双向：在草图两侧添加薄壁特征。

方向1厚度 ![]：从草图向外添加薄壁体积。

方向2厚度 ![]：从草图向内添加薄壁体积。

3. 所选轮廓

当使用多轮廓生成旋转时使用此选项。

所选轮廓 ![]：在图形区域中选择轮廓来生成旋转。

6.5.3 圆角特征

圆角特征可以为一个面的所有边线、所选的多组面、所选的边线或边线环生成圆角。

绘制的草图圆角在零件成形之前使用，"圆角"特征命令可以在零件成形之后的任何时候使用。

1. 圆角特征类型

- 等半径圆角（包括等半径圆角、多半径圆角、圆形角圆角、逆转圆角）。
- 变半径圆角。
- 面圆角。
- 完整圆角。

2. 生成圆角特征时注意事项

（1）要先添加大圆角，后添加小圆角。当有多个圆角会聚于一个顶点时，应先生成较大的圆角。

（2）如果有拔模特征，则在生成圆角前先添加拔模。

（3）添加装饰用的圆角应在其他几何体完成后再添加。如果添加过早，则系统每次重建零件时都需要花费较长的时间来处理该特征。

（4）要加快零件重建的速度，尽量使用一圆角命令来处理多个相同半径的圆角。但是，当改变圆角的半径时，在同一操作中生成的所有圆角都会改变。

6.6 小结与思考

本项目主要讲述了 Solidworks 软件三维建模特征的旋转命令基本操作和基本思想，经过本项目的学习，请思考以下问题：
1. 旋转特征能适合那些模型的创建？
2. 旋转切除命令如何运用？

6.7 实战演练

应用旋转特征命令创建如图 6.18 所示酒杯三维模型。

图 6.18

建模分析：

建立模型时，首先绘制酒杯的外轮廓草图，然后旋转成为酒杯轮廓，拉伸切除为酒杯，最后用倒角修饰酒杯边缘，如图 6.19 所示。

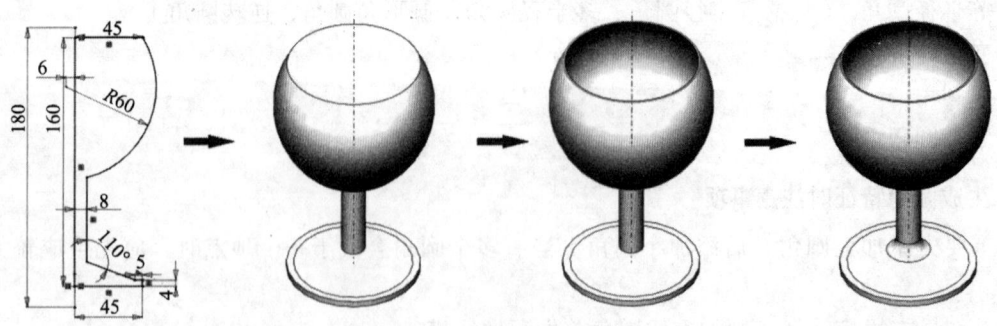

图 6.19

建模步骤如下：

（1）在 FeatureManager 设计树中选择"前视基准面"，单击"草图"工具栏上的"草图绘制"，进入草图绘制，绘制如图 6.20 所示的草图。

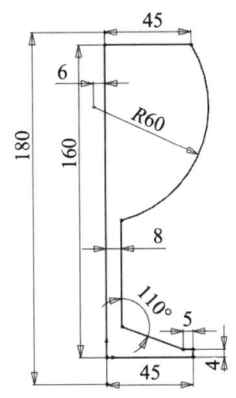

图 6.20

（2）单击"特征"工具栏中的"旋转凸台/基体"图标，选择系统提示中的"是"按钮，其他按照图示默认状态，单击属性管理器中的"确定 ⊙ "图标 ✔，结果如图 6.21 所示。

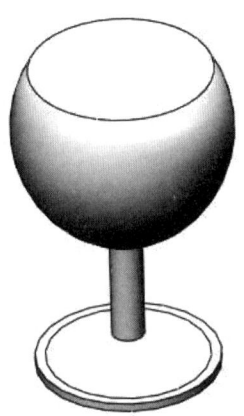

图 6.21

（3）选择"前视基准面"，进入草图编辑，选择"草图"工具栏中的"等距实体"命令，绘制一条与酒杯外轮廓相差 1 mm 的内轮廓线。并且利用直线命令、剪裁实体命令绘制出酒杯内胚的轮廓完整图形。

单击"特征"工具栏中的"旋转切除"命令，选择以原点位置中心线作为旋转中心轴，切除酒杯的中心内容，形成酒杯造型，如图 6.22 所示。

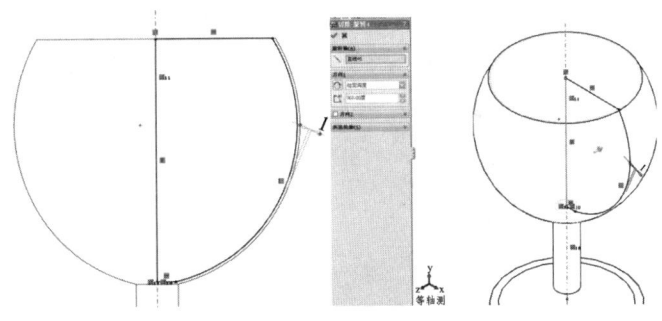

图 6.22

（4）绘制圆角。单击"草图"工具栏中的"绘制圆角"命令，在其属性管理器中选择酒杯支架与底座的连接线为"要圆角化的实体"，并且在"圆角参数"中输入数值 10 mm，单击属性管理器中的"确定"图标 ✓，结果如图 6.23 所示。

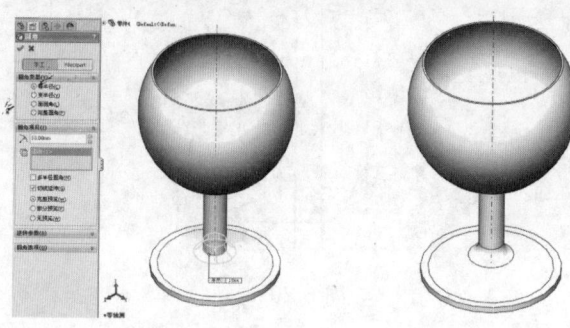

图 6.23

6.8 能力测试

请自定义尺寸，在 100 min 内完成以下 4 个项目建模。

练习图 1　漏斗　　　　　　　　　练习图 2　沉头螺钉

练习图 3　印章　　　　　　　　　练习图 4　哑铃

项目 7 果 盘

7.1 案例介绍

这是一款简单的果盘,如图 7.1 所示。

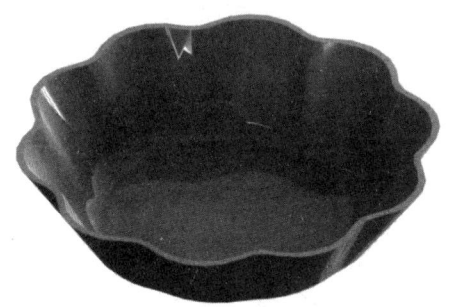

图 7.1

7.2 学习知识点

(1)创建新基准面的基本操作。
(2)扫描特征命令的基本操作。

7.3 案例分析

本案例比较简单,主要使用扫描特征命令完成。
采用以下建模分解思路:绘图草图 1——创建新的基准面 1——绘图草图 2——绘图草图 3——扫描实体——完成制作。
绘制流程如图 7.2 所示。

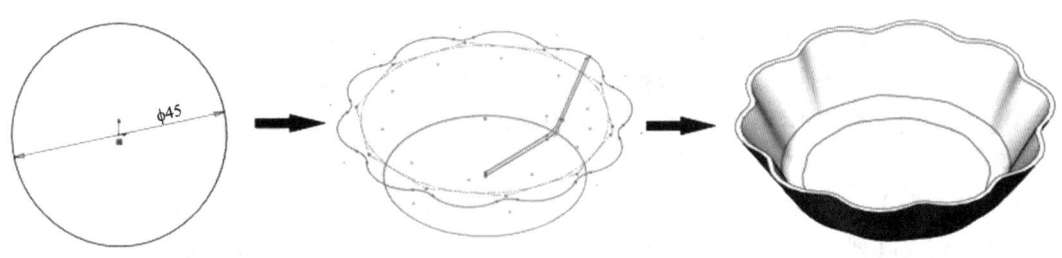

图 7.2

7.4 操作步骤

（1）新建文件。启动 Solidworks 2015，单击菜单栏中的"文件"/"新建"命令，在弹出的"新建 Solidworks 文件"对话框中选择"零件"图标，然后单击"确定"按钮，创建一个新的零件文件。

（2）在左侧的"FeatureManager 设计树"中，选择"上视基准面"后，点击鼠标右键，在出现的快捷工具栏中选择"正视于"图标，使上视基准面正视于屏幕。单击"草图"工具栏中的"圆"命令，绘制一个通过原点的圆，直径为 45 mm，形成草图 1，如图 7.3 所示。

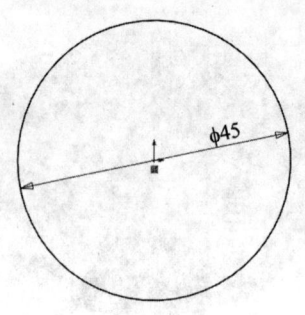

图 7.3

（3）生成基准面 1。单击"特征"工具栏中的"参考几何体"图标 下的"基准面"命令，在"第一参考"中选择上视基准面，"距离"为 15 mm，其他为系统默认属性，然后点击"确定"图标，形成基准面 1，结果如图 7.4 所示。

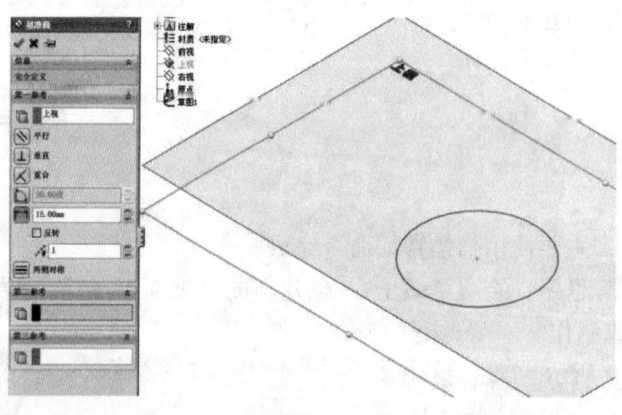

图 7.4

（4）绘制果盘花边。在左侧的"FeatureManager 设计树"中，选择"基准面 1"后，点击鼠标右键，在出现的快捷工具栏中选择"正视于"图标，使基准面 1 正视于屏幕。单击"草图"工具栏中的"多边形"命令，以原点为中心，绘制一个内圆直径为 55 mm 的十边形，如图 7.5 所示。

再选择"草图"工具栏中的"圆弧"命令，用"三点圆弧"命令绘制一条半径为 10 的圆弧，点击"圆周阵列草图"命令，选择圆弧为"阵列的实体"，输入要阵列的个数为 10，单击属性管理器中的"确定"图标，如图 7.6 所示。

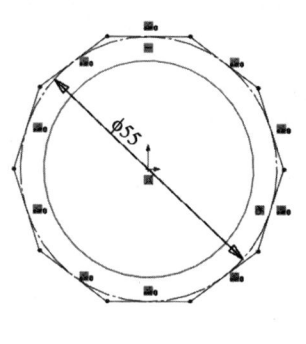
图 7.5

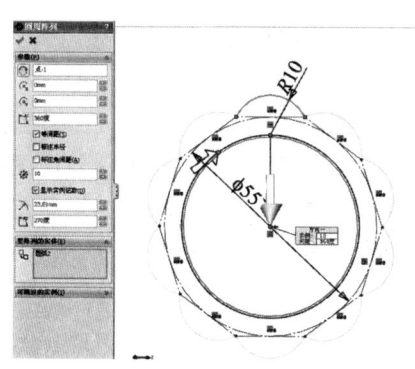
图 7.6

再点击"草图"工具栏中的"圆角"命令,选择阵列出的圆弧间的原点,输入圆角参数为 5 mm,单击属性管理器中的"确定"图标 ,如图 7.7 所示,形成草图 2,完成果盘的外轮廓部分。

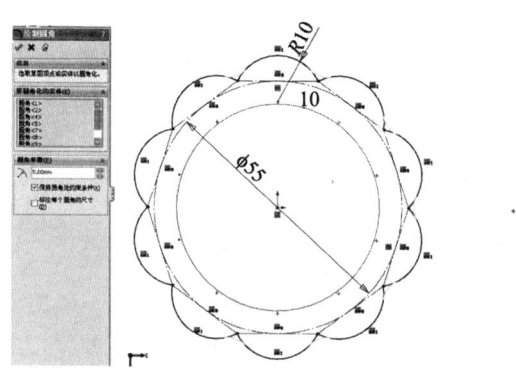

图 7.7

(5)绘制果盘轮廓。在左侧的"FeatureManager 设计树"中,选择"右视基准面"后,点击鼠标右键,在出现的快捷工具栏中选择"正视于"图标 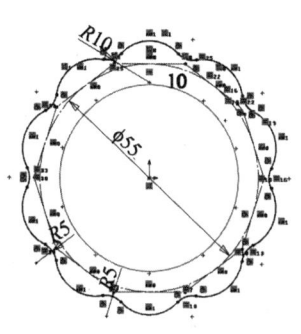,使右视基准面正视于屏幕。单击"草图"工具栏中的"直线"命令,绘制一条斜线段,如图 7.8 所示。要求该斜线段上端点与基准面 1 的花边上一点具有"重合"或者"穿透"关系,斜线段下端点与上视基准面上的圆上一点具有"重合"或者"穿透"关系。

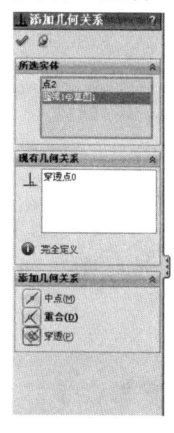
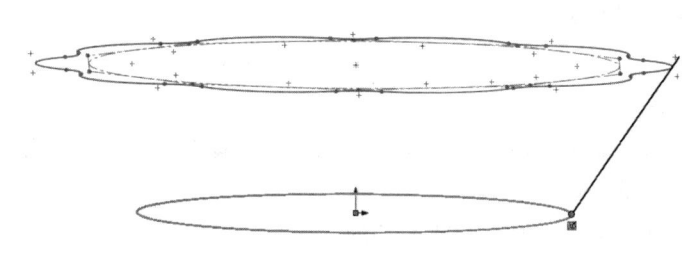

图 7.8

再选择"草图"工具栏中的"直线""等距实体""圆角"等命令，绘制如图7.9所示的轮廓外形，形成草图3。

（6）扫描实体。单击"特征"工具栏中的"扫描"命令 扫描，在"扫描"属性栏中的"轮廓"选项中，用鼠标选择草图3轮廓图；在"路径"一栏中，用鼠标选择绘制的草图1圆形，在引导线一栏中，选择草图2果盘花边。其他参数按照图示默认状态，单击属性管理器中的"确定"图标 ✓，如图7.10所示。

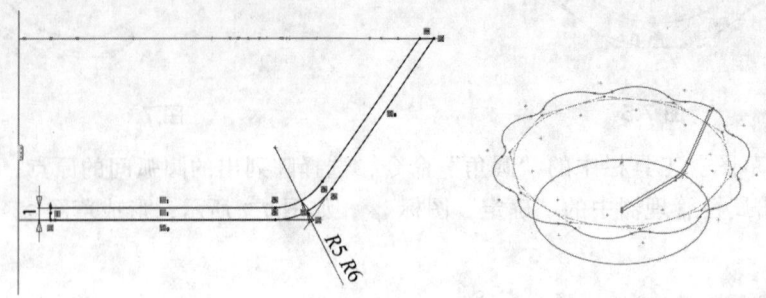

图 7.9

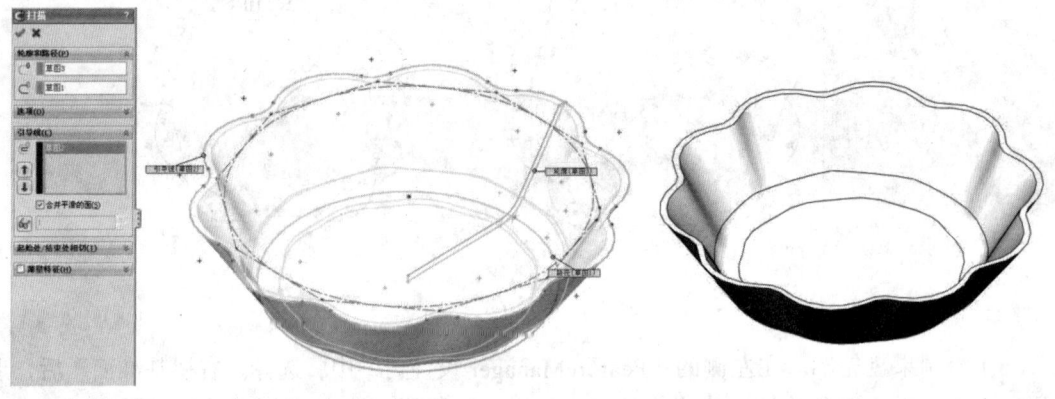

图 7.10

7.5 能力拓展

7.5.1 扫描特征概念

1. 扫描特征定义

通过沿着一条路径移动轮廓（截面）来生成基体、凸台、切除或曲面。

遵循以下规则：

（1）对于基体或凸台扫描特征轮廓必须是闭环的；对于曲面扫描特征，则轮廓可以是闭环的也可以是开环的。

（2）路径可以为开环的或闭环的。

（3）路径可以是一张草图中包含的一组草图曲线、一条曲线或一组模型边线。

（4）路径的起点必须位于轮廓的基准面上。

（5）不论是截面、路径或所形成的实体，都不能出现自相交叉的情况。

示意图如图 7.11 所示。

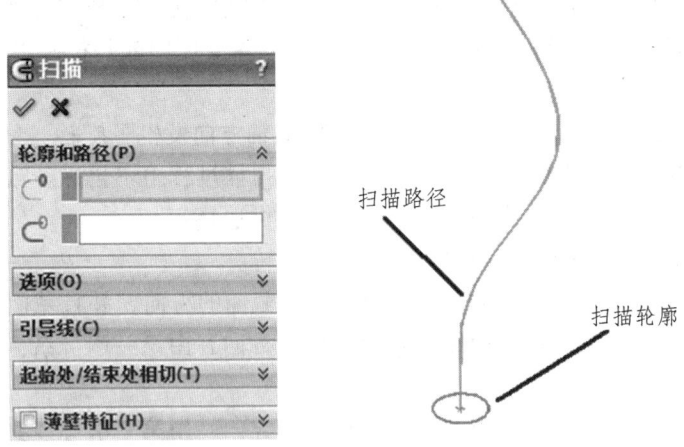

图 7.11

2. 扫描轮廓

轮廓为一个普通的平面草图。在扫描过程中轮廓决定了扫描过程中任意截面的形状。

通过添加引导线，我们可以使轮廓在扫描过程中改变形状。

如图 7.12 所示，我们可以将轮廓草图中的某个点与一条引导线建立联系，这样就可以通过这条引导线来控制这个点在扫描过程中的变化，只要轮廓草图中的几何约束关系合理，就可以达到控制轮廓变化的目的。

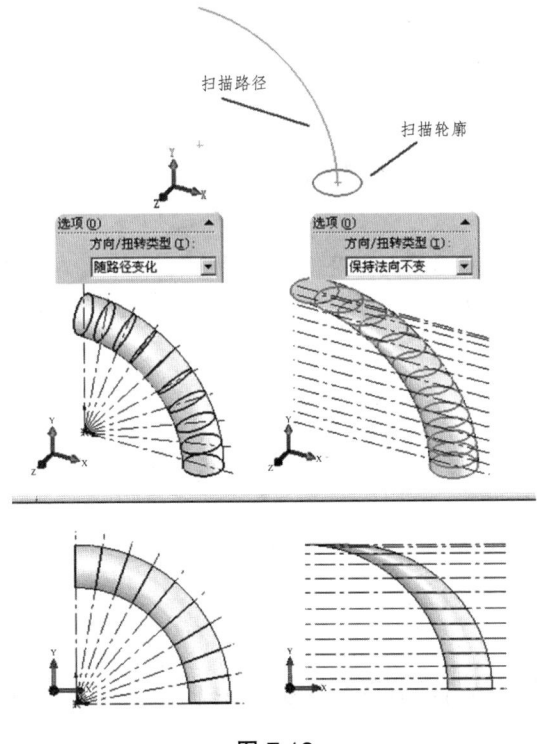

图 7.12

（1）扫描过程中截面方向的变化对扫描的结果会有很大的影响。

控制截面的方向的方法之一：使扫描中间截面始终平行于轮廓草图的基准面。控制截面的方向的方法之二：使用扫描路径控制截面方向，即扫描中间截面与路径的夹角保持不变。通常情况下，我们需要选择合适的扫描路径，其中一个重要原因就是控制中间截面的方向。

（2）扭转参数的设定。

扭转是指在扫描过程中，某个中间截面的参照 X 轴方向发生了旋转。最明细的变化是，某些在轮廓草图添加了"水平"和"竖直"的直线在扫描过程中不再平行或垂直于系统的默认坐标系。在扫描的"方向/扭转类型"中有四个选项供选择：

① 随路径变化：由路径控制中间截面的方向和扭转。

② 保持法向不变：由轮廓草图的基准面决定中间截面的方向，并且截面不会发生扭转。

③ 随路径和第一引导线变化：由路径控制截面的方向，由第一引导线到路径的向量控制截面的扭转。

④ 随第一和第二引导线变化：由路径控制截面的方向，由第一引导线到第二引导线的向量控制截面的扭转。

其中，"随路径变化"选项是我们平时最常用也是最难把握的，以下是对项目的理解，供参考：

① 使用直线作为路径时，截面的方向和扭转都不会发生。

② 使用平面曲线作为路径时，截面方向会发生变化，但不会发生扭转。

③ 使用空间曲线作为路径时，截面方向会发生变化，并同时产生扭转。扭转很难控制，建议避免这种情况出现。

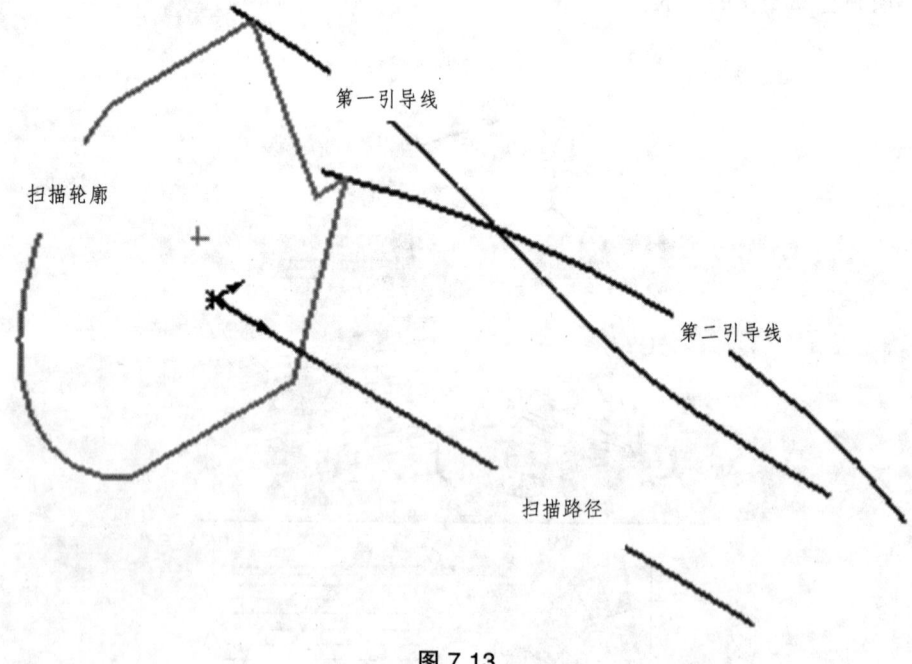

图 7.13

扫描切除是切割命令，执行的原理及参数与扫描命令一致，如图 7.14 所示。

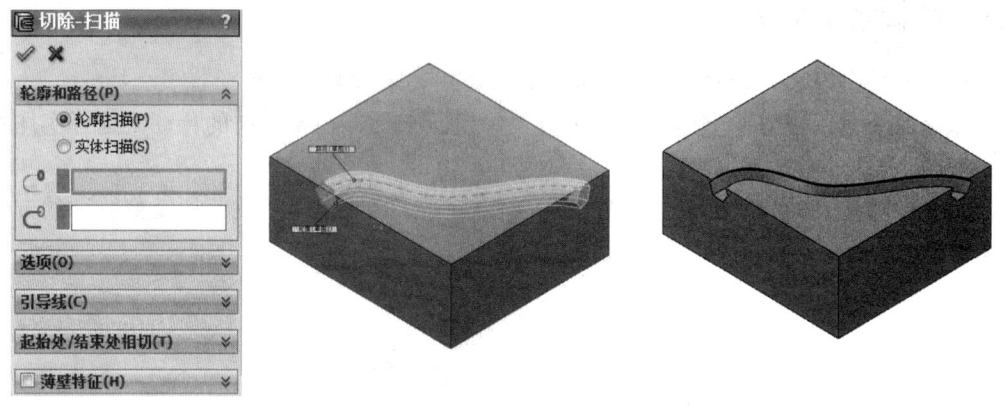

图 7.14

7.5.2 抽壳特征命令

抽壳特征是零件建模中的重要特征,能使一些复杂工作简单化。

当在零件的一个面上使用抽壳工具进行抽壳操作时,系统会掏空零件的内部,使所选择的面敞开,并在剩余的面上生成薄壁特征。

创建抽壳特征时,首先需要选取开口平面,系统允许选取多个开口平面,然后输入薄壳厚度,即可完成抽壳特征的创建。抽壳时通常指定各个表面厚度相等,也可对某些表面厚度单独进行指定,这样抽壳特征完成后,各个零件表面厚度不相等。

单击"特征"选项卡中的"抽壳"按钮,显示"抽壳"属性面板,如图 7.15 所示。

 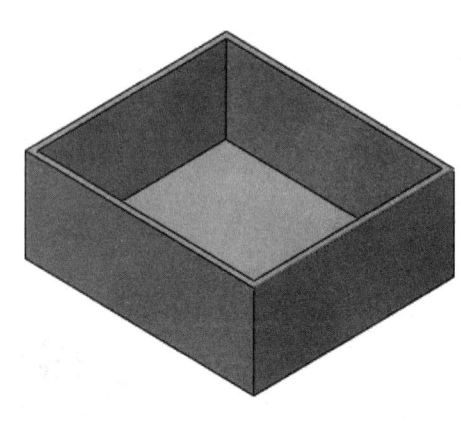

图 7.15

从"抽壳"属性面板中可以看到,主要抽壳参数为抽壳厚度、抽壳面、抽壳方式等,其列表主要包括以下选项。

"抽壳厚度"选项:确定抽壳完成后,壳体的厚度。

"抽壳面"选项:抽壳参考平面,抽壳操作从这个平面开始。

"壳厚朝外"选项:以抽壳面侧面为基准,抽壳厚度从基分型线。需要说明的是,并不是任意草绘的一条曲线都可以作为分型线,作为分型线的曲线必须同时是一条分割线。

7.5.3 镜像特征命令

镜像特征是指以某一平面或者基准面作为参考面，对称复制一个或者多个特征。

操作该命令时，选好基准面，特征中有实体镜向工具，在要镜向的特征中选择实体特征即可，如图 7.16 所示。

如果零件结构是对称的，用户可以只创建零件模型的一半，然后使用镜像特征的方法生成整个零件。如果修改了原始特征，则镜像的特征也随之更改。

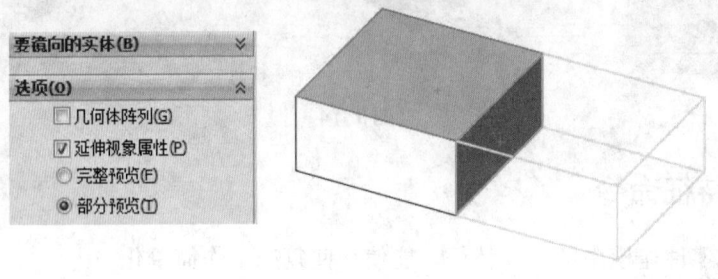

图 7.16

7.6 小结与思考

本项目主要讲述了 Solidworks 软件扫描、抽壳、镜像、圆角等特征命令，通过本项目学习，读者能进行简单的盘类、壶具、杯具类产品的建模。

经过本项目的学习，请思考以下问题：
1. 引导线与扫描轮廓需要穿透关系的操作技巧？
2. 如何保证扫描引导线的有效性？

7.7 实战演练

应用拉伸、扫描、抽壳、圆角等特征命令创建如图 7.17 所示水壶三维模型。

图 7.17

建模分析：

建立模型时，应先创建凸台特征，完成壶体，然后用扫描命令完成把手，然后用镜像命令完成把手整体，继续用扫描命令完成壶嘴的制作，最后抽壳、圆角完成模型。

建模步骤如图 7.18 所示。

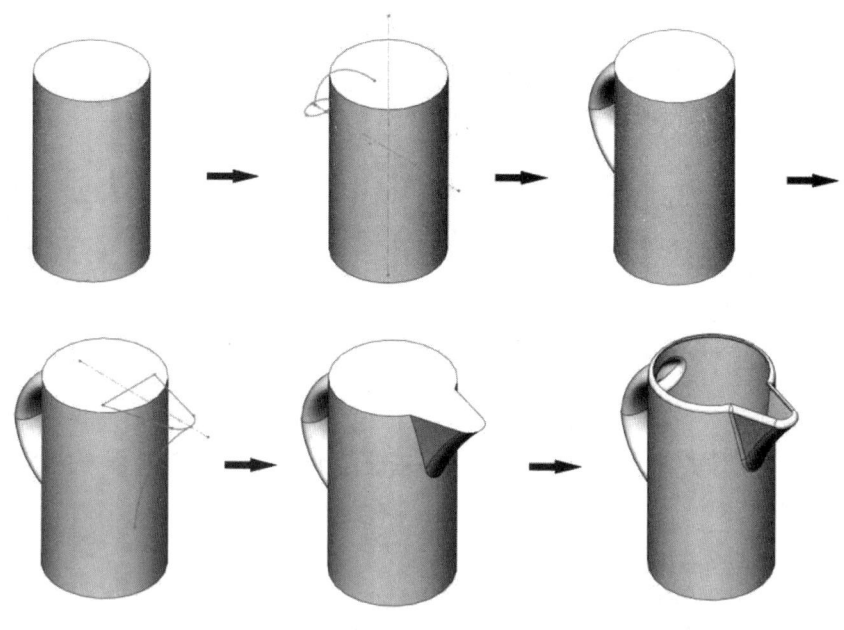

图 7.18

建模步骤如下：

（1）拉伸实体。选择上视基准面，绘 120 mm 的圆，形成草图 1，然后单击"拉伸凸台/基体"，给定深度为 210 mm，结果如图 7.19 所示。

（2）扫描实体。选择新增基准面 1，"第一参考"中选择上视基准面，"距离"为 120 mm。在基准面 1 中绘制草图 2，距离原点 100 mm 的椭圆，长轴长 36 mm，短轴长 20 mm；"前视基准面"后中绘制一个起点在基准面 1 的水平面上，距离原点 20 mm 的圆弧，圆弧半径为 80 mm，形成草图 3，如图 7.20 所示。

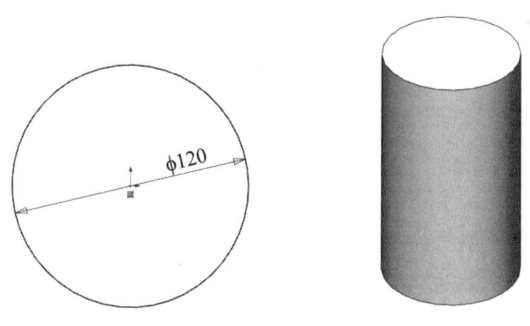

图 7.19

单击"特征"工具栏中的"扫描"命令 扫描，在"扫描"属性栏的"轮廓"选项中，用鼠标选择草图 2 绘制的椭圆；在"路径"一栏中，用鼠标选择草图 3 中的圆弧，其他参数按照图示默认状态，如图 7.20 所示，单击属性管理器中的"确定"图标 ✓，效果如图 7.21 所示。

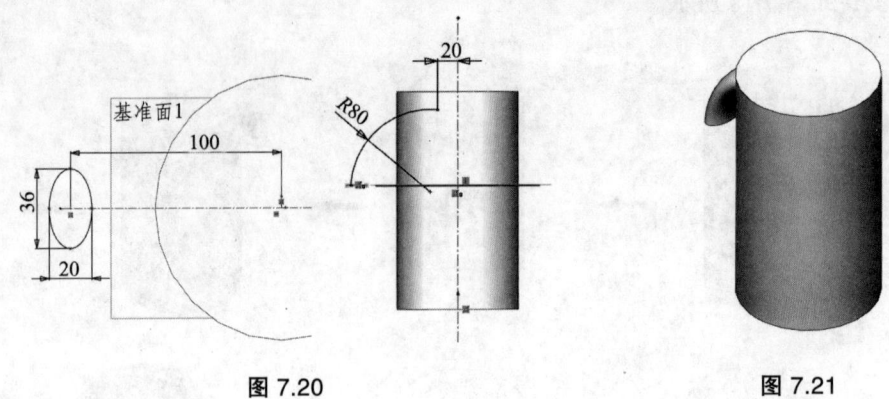

图 7.20　　　　　　　　　　图 7.21

（3）镜像实体。单击"特征"工具栏中的"镜像"命令，在其属性管理器中选择已扫描出的手柄为"要镜像的实体"，"镜像面"选择基准面 1，单击属性管理器中的"确定"图标 ✓，结果如图 7.22 所示。

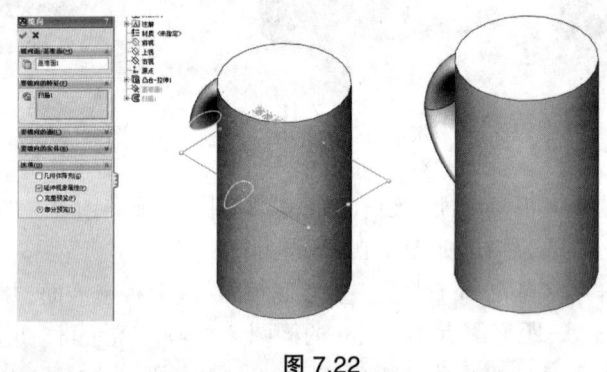

图 7.22

（4）扫描实体。选择水壶主体顶面，单击"草图"工具栏中的"直线""圆弧"命令，绘制一个封闭线段，形成草图 4，尺寸如图 7.23 所示。

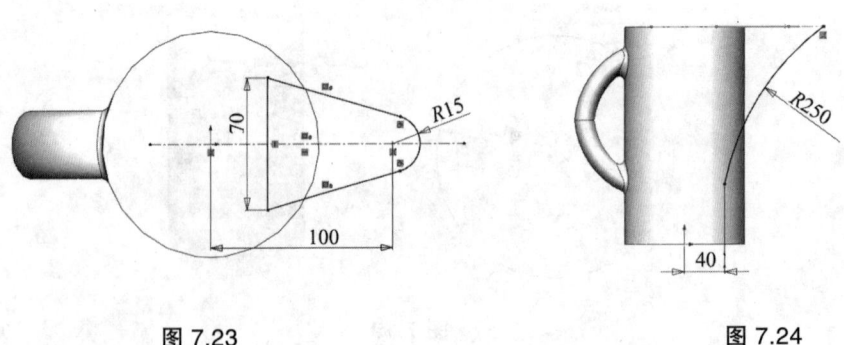

图 7.23　　　　　　　　　　图 7.24

选择"前视基准面"，单击"草图"工具栏中的"三点圆弧"命令，绘制一个距离原点位置 40 mm，半径为 250 mm 的圆弧，形成草图 5，尺寸如图 7.24 所示。

单击"特征"工具栏中的"扫描"命令 扫描，在"扫描"属性栏的"轮廓"选项中，用鼠标选择草图 4 绘制的封闭草图；在"路径"一栏中，用鼠标选择草图 5 中的圆弧，其他参数按照图示默认状态，单击属性管理器中的"确定"图标，如图 7.25 所示。圆弧的上端点与草图 4 中的圆弧边缘需要添加一个"穿透"或者"重合"关系，才能保证扫描命令有效执行。

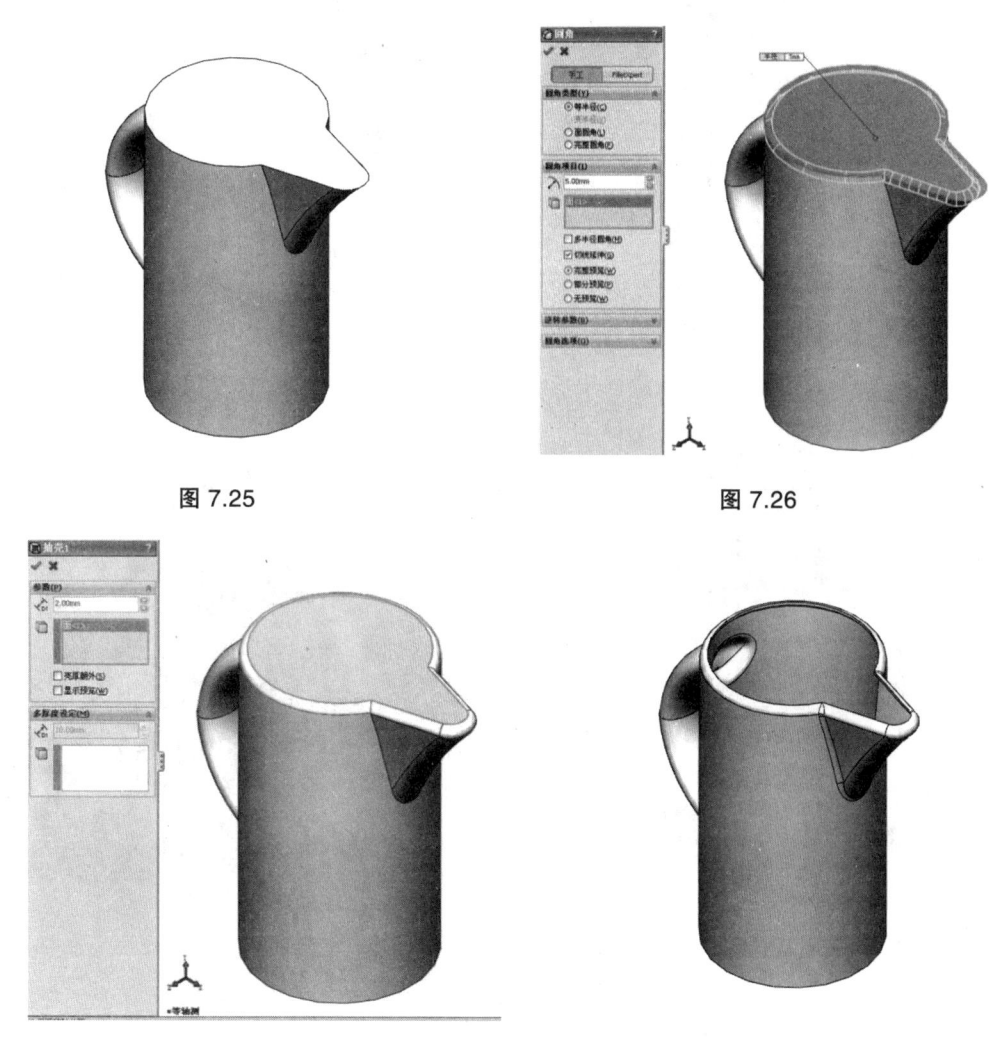

图 7.25　　　　　　　　　　图 7.26

图 7.27　　　　　　　　　　图 7.28

（5）圆角实体。单击"特征"工具栏中的"圆角"命令，在其属性管理器中选择水壶主体边线，并且在"圆角参数"中输入数值 5 mm，结果如图 7.26 所示。

（6）抽壳实体。单击"特征"工具栏中的"抽壳"命令 抽壳，在"抽壳"属性栏"厚度"选项中，输入数值 1 mm；在"移除的面"选项中，用鼠标选择水壶主体顶面，如图 7.27 所示。

（7）圆角实体。单击"特征"工具栏中的"圆角"命令，在其属性管理器中选择壶嘴与主体相交的边线，并且在"圆角参数"中输入数值 5 mm，结果如图 7.28 所示。

7.8 能力测试

请自定义尺寸，用扫描及其他建模命令在 100 min 内完成以下 4 个项目建模。

练习图1　别针

练习图2　手镯

练习图3　花瓶

练习图4　茶壶

项目 8 蝶形螺母

8.1 案例介绍

这是一款简单的蝶形螺母,如图 8.1 所示。

图 8.1

8.2 学习知识点

(1)扫描切除特征命令的基本操作。
(2)变圆角特征命令的基本操作。

8.3 案例分析

本案例比较简单,主要使用拉伸、旋转、扫描切除等特征命令完成。
采用以下建模分解思路:拉伸基体——旋转主体——拉伸切除——扫描切除——圆角命令——完成制作。绘制流程如图 8.2 所示。

8.4 操作步骤

(1)新建文件。启动 Solidworks 2015,单击菜单栏中的"文件"/"新建"命令,在弹出的"新建 Solidworks 文件"对话框中选择"零件"图标,然后单击"确定"按钮,创建一个新的零件文件。

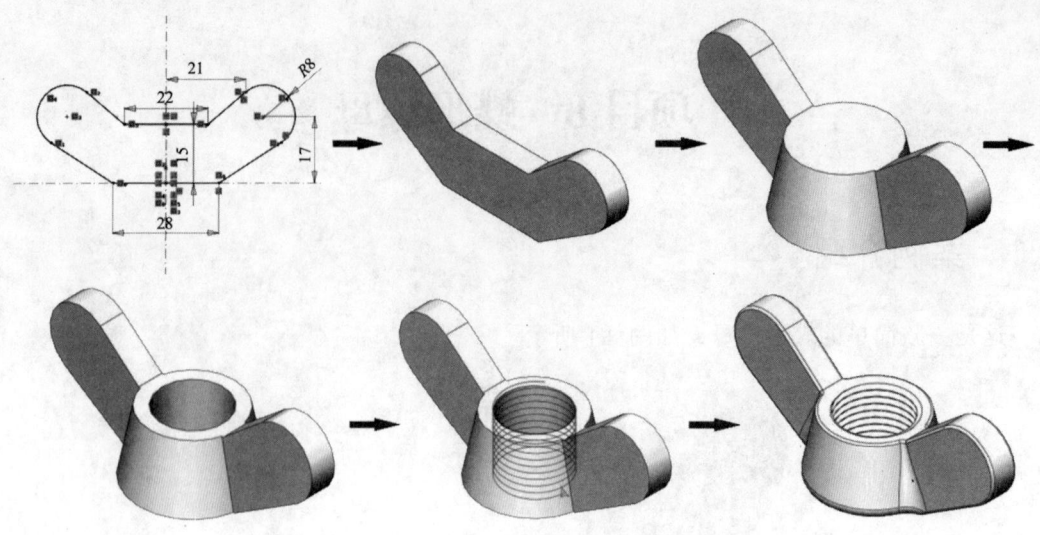

图 8.2

（2）绘制草图。在左侧的"FeatureManager 设计树"中，选择"前视基准面"后，点击鼠标右键，在出现的快捷工具栏中选择"正视于"图标，使前视基准面正视于屏幕。单击"草图"工具栏中的"直线"命令，绘制一个如图 8.3 所示尺寸的轮廓，单击属性管理器中的"确定"图标，形成草图 1。

（3）拉伸实体。单击"特征"工具栏中的"拉伸凸台/基体"图标，在"凸台-拉伸"属性管理器中，在"方向 1"选项中选择"两侧对称"，在"深度"图标中输入数值 6 mm，单击属性管理器中的"确定"图标，结果如图 8.4 所示。

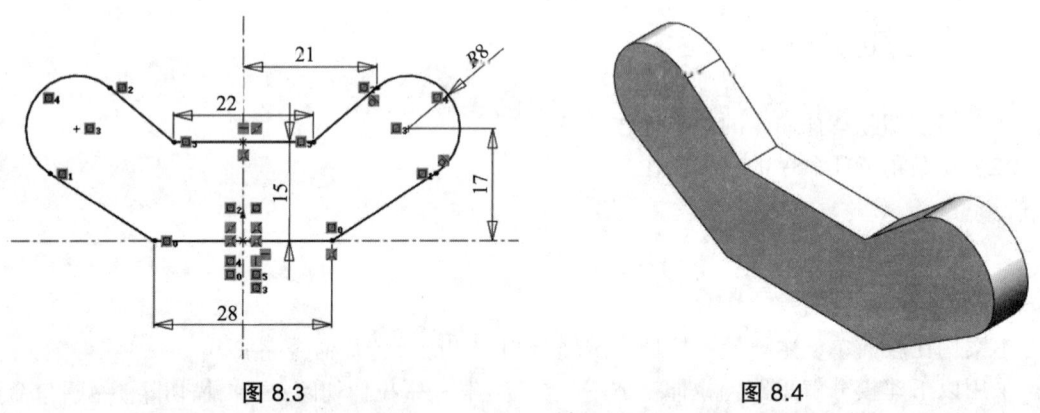

图 8.3 图 8.4

（4）绘制草图。在左侧的"FeatureManager 设计树"中，选择"前视基准面"后，点击鼠标右键，在出现的快捷工具栏中选择"正视于"图标，使前视基准面正视于屏幕。单击"草图"工具栏中的"直线"命令，依据已有轮廓线绘制一个四边形，单击属性管理器中的"确定"图标，形成草图 2，如图 8.5 所示。

（5）旋转实体。单击"特征"工具栏中的"旋转凸台/基体"图标，选择过原点中心的直线为旋转轴，其他属性为系统默认值，单击属性管理器中的"确定"图标，结果如图 8.6 所示。

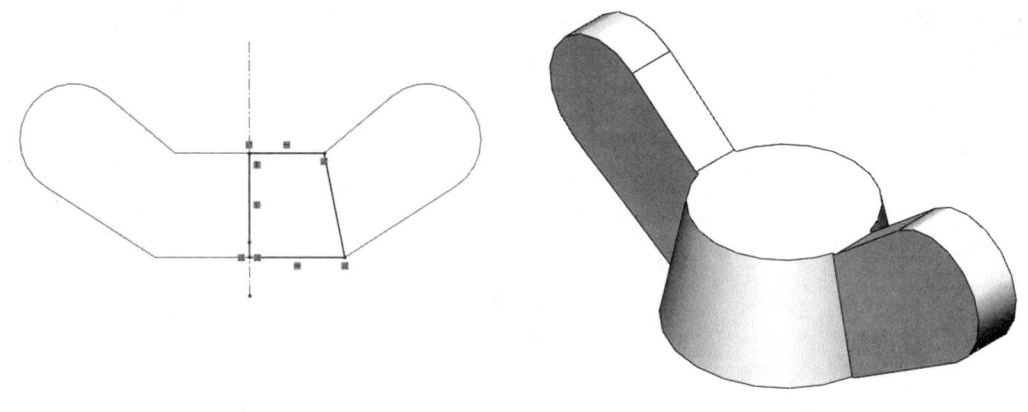

图 8.5　　　　　　　　　　　　　　图 8.6

（6）绘制草图。选择螺母主体的顶部作为基准面，然后点击鼠标右键，在出现的快捷工具栏中选择"正视于"图标，使主体顶部正视于屏幕。单击"草图"工具栏中的"圆"命令，绘制一个以原点为中心的圆，直径为 16 mm，如图 8.7 所示。

（7）拉伸切除实体。单击"特征"工具栏中的"拉伸切除凸台/基体"图标，选择出现的系统提示中的"是"按钮，其他按照图示默认状态，单击属性管理器中的"确定"图标，结果如图 8.8 所示。

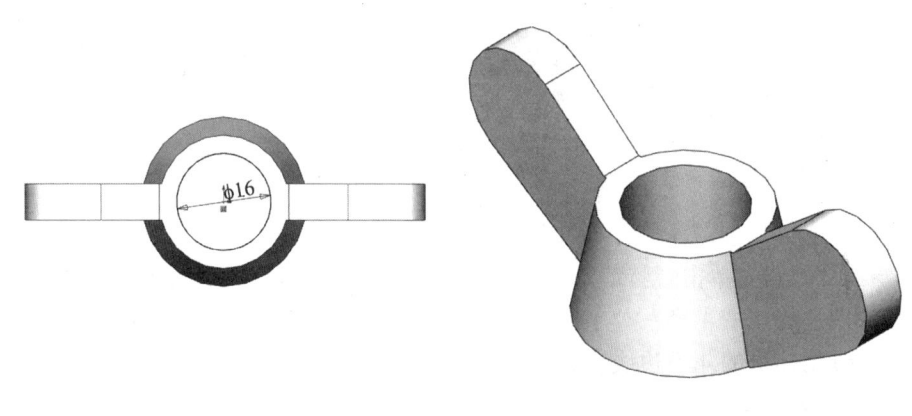

图 8.7　　　　　　　　　　　　　　图 8.8

（8）生成螺旋线。选择步骤（5）旋转出的实体上表面，点击鼠标右键，在出现的快捷工具栏中选择"正视于"图标，使右视基准面正视于屏幕。单击"草图"工具栏中的"圆"命令，绘制一个以原点为中心的圆，直径为 16 mm。

单击"特征"工具栏中的"曲线"图标下的"螺旋线/涡状线"命令，在其属性管理器中设置参数，"定义方式"为"高度和距离"，"高度"为 16 mm，"距离"为 1.5 mm，"起始角度"为 90°，其他为系统默认属性，然后点击"确定"图标，结果如图 8.9 所示。

（9）绘制草图。选择前视基准面作为基准面，然后点击鼠标右键，在出现的快捷工具栏中选择"正视于"图标，使前视基准面正视于屏幕。单击"草图"工具栏中的"多边形"命令，绘制一个以直线边长为 2 mm 的三角形，如图 8.10 所示。

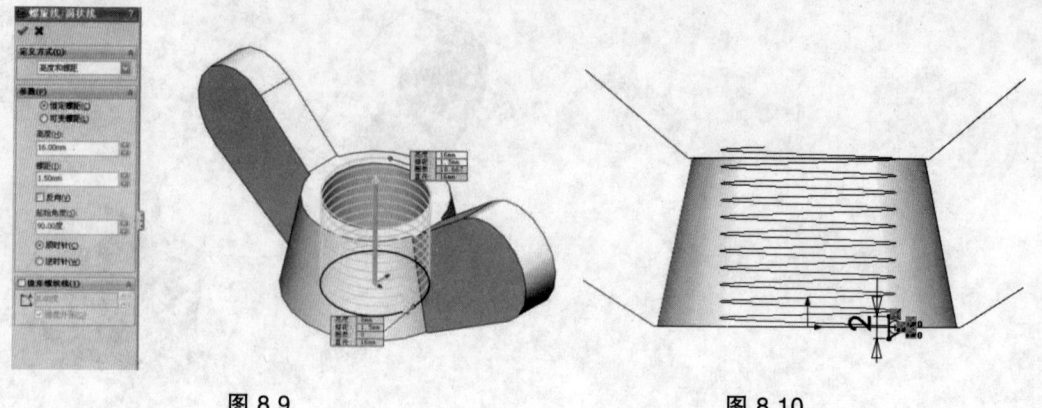

图 8.9　　　　　　　　　　　　图 8.10

（10）扫描切除实体。单击"特征"工具栏中的"扫描切除"命令 ，此时系统弹出"切除-扫描"属性。在"扫描轮廓 "一栏中，用鼠标选择正三角形。在"路径 "一栏中，用鼠标选择螺旋线。保持其他选项的系统默认值不变，单击"确定"图标 。结果如图 8.11 所示。

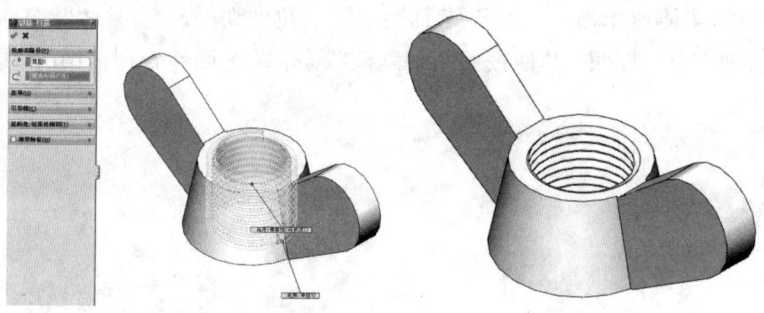

图 8.11

（11）绘制变圆角。单击"特征"工具栏中的"圆角"命令，在打开的圆角属性栏的"圆角属性"选项中选择"变半径"，"半径 V1"参数为 5 mm，"半径 V2"参数为 1 mm，"圆角项目"选择螺母主体上的 4 条边线，结果如图 8.12 所示。

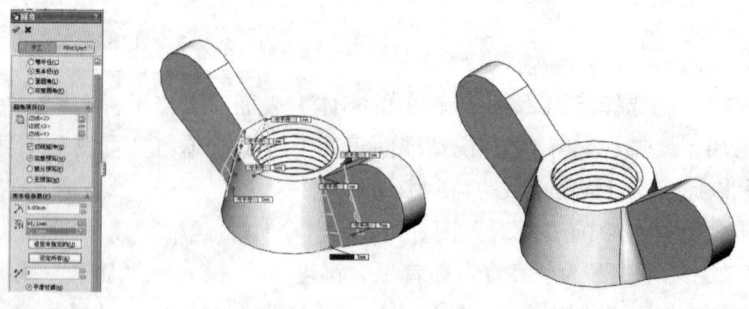

图 8.12

（12）绘制等圆角。单击"特征"工具栏中的"圆角"命令，在打开的圆角属性栏的"圆角属性"选项中选择"等半径"，"半径"参数为 0.5 mm，"圆角项目"选择螺母主体上端的 2 条边线，结果如图 8.13 所示。

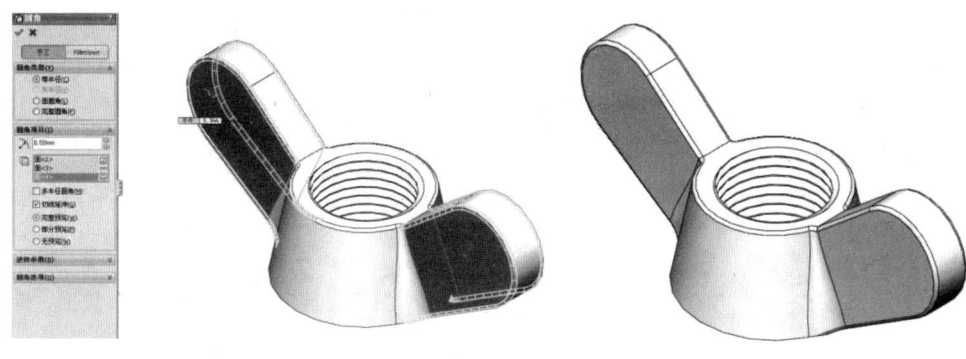

图 8.13

单击"特征"工具栏中的"圆角"命令,在打开的圆角属性栏的"圆角属性"选项中选择"等半径","半径"参数为 0.5 mm,"圆角项目"选择螺母蝶形上的 4 个面,结果如图 8.14 所示。

单击"特征"工具栏中的"圆角"命令,在打开的圆角属性栏的"圆角属性"选项中选择"等半径","半径"参数为 2 mm,"圆角项目"选择螺母蝶形下端边线,结果如图 8.15 所示。

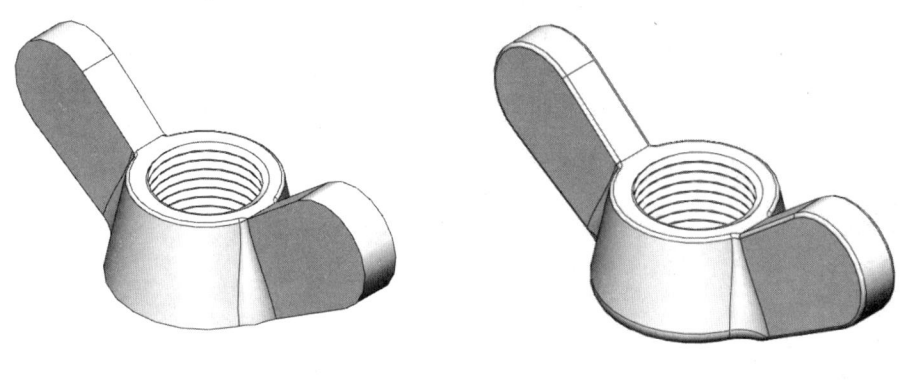

图 8.14　　　　　　　　　　　　图 8.15

8.5　能力拓展

8.5.1　扫描切除特征命令

(1)切除扫描特征属于切割特征。
(2)操作步骤。
① 在一个基准面上绘制一个闭环的非相交轮廓。
② 使用草图、现有的模型边线或曲线生成轮廓将遵循的路径。
③ 单击菜单栏中的"插入"/"切除"/"扫描"命令。
④ 弹出"切除-扫描"属性管理器,同时在右侧的图形区中显示生成的切除扫描特征。
⑤ 单击"轮廓"按钮,然后在图形区中选择轮廓草图。
⑥ 单击"路径"按钮,然后在图形区中选择路径草图。如果预先选择了轮廓草图或路径草图,则草图将显示在对应的属性管理器方框内。

⑦ 在"选项"选项组的"方向/扭转类型"下拉列表框中选择扫描方式。
⑧ 其余选项同凸台/基体扫描。
⑨ 切除扫描属性设置完毕,单击"确定"按钮,效果如图 8.16 所示。

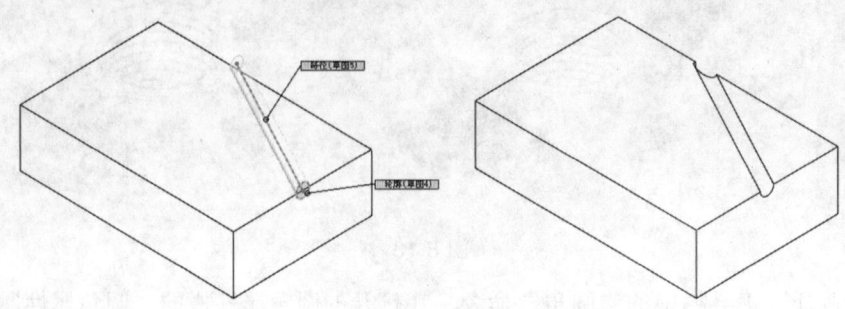

图 8.16

8.5.2　变圆角特征命令

变半径圆角:变半径圆角特征就是使沿着边线创建的圆角的半径能够改变。点击变半径参数,分别输入选中边两端的需要设置圆角的半径值 V1 和 V2,如图 8.17 所示。

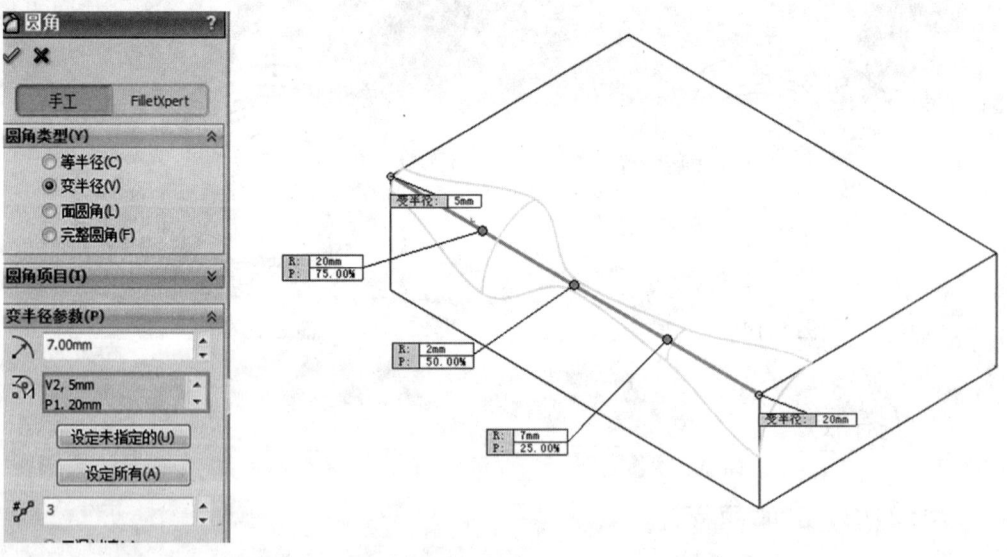

图 8.17

8.6　小结与思考

本项目主要讲述了 Solidworks 软件三维建模命令中的扫描切除和变半径圆角特征命令。经过本项目的学习,请思考以下问题:
1. 扫描切除作为切割命令的优势有哪些?
2. 圆角的变半径命令可以在那些方面运用?

8.7 实战演练

应用拉伸、旋转切除、扫描切除等特征创建如图 8.18 所示螺母的三维模型。

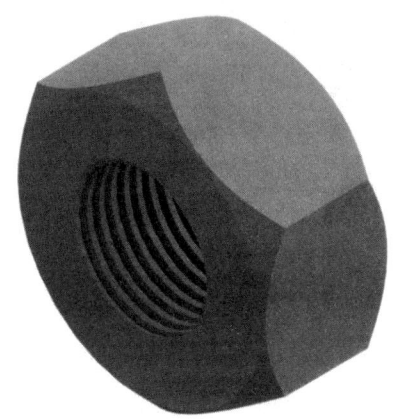

图 8.18

建模分析：

首先绘制螺母外形轮廓草图并拉伸实体，然后旋转切除边缘形成螺母倒角，最后绘制螺母内侧螺纹完成制作。绘制流程如图 8.19 所示。

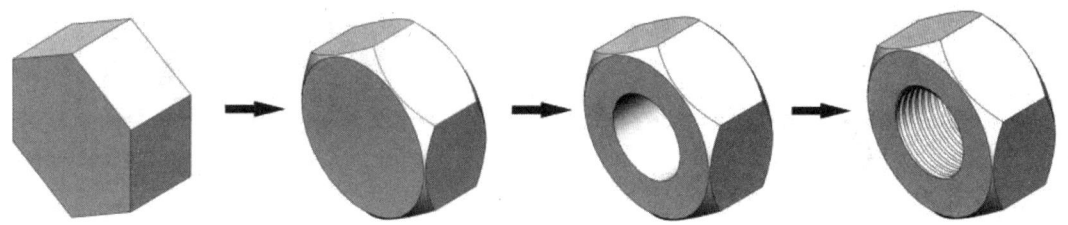

图 8.19

建模步骤如下：

（1）拉伸实体。选择"前视基准面"后，选择"草图"工具栏中的"六边形"命令，绘制一个以原点为中心的正六边形，直径为 60 mm；然后给六边形的最右边边线添加一个垂直的几何关系，如图 8.20 所示。

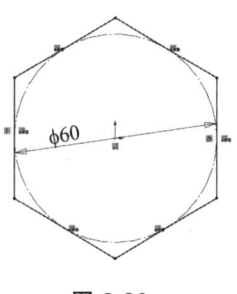

图 8.20

单击"特征"工具栏中的"拉伸凸台/基体"图标 ⬚，在"凸台-拉伸"属性管理器中，在"深度"图标 ⬚ 中输入数值 30 mm，单击属性管理器中的"确定"图标 ✓，结果如图 8.21 所示。

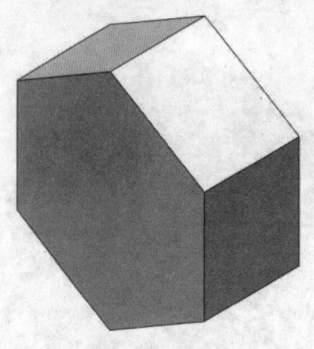

图 8.21

（2）旋转切除实体，选择"右视基准面"后，单击"草图"工具栏中的"直线"命令，绘制一个以原点为中心的构造线；再单击"草图"工具栏中的"直线"命令，在实体边线上绘制 2 个直角边为 5 mm 的直角三角形，单击属性管理器中的"确定"图标 ✓，如图 8.22 所示。

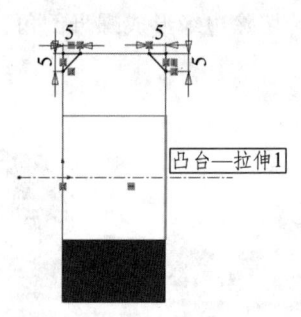

图 8.22

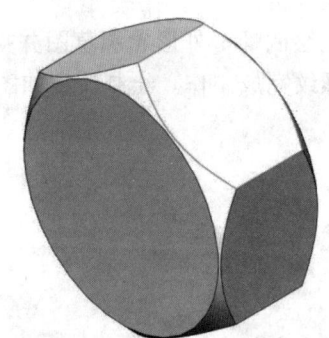

图 8.23

单击"特征"工具栏中的"旋转切除"命令，选择出现的系统提示中的"是"按钮，其他按照图示默认状态，单击属性管理器中的"确定"图标 ✓，结果如图 8.23 所示。

（3）拉伸切除实体。选择步骤（1）拉伸出的实体表面，单击"草图"工具栏中的"圆"命令，绘制一个以原点为中心的圆，直径为 32 mm。结果如图 8.24 所示。

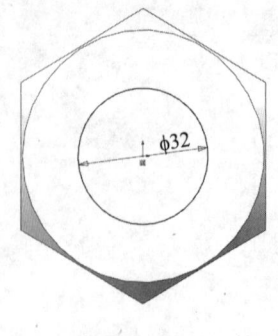

图 8.24

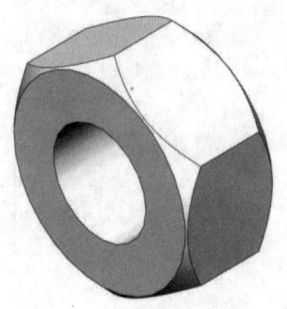

图 8.25

单击"特征"工具栏中的"拉伸切除"图标 ▣，在"拉伸切除"属性管理器中，设置拉伸切除的"终止条件"为"完全贯穿"，保持其他选项的系统默认值不变，单击 "确定"图标 ✓，结果如图8.25所示。

（4）扫描切除实体。选择如图8.26所示实体表面，单击"草图"工具栏中的"圆"命令，绘制一个以原点为中心的圆，直径为32 mm。单击"特征"工具栏中的"曲面"命令，选择"螺旋线和涡状线"图标 ❽ 螺旋线/涡状线，在"螺距"选项中输入距离3 mm，"圈数"为10圈，"起始角度"为90°。结果如图8.26所示。

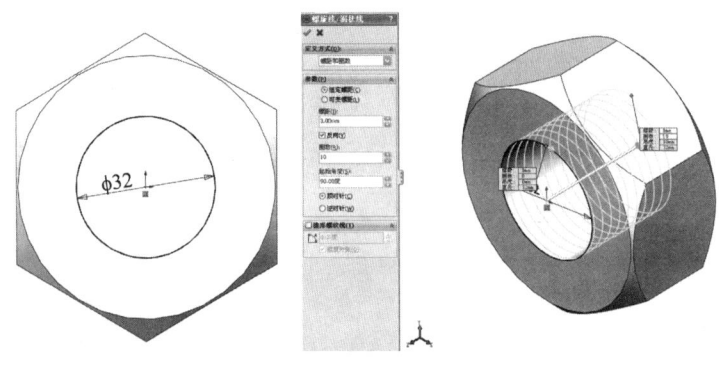

图 8.26

选择"右视基准面"后，单击"草图"工具栏中的"多边形"命令，以螺旋线右上端点为圆心绘制一个正三角形，内切圆半径为1.5 mm，然后退出草图绘制状态。结果如图8.27所示。

单击"特征"工具栏中的"扫描切除"命令 ▣ 扫描切除，此时系统弹出"切除-扫描"属性。在"扫描轮廓 ℂ"一栏中，用鼠标选择正三角形；在"路径 ℂ"一栏中，用鼠标选择螺旋线。保持其他选项的系统默认值不变，单击"确定"图标 ✓。结果如图8.28所示。

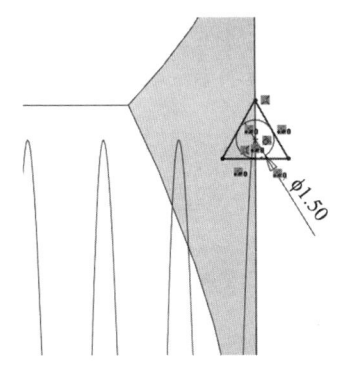

图 8.27

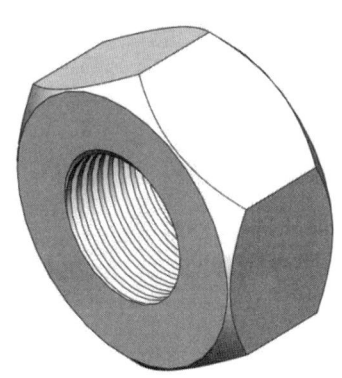

图 8.28

8.8 能力测试

请自定义尺寸，用扫描切除及其他建模命令在100 min内完成以下4个项目建模。

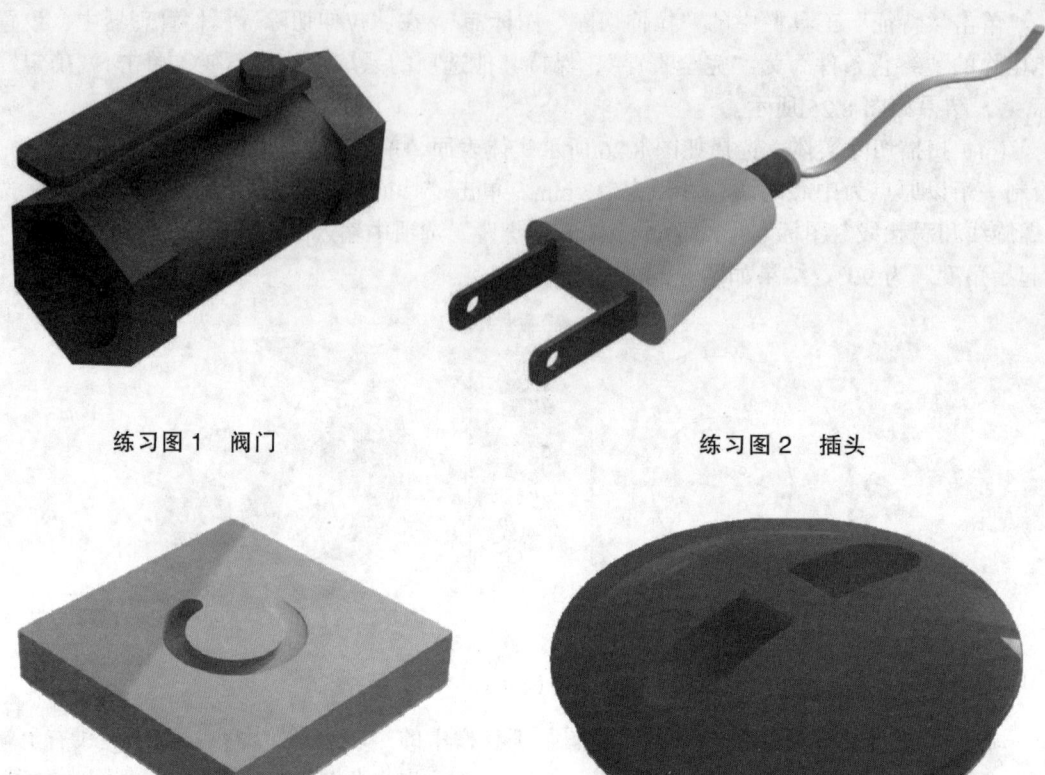

练习图1 阀门

练习图2 插头

练习图3 螺旋商标

练习图4 瓶盖

项目 9 凿 子

9.1 案例介绍

这是一款简单的工具凿子,如图 9.1 所示。

图 9.1

9.2 学习知识点

(1)放样特征命令的基本操作。
(2)圆顶特征命令的运用。

9.3 案例分析

本案例比较简单,主要使用放样命令完成。
采用以下建模分解思路:草图轮廓——放样命令——完成制作。
绘制流程如图 9.2 所示。

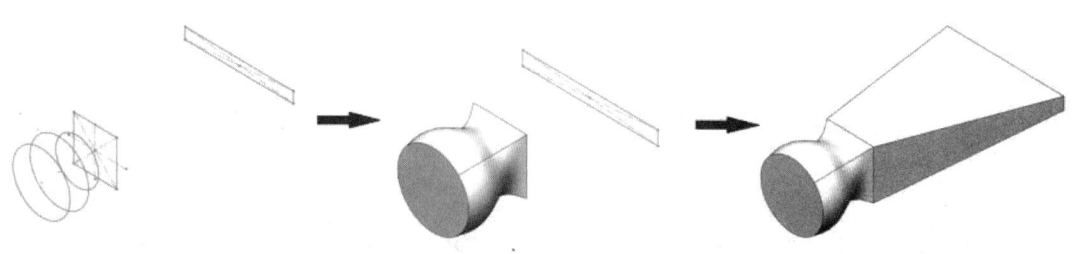

图 9.2

9.4 操作步骤

（1）新建文件。启动 Solidworks 2015，单击菜单栏中的"文件"/"新建"命令，在弹出的"新建 Solidworks 文件"对话框中选择"零件"图标，然后单击"确定"按钮，创建一个新的零件文件。

（2）生成基准面 1、2、3。单击"特征"工具栏中的"参考几何体"图标下的"基准面"命令，在"第一参考"中选择前视基准面，"距离"为 25 mm，"要生成的基准面数"选项中输入个数 3，其他为系统默认属性，然后点击"确定"图标，形成基准面 1、2、3，结果如图 9.3 所示。

（3）生成基准面 4。单击"特征"工具栏中的"参考几何体"图标下的"基准面"命令，在"第一参考"中选择前视基准面，"距离"为 200 mm，"反转"选项打上"√"，其他为系统默认属性，然后点击"确定"图标，形成基准面 4，结果如图 9.4 所示。

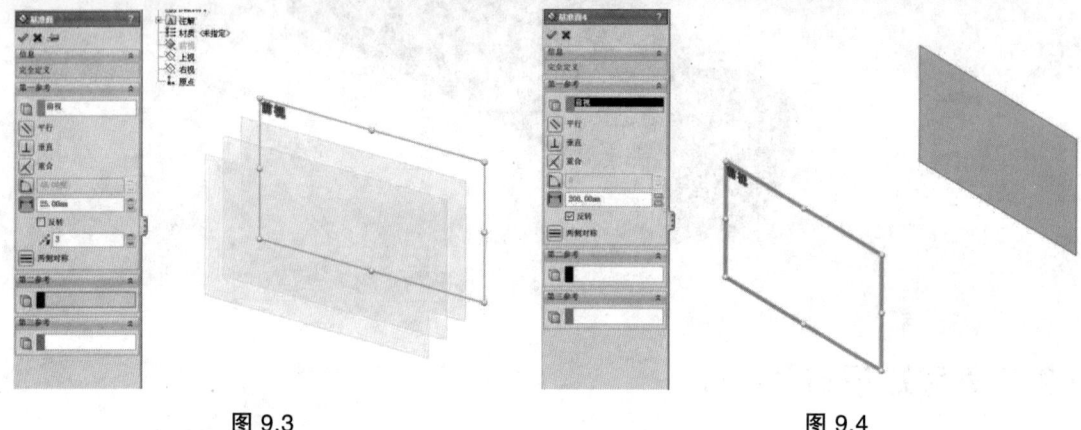

图 9.3　　　　　　　　　　　　　图 9.4

（4）绘制草图。在左侧的"FeatureManager 设计树"中，选择"前视基准面"后，点击鼠标右键，在出现的快捷工具栏中选择"正视于"图标，使前视基准面正视于屏幕。单击"草图"工具栏中的"中心矩形"命令，绘制一个以原点为中心的矩形，两边长均为 60 mm，形成草图 1，如图 9.5 所示。

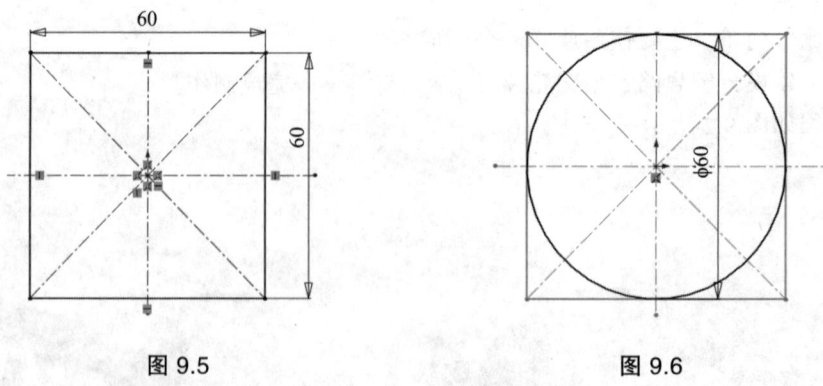

图 9.5　　　　　　　　　　　　　图 9.6

在左侧的"FeatureManager 设计树"中，选择"基准面 1"后，点击鼠标右键，在出现的快捷工具栏中选择"正视于"图标，使基准面 1 正视于屏幕。单击"草图"工具栏中的"圆"

命令，绘制一个以原点为中心的圆，直径为 60 mm，形成草图 2，如图 9.6 所示。

在左侧的"FeatureManager 设计树"中，选择"基准面 2"后，点击鼠标右键，在出现的快捷工具栏中选择"正视于"图标 ↓，使基准面 2 正视于屏幕。单击"草图"工具栏中的"圆"命令，绘制一个以原点为中心的圆，直径为 82 mm，形成草图 3，如图 9.7 所示。

在左侧的"FeatureManager 设计树"中，选择"基准面 3"后，点击鼠标右键，在出现的快捷工具栏中选择"正视于"图标 ↓，使基准面 3 正视于屏幕。单击"草图"工具栏中的"圆"命令，绘制一个以原点为中心的圆，直径为 80 mm，形成草图 4，如图 9.8 所示。

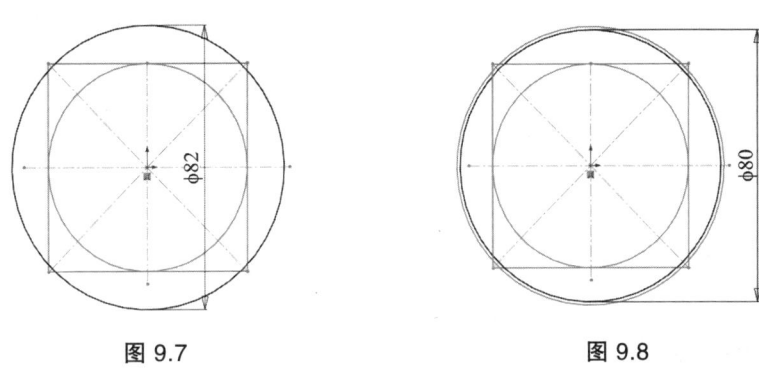

图 9.7　　　　　　　　　　　　图 9.8

在左侧的"FeatureManager 设计树"中，选择"基准面 4"后，点击鼠标右键，在出现的快捷工具栏中选择"正视于"图标 ↓，使基准面 4 正视于屏幕。单击"草图"工具栏中的"中心矩形"命令，绘制一个以原点为中心，长为 150 mm，宽为 15 mm 的矩形，形成草图 5，如图 9.9 所示。

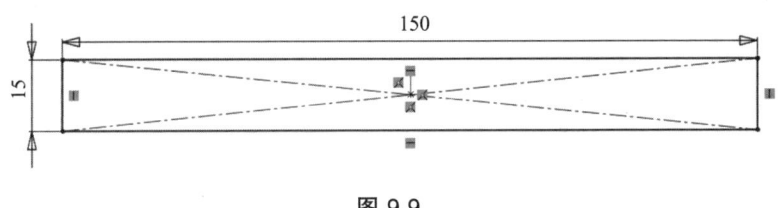

图 9.9

（5）放样实体 1。单击"特征"工具栏中的"放样"命令 放样凸台/基体，在"放样"属性栏的"轮廓"选项中，用鼠标依次选择草图 1、草图 2、草图 3、草图 4 同一方向和位置上的点，其他参数按照图示默认状态，单击属性管理器中的"确定"图标 ✓，如图 9.10 所示。

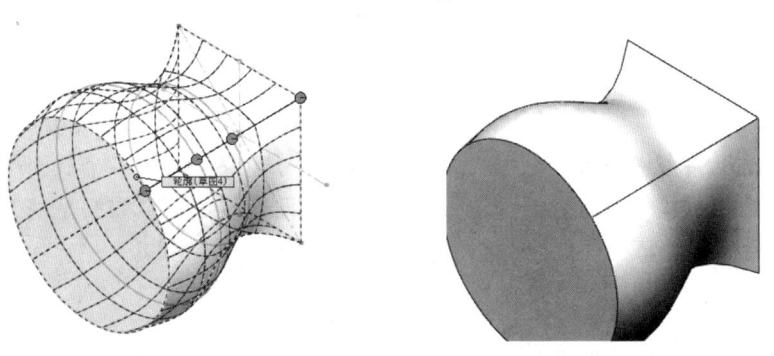

图 9.10

(6)放样实体 2。单击"特征"工具栏中的"放样"命令 ,在"放样"属性栏的"轮廓"选项中,用鼠标依次选择草图 1、草图 5 同一方向和位置上的点,其他参数按照图示默认状态,单击属性管理器中的"确定"图标 ✓,如图 9.11 所示。

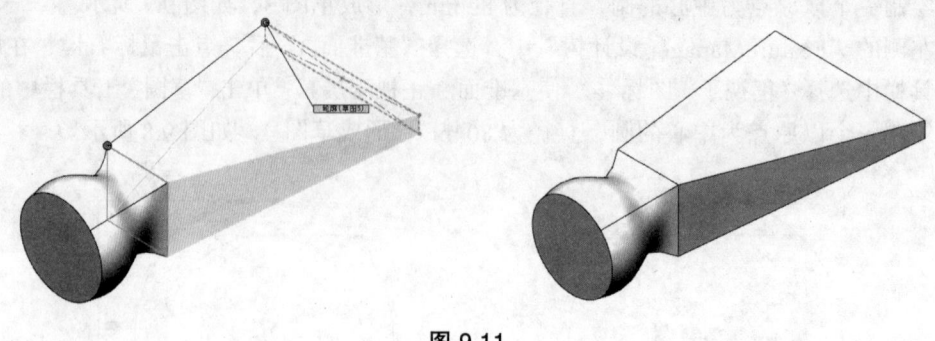

图 9.11

9.5 能力拓展

9.5.1 放样特征命令

1. 定义

放样特征与扫描特征不同,它可以有多个草图截面,截面之间的特征形状按照"非均匀有理 B 样条"算法实现光顺,如图 9.12 所示。这是一种几乎无所不能的模型构建方法。

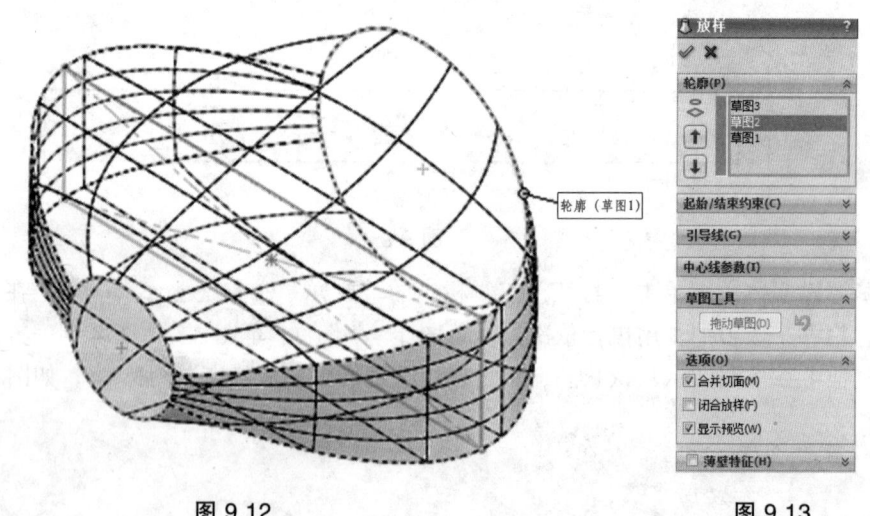

图 9.12   图 9.13

只要创建出足够密集的截面草图,结果就可以十分精确。由于各个截面草图是这个位置上模型法向截面的形状,而且它们都能参数化驱动。而这些截面草图又是基于同样多的可参数化的工作面所确定的草图面,因此整个特征就是充分可参数化的。

2. 参数设定

单击"特征"工具栏中的"放样"按钮,或执行"插入"/"凸台/基体"/"放样"菜单命令。系统打开如图 9.13 所示的"放样"对话框，其中的可控参数如下：

（1）"轮廓"选项组：决定用来生成放样的轮廓。

① 轮廓 。决定用来生成放样的轮廓。选择要连接的草图轮廓、面或边线。放样根据轮廓选择的顺序而生成。对于每个轮廓，选择时点击想要放样路径经过的点。

② 上移 和下移 。选择一轮廓 并调整轮廓顺序。如果放样预览显示了不理想的放样，重新选择或将草图重新组序以在轮廓上连接不同的点。

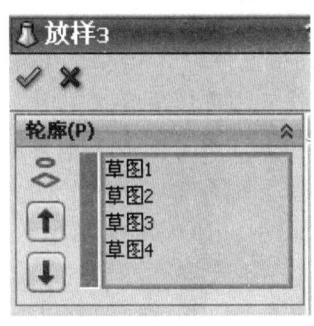 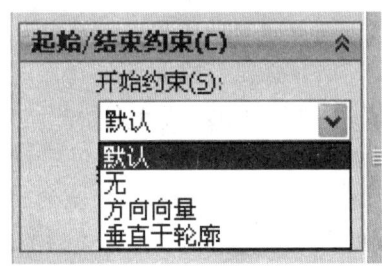

图 9.14

（2）"开始约束"和"结束约束"选项组。

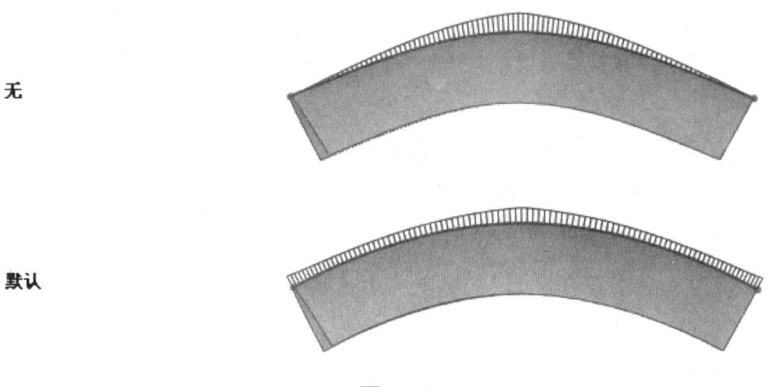

图 9.15

应用约束以控制开始和结束轮廓的相切。这些选项是：

① 默认（在最少有三个轮廓时可供使用）。图形边缘轮廓近似在第一个和最后一个轮廓之间刻画的抛物线。该抛物线中的相切驱动放样曲面，在未指定匹配条件时，所产生的放样曲面更具可预测性、更自然。

② 无。没应用相切约束（曲率为零）。

③ 方向向量。根据用为方向向量的所选实体而应用相切约束。选择一方向向量 ，然后设定拔模角度和起始或结束处相切长度。

④ 垂直于轮廓。应用垂直于开始或结束轮廓的相切约束。设定拔模角度和起始或结束处相切长度。

⑤ 与面相切（在附加放样到现有几何体时可用）。使相邻面在所选开始或结束轮廓处相切。

⑥ 与面的曲率（在附加放样到现有几何体时可用）。在所选开始或结束轮廓处应用平滑、具有美感的曲率连续放样。

⑦ 下一个面（在与面相切或与面的曲率为起始或结束约束选择时可用）。在可用的面之间切换放样。

⑧ 方向向量（在方向向量为起始或结束约束选择时可用）。根据用力方向向量的所选实体而应用相切约束。放样与所选线性边线或轴相切，或与所选面或基准面的法线相切。用户也可以选择一对顶点以设置方向向量。

⑨ 拔模角度（在方向向量或垂直于轮廓为起始或结束约束选择时可用）。给开始或结束轮廓应用拔模角度。如有必要，单击反向 。用户也沿引导线应用拔模角度。

⑩ 起始和结束处相切长度（在无起始或结束约束选择时不可使用）。控制对放样的影响量。相切长度的效果限制到下一部分。如有必要，单击反转相切方向 。

⑪ 应用到所有。显示图形为整个轮廓控制所有约束的控标。消除选择此选项来显示可允许单个线段控制的多个控标。拖动控标来修改相切长度。

（3）"引导线"选项组：设置放样引导线，从而使轮廓截面依照引导线的方向进行放样。

① 引导线 。选择引导线来控制放样。

② 上移 和下移 。调整引导线的顺序。选择一引导线 并调整轮廓顺序。

③ 引导线相切类型。控制放样与引导线相遇处的相切。这些选项是：

- 无。没应用相切约束。
- 垂直于轮廓。垂直于引导线的基准面应用相切约束。设定拔模角度。
- 方向向量。根据用为方向向量的所选实体而应用相切约束。选择一方向向量 ，然后设定拔模角度。
- 与面相切（在引导线位于现有几何体的边线上时可用）。在位于引导线路径上的相邻面之间添加边侧相切，从而在相邻面之间生成更平滑的过渡。

3. 中心线参数

（1）中心线 。使用中心线引导放样形状。在图形区域中选择一草图。中心线可与引导线共存。

（2）截面数。在轮廓之间并绕中心线添加截面。移动滑杆来调整截面数。

（3）显示截面 。显示放样截面。单击箭头来显示截面。您也可输入一截面数，然后单击显示截面 以跳到此截面。

4. 草图绘制工具

使用 SelectionManager 来帮助选取草图实体。

（1）拖动草图。激活拖动模式。当编辑放样特征时，可从任何已为放样定义了轮廓线的 3D 草图中拖动任何 3D 草图线段、点或基准面。3D 草图在您拖动时更新。用户也可编辑 3D 草图以使用尺寸标注工具来标注轮廓线的尺寸。放样预览在拖动结束时或在编辑 3D 草图尺寸时更新。要退出拖动模式，再次单击拖动草图或单击 PropertyManager 中的另一个截面列表即可。

（2）撤销草图拖动 。撤销先前的草图拖动并将预览返回到其先前状态。您可撤销多个拖动和尺寸编辑。

5. 选项

（1）合并切面。如果对应的线段相切，则使在所生成的放样中的曲面合并。
（2）封闭放样。沿放样方向生成一闭合实体。此选项会自动连接最后一个和第一个草图。
（3）显示预览。显示放样的上色预览。消除此选项则只观看路径和引导线。
（4）合并结果。合并所有放样要素。消除此选项则不合并所有放样要素。

9.5.2 圆顶特征命令

1. 定义

可在同一模型上同时生成一个或多个圆顶特征。

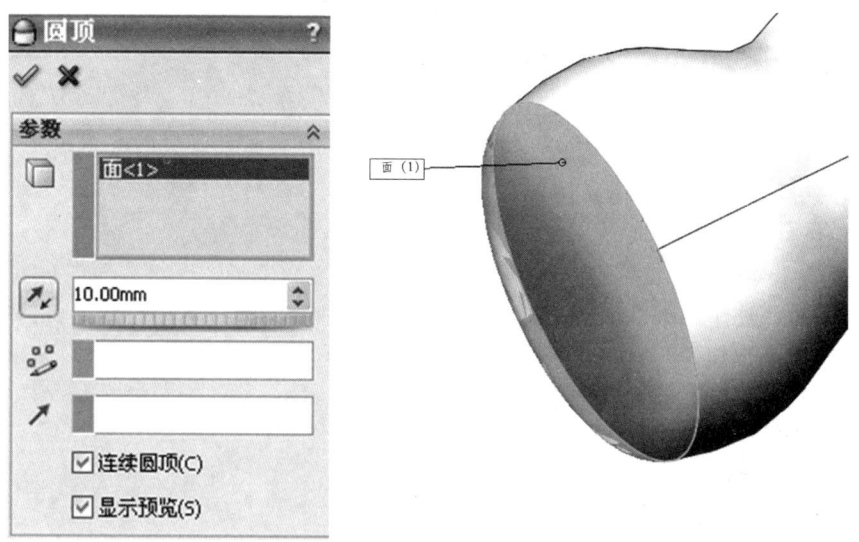

图 9.16

2. 圆顶 PropertyManager 中参数

圆顶 PropertyManager 中参数如图 9.16 所示。

（1）到圆顶的面。选择一个或多个平面或非平面。
（2）距离。设定圆顶扩展的距离的值。反向。单击以生成一凹陷圆顶（默认为凸起）。
（3）约束点或草图。通过选择一包含有点的草图来约束草图的形状以控制圆顶。当用户使用一包含有点的草图为约束时，距离被禁用。
（4）方向。单击方向，然后从图形区域选择一方向向量以垂直于面以外的方向拉伸圆顶。用户可使用线性边线或由两个草图点所生成的向量作为方向向量。
（5）连续圆顶。为多边形模型指定连续圆顶。连续圆顶的形状在所有边均匀向上倾斜。如果用户消除连续圆顶形状，则垂直于多边形的边线上升。

连续圆顶对于四边形或在用户使用约束点或草图或方向向量时不可使用。

（6）显示预览。检查预览。

在圆柱和圆锥模型上，您可将距离设定为 0。软件会使用圆弧半径作为圆顶的基础来计算距离。这将生成一个与相邻圆柱或圆锥面相切的圆顶。

3. 生成圆顶命令的操作步骤

（1）单击特征工具栏中的圆顶 ⊟，或单击"插入"/"特征"/"圆顶"。

（2）在 PropertyManager 中，参数按上述说明操作。

（3）单击确定 ✔。

图 9.17

9.6 小结与思考

本项目主要讲述了 Solidworks 软件中的放样特征命令，通过本项目学习，读者学会简单的多轮廓三维产品建模。

经过本项目的学习，请思考以下问题：

1. 放样命令与扫描命令的异同？
2. 放样命令的建模特点？

9.7 实战演练

应用放样特征创建如图 9.18 所示吹风机嘴的三维模型。

图 9.18

建模分析：

建立模型时，首先用旋转命令——放样主体——拉伸切除——抽壳——拉伸——圆角——完成制作。如图 9.19 所示。

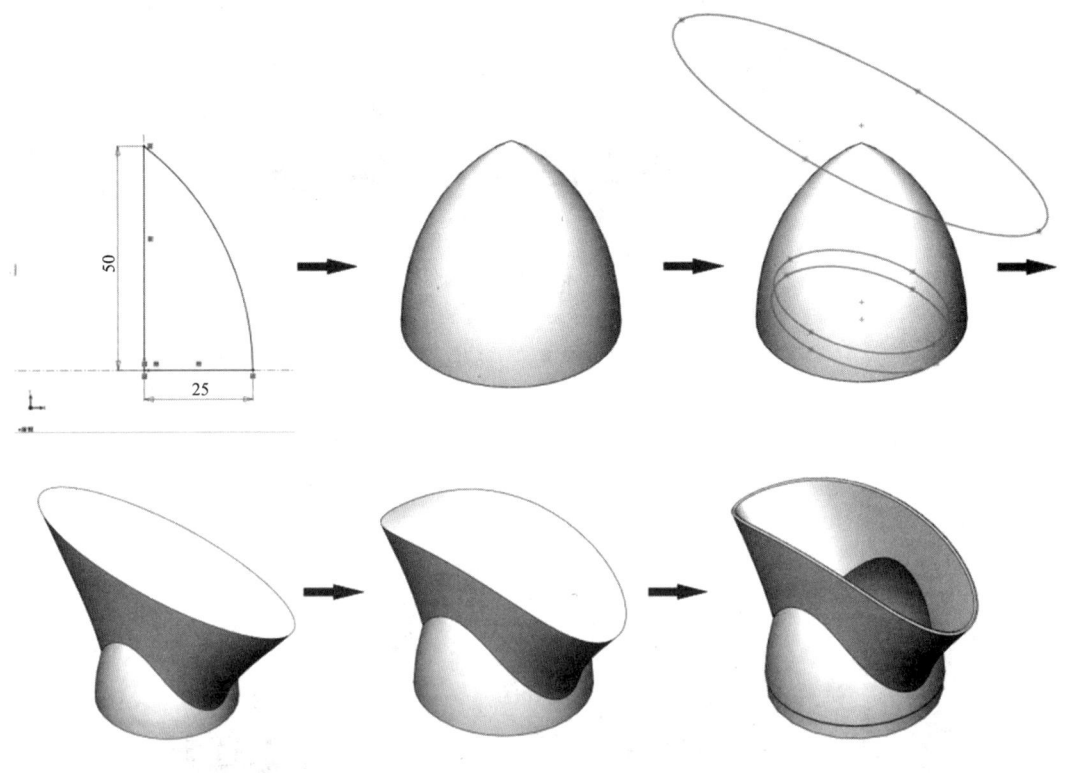

图 9.19

建模步骤如下：

（1）旋转实体。在 FeatureManager 设计树中选择"前视基准面"，绘制如图 9.20 所示的草图，并旋转实体。

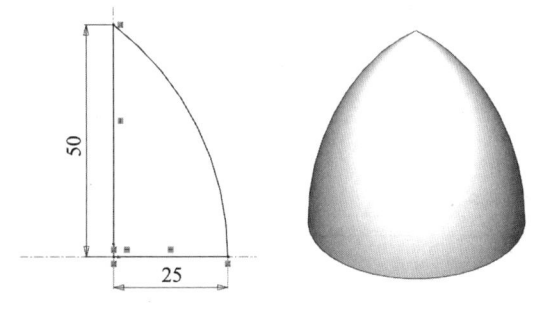

图 9.20

（2）放样实体。以上视基准面为"第一参考"，距离为 5 mm，生成基准面 1。再次以上视基准面为"第一参考"，距离为 50 mm，生成基准面 2。

选择"上视基准面"后，绘制一个以原点为中心的椭圆，长轴长 50 mm，短轴长 34 mm，形成草图 2；选择"基准面 1"后，绘制一个以原点为中心的椭圆，长轴长 48 mm，短轴长 34 mm，形成草图 3;选择"基准面 2"后,点击鼠标右键,绘制一个以原点为中心的椭圆,长轴长 120 mm,短轴长 38 mm,形成草图 4,如图 9.21 所示。

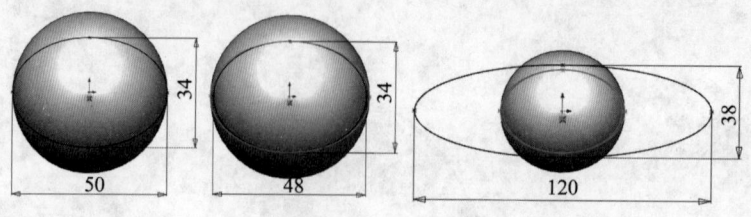

图 9.21

单击"特征"工具栏中的"放样"命令 ![放样凸台/基体],在"放样"属性栏的"轮廓"选项中,用鼠标选择步骤(2)绘制的草图 2、3、4,选择时注意选取各草图上同位置的点,依次选择,如图 9.22 所示。

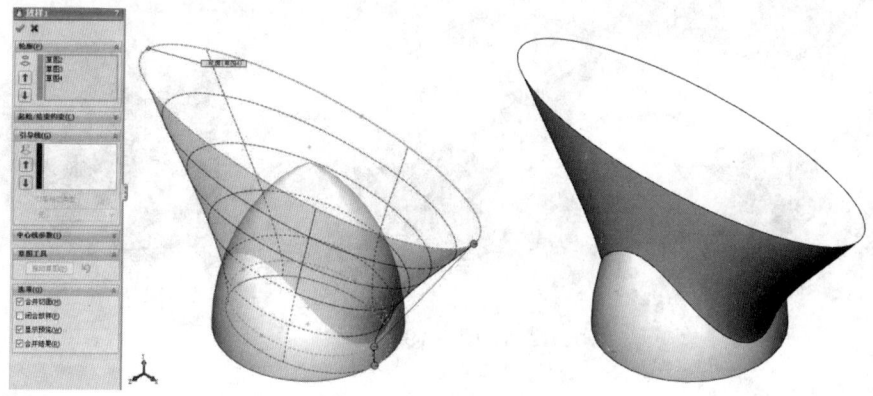

图 9.22

(3)拉伸切除实体。选择"前视基准面"后,单击"草图"工具栏中的"直线""圆弧"命令,绘制一个封闭线段,形成草图 5。单击"特征"工具栏中的"拉伸切除",在"拉伸切除"属性管理器中,方向选择"两侧对称",距离 中输入数值 40 mm,单击属性管理器中的"确定"图标 ,结果如图 9.23 所示。

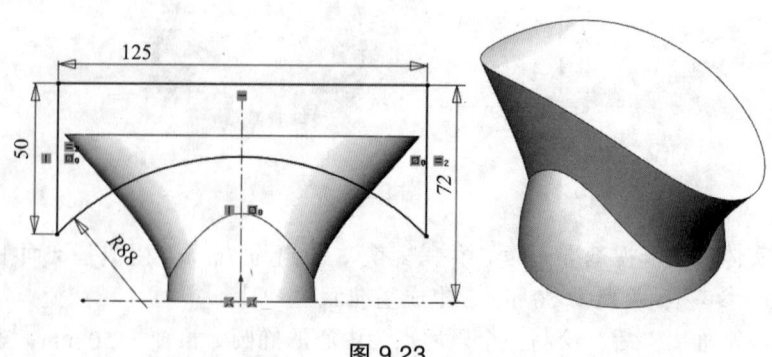

图 9.23

（4）抽壳实体。单击"特征"工具栏中的"抽壳"命令 抽壳，在"抽壳"属性栏"厚度"选项中，输入数值 1 mm；在"移除的面"选项中，用鼠标选择喷嘴的顶面和底面，其他参数按照系统默认状态，如图 9.24 所示。

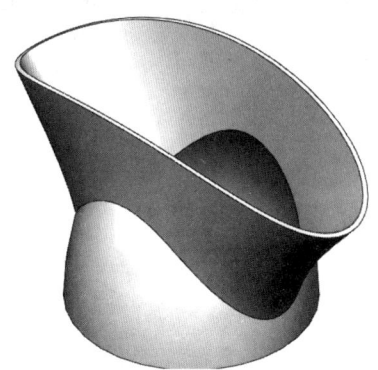

图 9.24

（5）拉伸实体。选择上视基准面，绘制 2 个同心圆，如图 9.25 所示，单击"特征"工具栏中的"拉伸凸台/基体"图标，在"深度"中输入数值 4 mm，单击属性管理器中的"确定"图标，结果如图 9.26 所示。

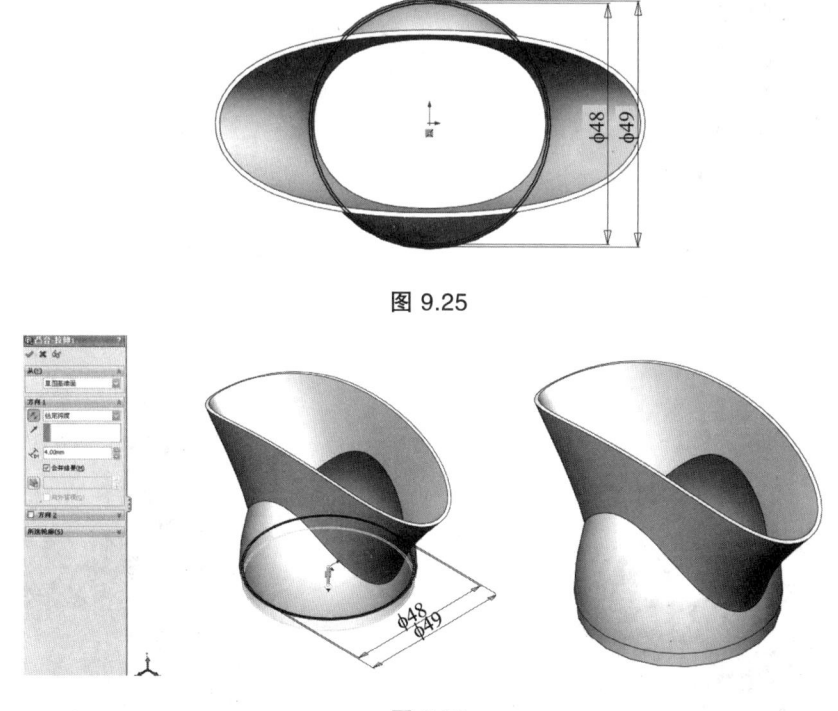

图 9.25

图 9.26

（6）圆角实体。单击"特征"工具栏中的"圆角"命令，在其属性管理器中选择喷嘴上端口的两条边线及下端口的一条边线，并且在"圆角参数"中输入数值 0.5 mm，单击属性管理器中的"确定"图标，结果如图 9.27 所示。

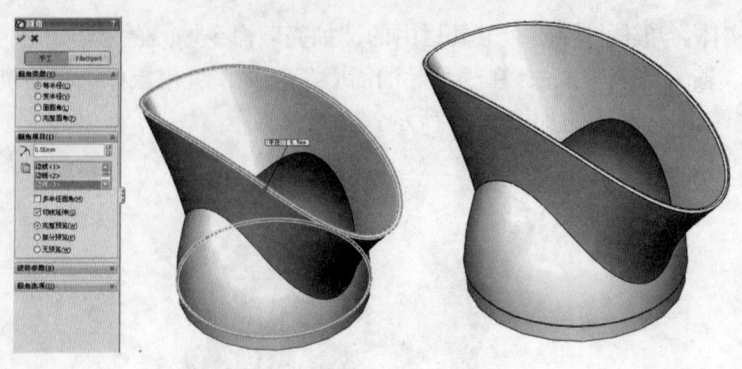

图 9.27

9.8 能力测试

自定义尺寸，请在 100 min 内完成以下 4 个项目建模。

练习图 1　五角星

练习图 2　相机壳

练习图 3　瓶盖

练习图 4　链接管

项目 10 碎纸机

10.1 案例介绍

这是一款碎纸机实体模型,如图 10.1 所示。

图 10.1

10.2 学习知识点

(1)拔模实体命令。
(2)放样切除命令。

10.3 案例分析

本案例主要使用拉伸、拉伸切除、放样切除、抽壳等命令完成。
采用以下建模分解思路:拉伸凸台——拔模——抽壳——拉伸切除——放样——放样切除——拉伸切除——拉伸凸台——完成制作,如图 10.2 所示。

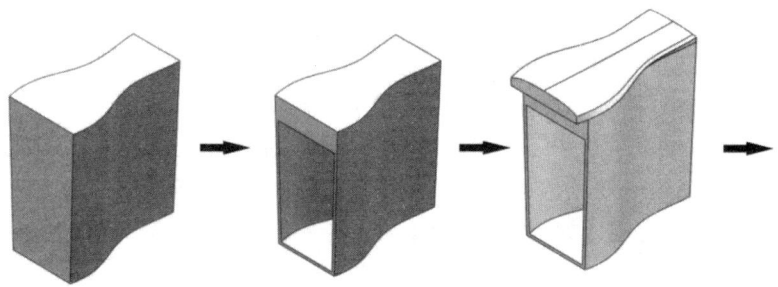

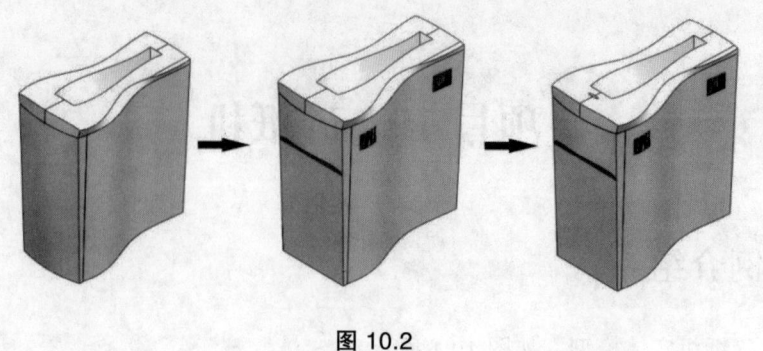

图 10.2

10.4 操作步骤

（1）新建文件。启动 Solidworks 2015，单击菜单栏中的"文件"/"新建"命令，在弹出的"新建 Solidworks 文件"对话框中选择"零件"图标，然后单击"确定"按钮，创建一个新的零件文件。

（2）绘制草图。在左侧的"FeatureManager 设计树"中，选择"上视基准面"后，点击鼠标右键，在出现的快捷工具栏中选择"正视于"图标，使上视基准面正视于屏幕。单击"草图"工具栏中的"样条曲线"命令和"镜像实体"命令，绘制一个主体轮廓，形成草图 1，如图 10.3 所示。

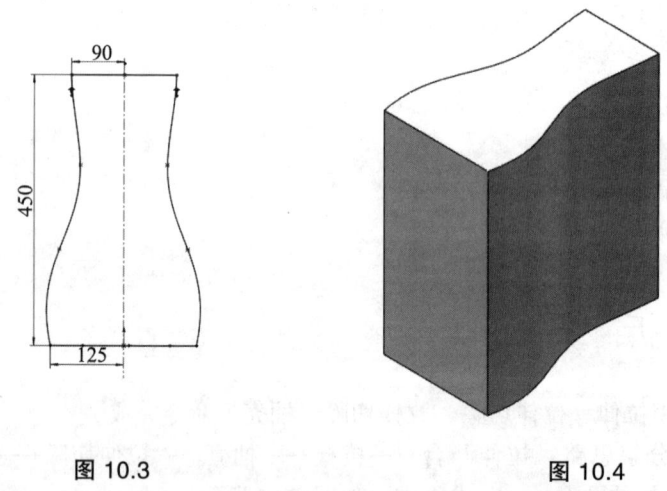

图 10.3　　　　　　　图 10.4

（3）拉伸实体。单击"特征"工具栏中的"拉伸凸台/基体"图标，在"拉伸"属性管理器的"方向 1"项下，将终止条件设定为"给定深度"，在"深度"项后输入数值 500，单击属性管理器中的"确定"图标，结果如图 10.4 所示。

（4）拔模实体。单击"拔模"工具，在弹出的属性栏中，选择生成实体的上表面为"中性面"，依次选择收纳箱的 3 个侧面作为"拔模面"，在"拔模角度"中输入数值"1.5"度，单击属性管理器中的确定键，如图 10.5 所示，形成一个向底部收窄的碎纸机箱体。

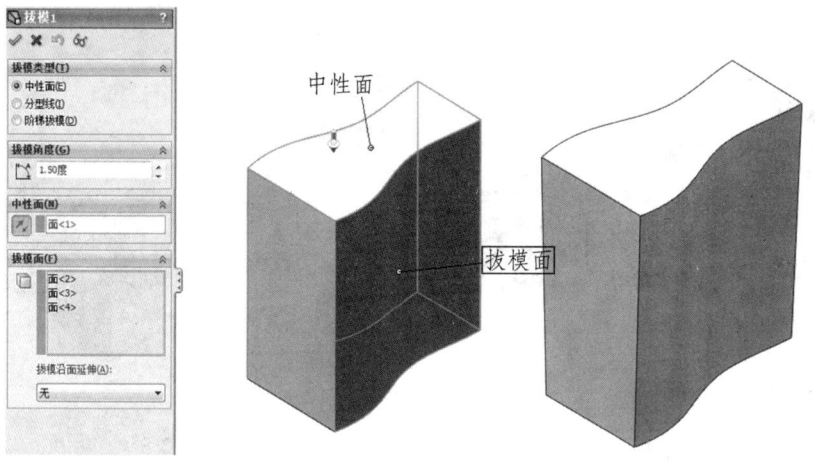

图 10.5

（5）抽壳实体。单击"特征"工具栏中的"抽壳"图标，在"抽壳"属性管理器的"参数"选项下，选择箱体前立面为"移除的面"，"厚度"值默认为 10 mm，单击"多厚度设定"下的"多厚度面"，选择箱体顶面，并将"厚度"值设置为 80 mm，单击属性管理器中的"确定"图标，结果如图 10.6 所示。这样就形成碎纸机收纳空间的负形体。

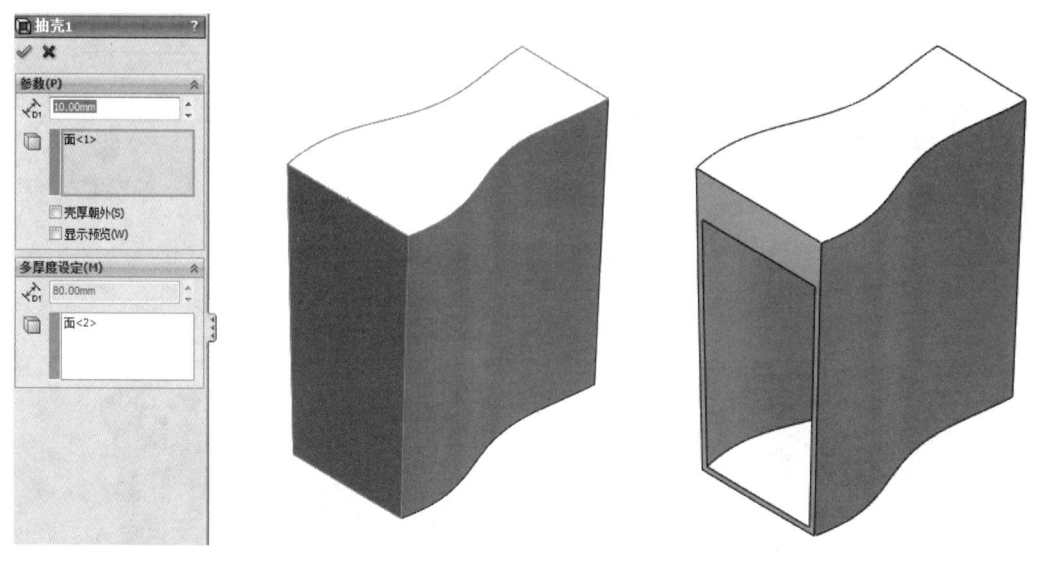

图 10.6

（6）创建新的基准面 1、2。在"参考几何体"命令组下选择"基准面"工具，选择"第一参考"为箱体的前立面，在偏移距离里面输入数值 45，生成基准面 1。此基准面与壶身形体的左右柱面同时相切，如图 10.7 所示。

同理，选择箱体的背面，在"参考几何体"命令组中选择"基准面"工具，选择"第一参考"为箱体的后立面，在偏移距离里面输入数值 0，生成基准面 2。此基准面与箱体背面重合，如图 10.8 所示。

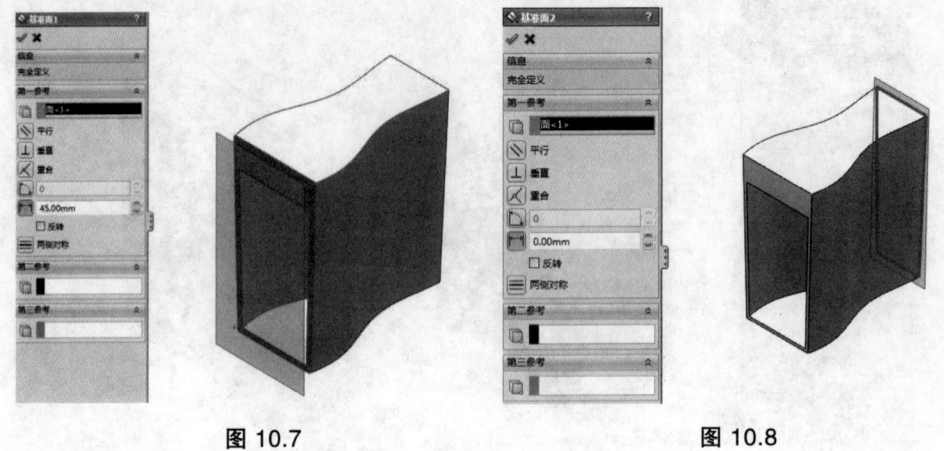

图 10.7　　　　　　　　　　　　图 10.8

（7）绘制草图。选择"基准面1"后，点击鼠标右键，在出现的快捷工具栏中选择"正视于"图标，使右视基准面正视于屏幕。单击"草图"工具栏中的"直线"命令，绘制一个对称的轮廓，如图 10.9 所示。

同理，在"基准面2"上，绘制如图 10.10 所示的对称轮廓，以作为操作面板的一个轮廓图。继续在"右视基准面"和机箱顶面的面上绘制草图，形成如图 10.11 所示的 5 个草图状态。

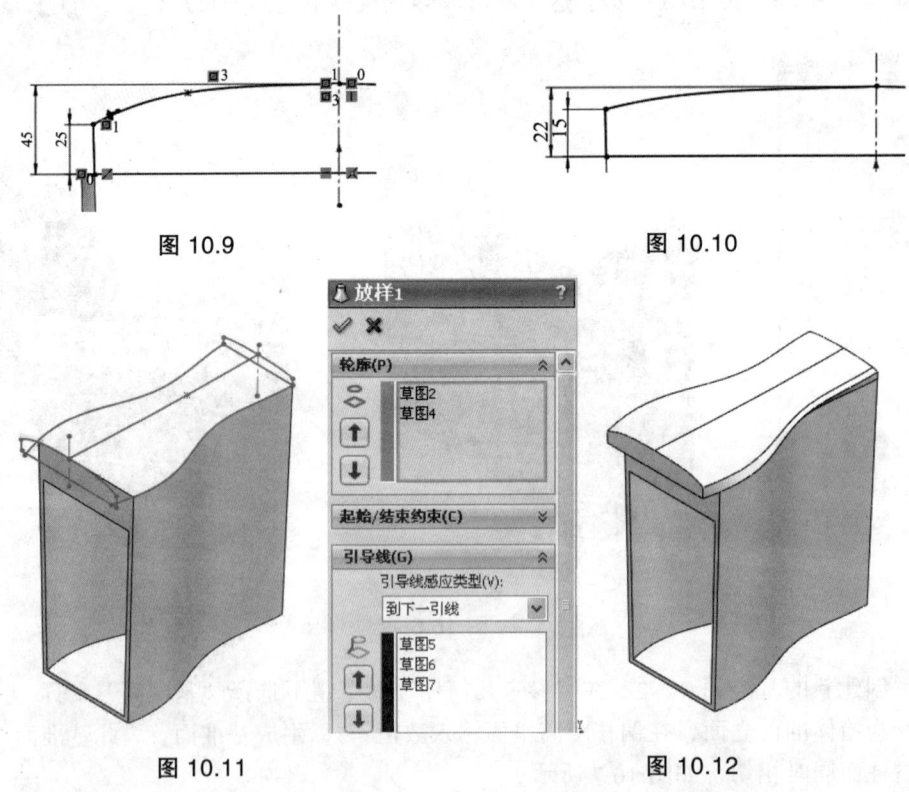

图 10.11　　　　　　　　　　　　图 10.12

（8）放样实体。单击"特征"工具栏中的"放样"命令 放样凸台/基体，在"放样"属性栏中，"轮廓"选项中，用鼠标选择前后 2 个草图为轮廓，选择时注意选取各草图上同位置的点，依次选择。然后选择其他 3 个草图作为引导线，其他参数按照图示默认状态，单击属性管理器中的"确定"图标，如图 10.12 所示。

（9）创建新的基准面 3。在"参考几何体"命令组下选择"基准面"工具，选择"第一参考"为操作面板前段的上端点，"第二参考"为操作面板前端面，生成基准面 3，如图 10.13 所示。

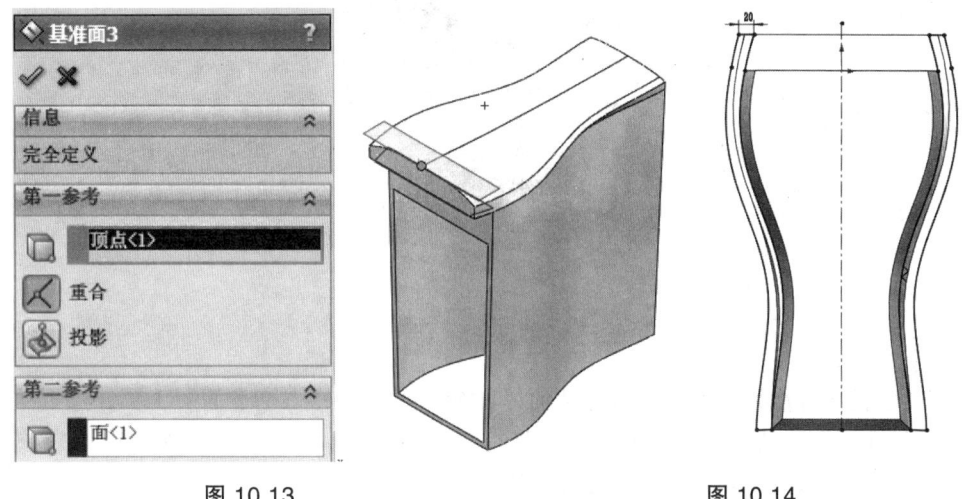

图 10.13　　　　　　　　　　　　　图 10.14

（10）绘制草图。选择"上视基准面"后，点击鼠标右键，在出现的快捷工具栏中选择"正视于"图标，使上视基准面正视于屏幕。单击"草图"工具栏中的"等距实体""裁剪实体"等命令，绘制一个偏移一点距离的对称的轮廓，如图 10.14 所示。

同理，在"基准面 3"上，绘制如图 10.15 所示的对称轮廓，以作为操作面板的一个轮廓图。2 个草图建立的目的是形成操作面板的腰身。

（11）放样切除实体 1。单击"特征"工具栏中的"放样切除"图标，在"放样切除"属性管理器的"轮廓"选项下，依次选择上面 2 个视图中的图形轮廓，注意选择同一位置上的点。此步骤完成操作面板的腰身设计。

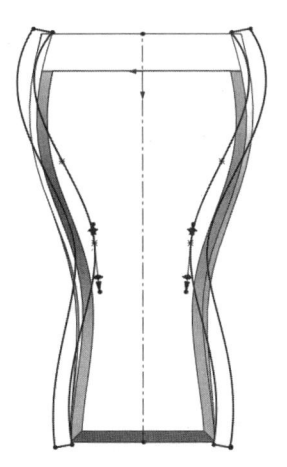 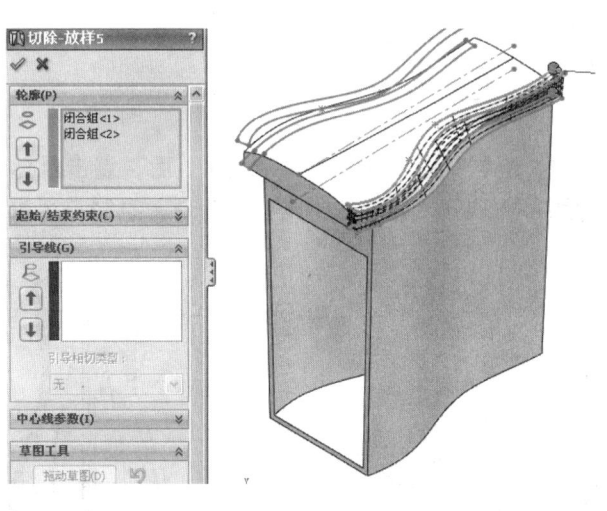

图 10.15

（12）设置视图方向。按 Ctrl+7 快捷键，使视图以等轴测视图方向显示，结果如图 10.16 所示。

图 10.16

（13）创建新的基准面 4。在"参考几何体"命令组下选择"基准面"工具，选择"第一参考"为"基准面 3"，距离选择 20 mm 并反向，生成基准面 4，如图 10.17 所示。

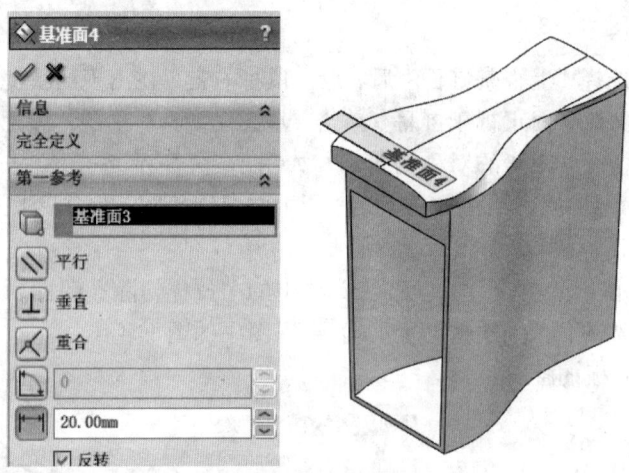

图 10.17

（14）绘制草图。选择"基准面 4"后，点击鼠标右键，使其正视于屏幕。单击"草图"工具栏中的"矩形""样条曲线"等命令，绘制一个投纸口轮廓 1，如图 10.18 所示。

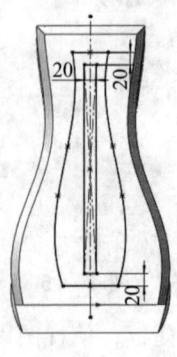

图 10.18

同理，选择操作面板的底部平面作为基准面，绘制如图 10.19 所示的对称轮廓，作为投纸口轮廓 2。两个草图建立的目的是形成投纸口。

（15）放样切除实体 2。单击"特征"工具栏中的"放样切割"图标，在"放样切割"属性管理器的"轮廓"选项下，依次选择上面两个视图中的图形轮廓，注意选择同一位置上的点。此步骤完成投纸口的入口设计。如图 10.20 所示。

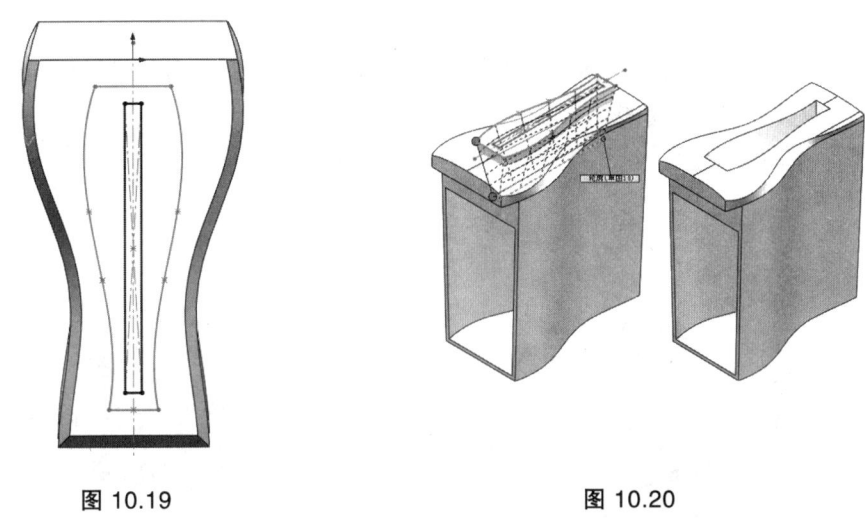

图 10.19　　　　　　　　　　　　　图 10.20

（16）绘制草图。在左侧的"FeatureManager 设计树"中，选择"上视基准面"，使其正视于屏幕。进入草图编辑状态，单击"草图"工具栏中的"圆弧"命令，绘制一个与操作面板边缘顶点相切的弧形形成草图，如图 10.21 所示。

（17）拉伸切除实体。单击"特征"工具栏中的"拉伸切除"图标，在"拉伸"属性管理器中将终止条件设定为"完全贯彻"，结果如图 10.22 所示。

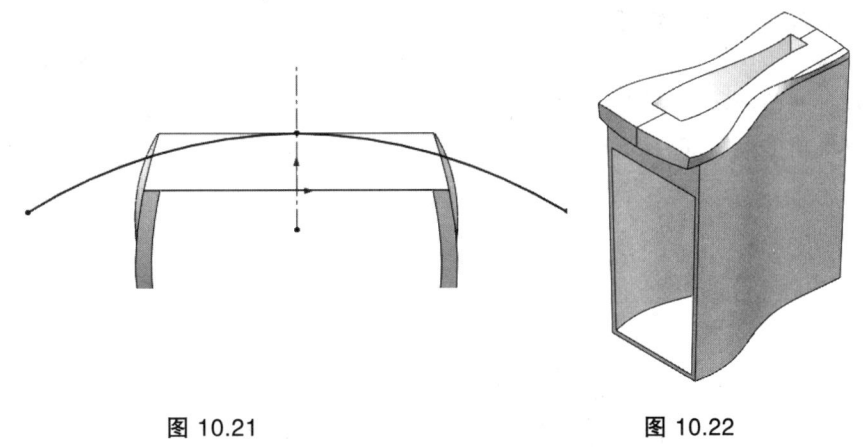

图 10.21　　　　　　　　　　　　　图 10.22

（18）绘制草图。在左侧的"FeatureManager 设计树"中，选择"箱体的底部平面"，使其正视于屏幕，绘制一个与底部平面边缘顶点重合的轮廓形成草图，如图 10.23 所示。

同理，以操作面板延生出来的边缘轮廓作为草图面，使其正视于屏幕，选择"转换实体引用"工具绘制一个与操作面板平面边缘重合的轮廓形成草图，如图 10.24 所示。

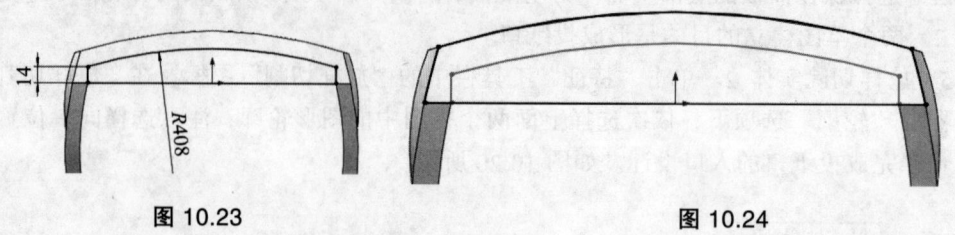

图 10.23　　　　　　　　　　　图 10.24

同理，选择箱体的正面，使其正视于屏幕，选择"转换实体引用"工具绘制两个草图，与前两个草图贯穿，作为引导线。

选择"右视基准面"作为草图，绘制一个弧线，作为箱门的边缘形态引导线，整体效果如图 10.25 所示。

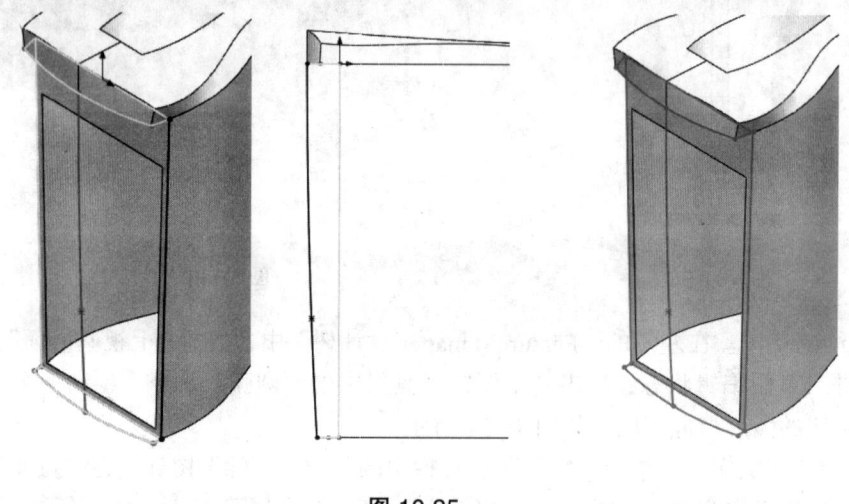

图 10.25

（19）放样实体。单击"特征"工具栏中的"放样"命令 放样凸台/基体，在"放样"属性栏的"轮廓"选项中，用鼠标依次选择以上 5 个草图，注意选择两个轮廓草图中同一方向同一位置上的点，其他参数按照图示默认状态，单击属性管理器中的"确定"图标，如图 10.26 所示，形成碎纸机的后腿部分。

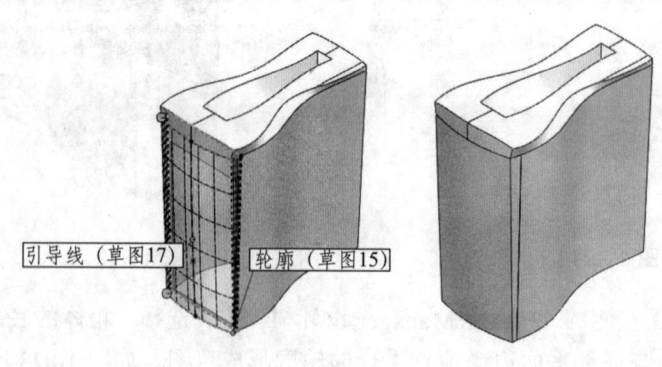

图 10.26

（20）拉伸切除实体。选择"右视基准面"进入草图绘制，用"直线"和"圆弧"命令绘

· 110 ·

制一条轮廓线,单击"特征"工具栏中的"拉伸切除"图标,在"拉伸"属性管理器中将终止条件设定为"完全贯穿",结果如图 10.27 所示。

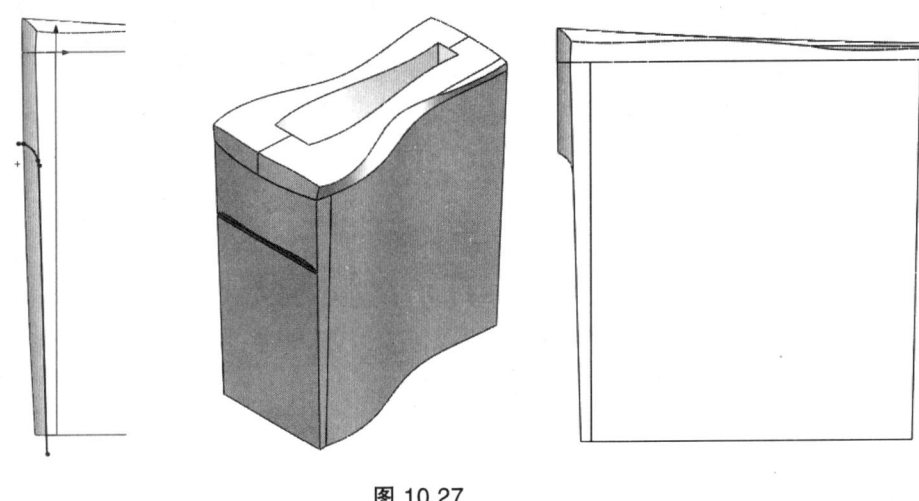

图 10.27

(21)创建新的基准面 5。在"参考几何体"命令组下选择"基准面"工具,选择"第一参考"为"操作面板的下端面",距离选择 55 mm,反转。生成基准面 5,如图 10.28 所示。

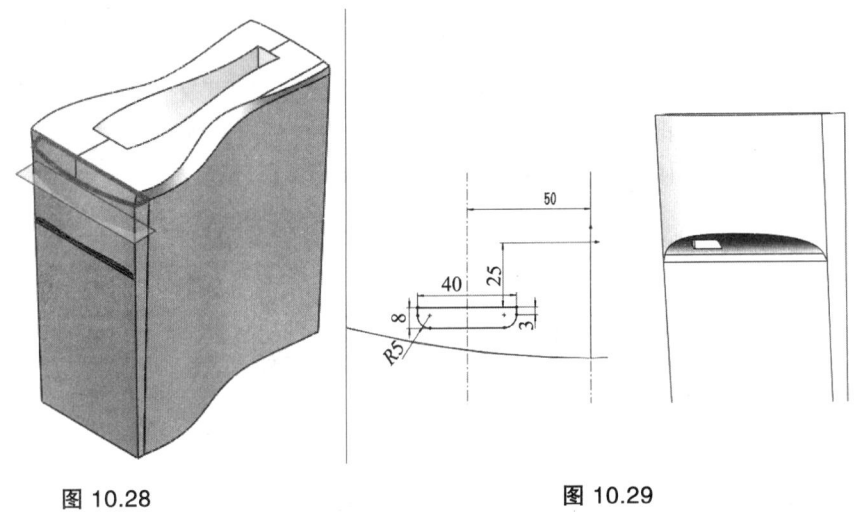

图 10.28　　　　　　　　　　　图 10.29

(22)拉伸切除实体。选择"基准面 5"进入草图绘制,用"直线"和"圆弧"命令绘制一条轮廓线,单击"特征"工具栏中的"拉伸切除"图标,在"拉伸"属性管理器中将终止条件设定为"给定深度",深度为 80 mm,结果如图 10.29 所示。

(23)抽壳实体。单击"特征"工具栏中的"抽壳"图标 ▣,在打开的"抽壳"属性管理器中,在"厚度"一栏中输入数值 1 mm,用鼠标选择箱体面板的背面,单击属性管理器中的"确定"图标 ✓,结果如图 10.30 所示。

(24)拉伸切除实体。选择"右视基准面"进入草图绘制,用"矩形"和"线性阵列"命令绘制一组轮廓线,单击"特征"工具栏中的"拉伸切除"图标,在"拉伸"属性管理器中将终止条件设定为"完全贯穿",结果如图 10.31 所示,完成箱体散热口设计。

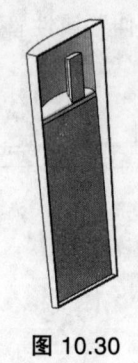
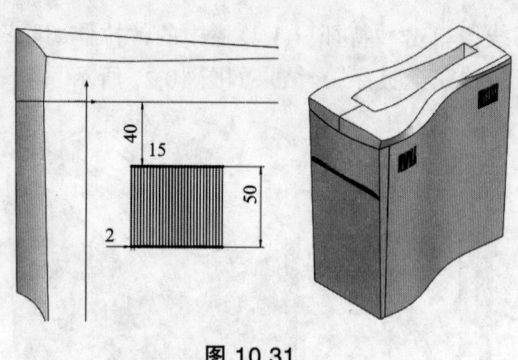

图 10.30　　　　　　　　图 10.31

（25）拉伸切除实体。选择"基准面4"进入草图绘制，用"椭圆"命令绘制一个轮廓线，单击"特征"工具栏中的"拉伸切除"图标，在"拉伸"属性管理器中将终止条件设定为"给定深度"，深度输入 25 mm，结果如图 10.32 所示。

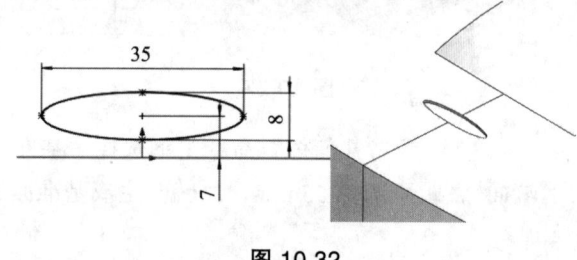

图 10.32

（26）拉伸实体。单击"特征"工具栏中的"拉伸凸台/基体"图标，在"拉伸"属性管理器的"方向1"项下，将终止条件设定为"给定深度"，在"深度"项后输入数值 3 mm，单击属性管理器中的"确定"图标 ✓，结果如图 10.33 所示。

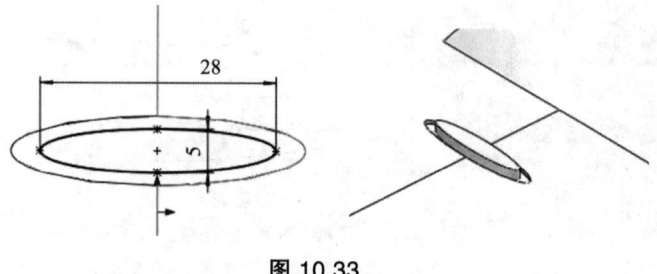

图 10.33

（27）设置视图方向。按 Ctrl+7 快捷键，使视图以等轴测视图方向显示，结果如图 10.34 所示。

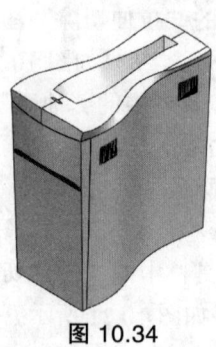

图 10.34

10.5 能力拓展

10.5.1 拔模实体

1. 定义

为了方便零件采用模具方式制造，一般采用将零件的竖直面改为一个倾斜面，从而方便零件从模腔中抽出，因此将竖直面转换为倾斜面是工程零件设计中的常用手段，这种绘制方式就称为拔模。

2. 参数说明

竖直面与倾斜面之间的夹角称为拔模角。拔模操作的对象称为拔模面，它是实体中的某一个面。中性面是拔模操作中的参考面，在拔模操作中中性面不发生变化。

3. 操作要领

选择中性面，指定拔模方向和参考特征，然后选择拔模类型，指定拔模面。

4. 操作类型

中性面：以中性面为拔模参考。

分型线：以分型线为拔模参考。

阶梯拔模：以中性面为拔模参考，使用分型线控制拔模操作范围。

（1）中性面拔模，如图 10.35 所示。

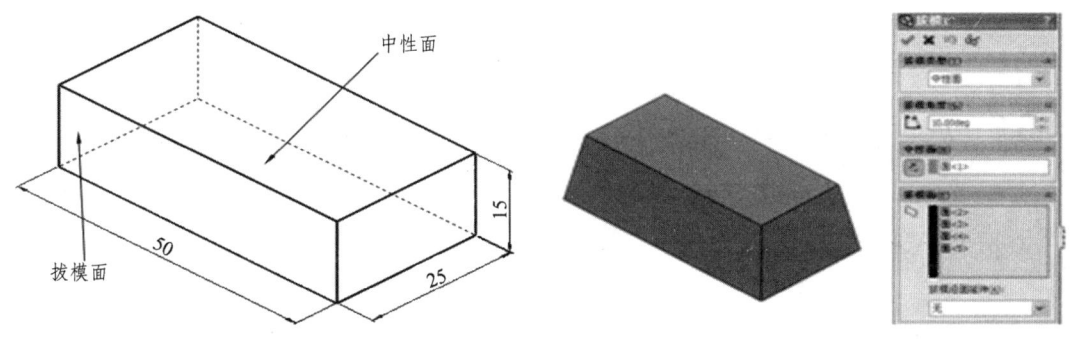

图 10.35

（2）分型线拔模。

① 设置分型线，如图 10.36 所示。

② 拔模特征。

以拔模基体的顶面为草图绘制基准面绘制一条直线，单击"确定"按钮。

选择下拉菜单"插入"/"曲线"/"分割线"命令，并对"分割线"属性管理器进行设置，如图 10.37 所示。

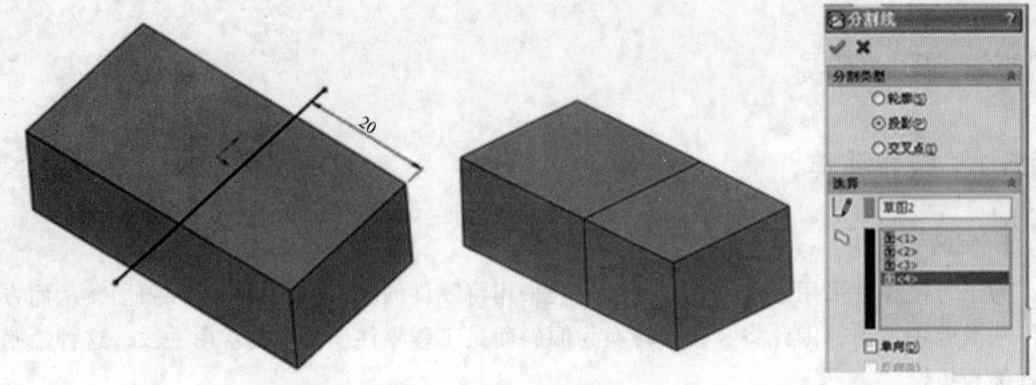

图 10.36

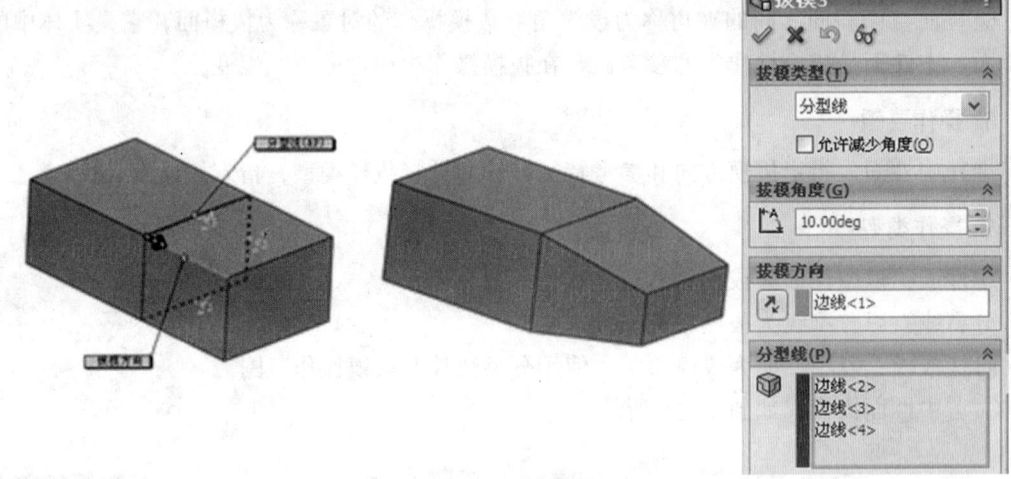

图 10.37

10.5.2 放样切割命令

1. 定义

在两个或多个轮廓之间通过移除材质来切除实体模型,如图 10.38 所示。

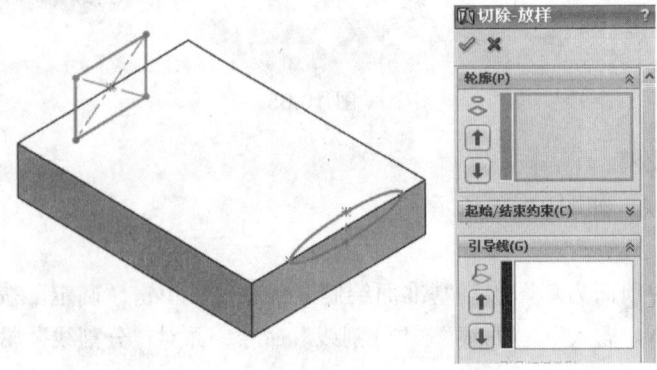

图 10.38

2. 操作步骤

(1) 在2个不同基准面上创建2个草图，每个基准面包含一个封闭的草图。

(2) 选择工具栏下"特征"/"放样切割"命令，在出现的对话属性框中选择草图1和草图2，如图10.38所示。

(3) 点击"确定"，完成放样切割命令，效果如图10.39所示。

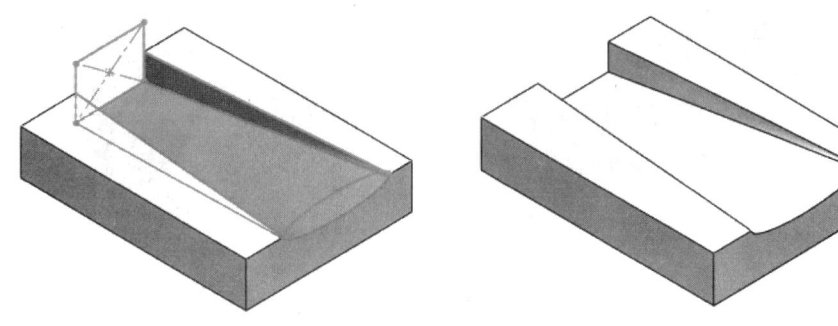

图 10.39

10.5.3 切割命令类型及样例

用户可使用特征来切割实体模型。模型可以为单一零件或一多实体零件。

(1) 显示想切割的基体模型，如图10.40所示。

图 10.40

(2) 根据不同的切割工具特征来生成草图比较。我们可以选择的特征取决于基体模型和想使切割产生的形状。

特征工具栏上的切割工具如下：

① 拉伸切除 ▣，效果如图10.41所示。

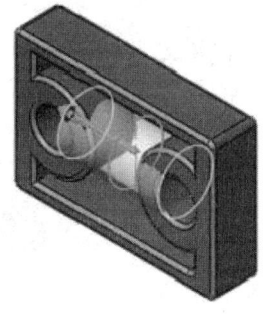 

图 10.41

② 旋转切除 ⌂，效果如图 10.42 所示。

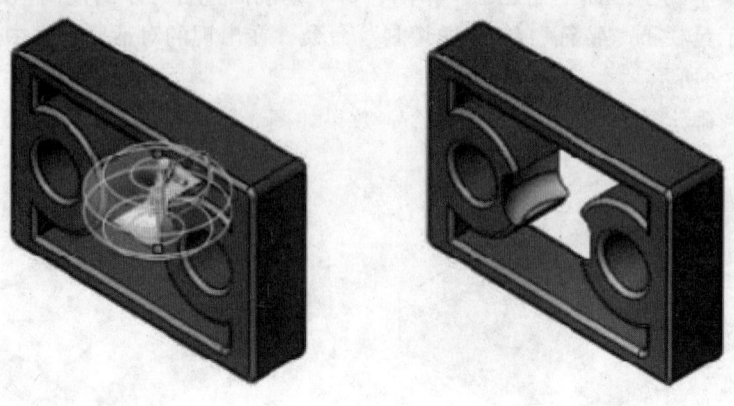

图 10.42

（3）扫描切除 ⌂。也可使用实体扫描切除材料，在此沿路径扫描一工具实体，效果如图 10.43 所示。

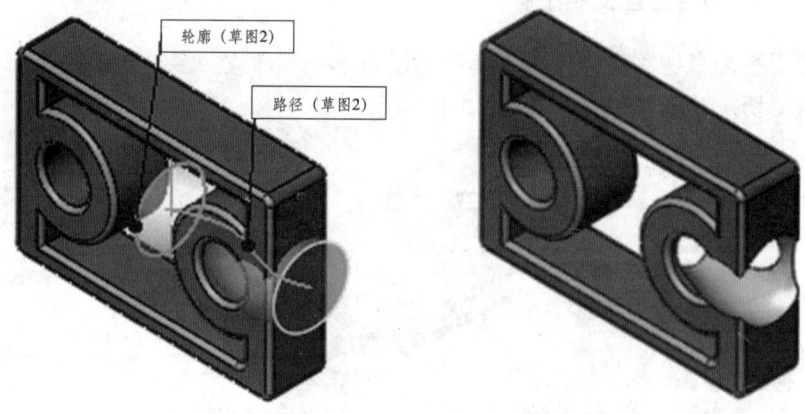

图 10.43

（4）放样切除 ⌂ 或者边界切除 ⌂，效果如图 10.44 所示。

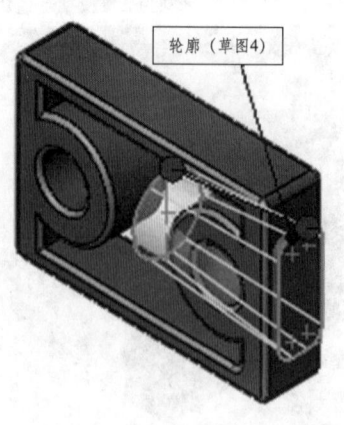

图 10.44

(5) 加厚切除 ![icon]，效果如图 10.45 所示。
(6) 使用曲面切除 ![icon]，效果如图 10.46 所示。

图 10.45

图 10.46

10.6 小结与思考

本项目主要讲述了 Solidworks 软件创建复杂模型的建模思路和操作，综合运用了拉伸、拉伸切除、放样切除、抽壳、拔模等命令。经过本项目的学习，请思考以下问题：

1. 在创建放样时如何防止扭曲？
2. 在放样中中心线与引导线有何不同？
3. 可以在多边形和圆之间放样吗？
4. 创建放样时，轮廓基准面一定要平行吗？

10.7 实战演练

应用特征命令创建如图 10.47 所示音箱的三维模型。

图 10.47

建模分析:

首先绘制音箱盖的主体草图并拉伸实体,然后运用拉伸切除命令完成音箱喇叭及造型部分的设计,最后运用拉伸切除、阵列实体等命令完成音箱上孔位的制作,如图 10.48 所示。

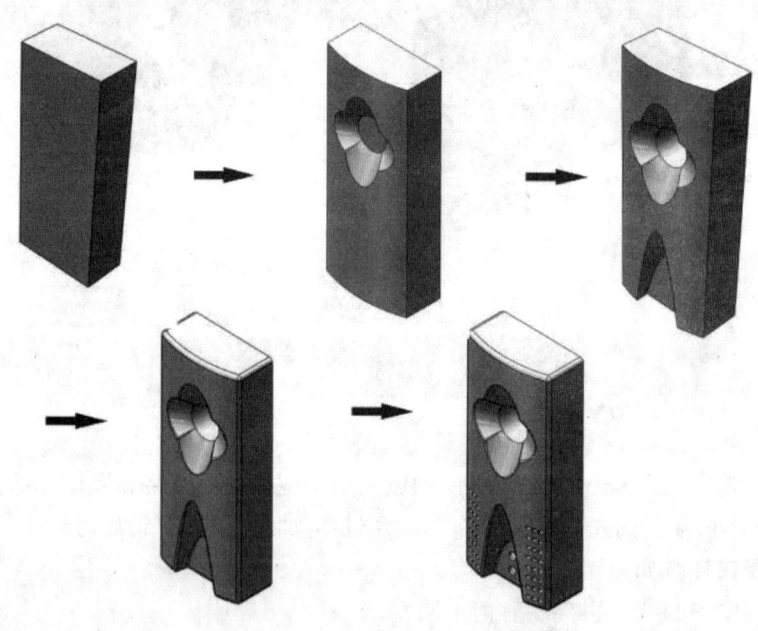

图 10.48

建模步骤如下:

(1)拉伸实体。

选择"前视基准面"后,点击鼠标右键,单击"草图"工具栏中的"边角矩形"命令,绘制一个以原点为角点的矩形,长边长 100 mm,短边长 60 mm。单击"特征"工具栏中的"拉伸凸台/基体"图标,再在"深度"图标 中输入数值 100 mm,结果如图 10.49 所示。

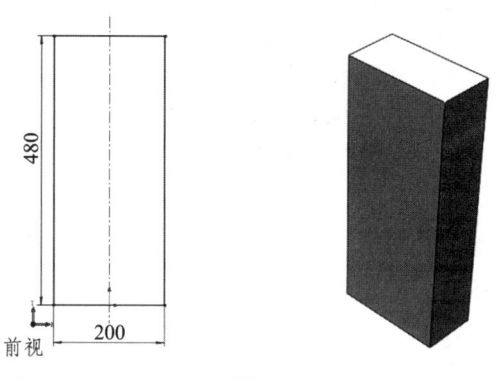

图 10.49

（2）拉伸切除实体。

选择拉伸后实体正表面，使其正视于屏幕。绘制一条半径为 300 的弧线。单击"特征"工具栏中的"拉伸切除"图标，"方向 1"选项下"终止条件"选择"完全贯穿"，其他按照图示默认状态，结果如图 10.50 所示。

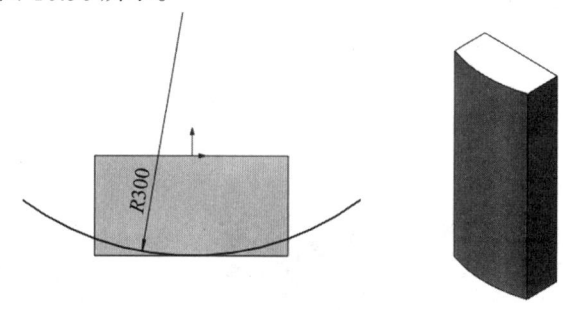

图 10.50

（3）放样切除实体

单击"特征"工具栏中的"参考几何体"图标下 的"基准面"命令，在"第一参考" 中选择前视基准面，在"第二参考"中选择音箱端面突出的一点，其他为系统默认属性，然后点击"确定"图标 ，形成基准面 1；再次单击"特征"工具栏中的"参考几何体"图标下 的"基准面"命令，在"第一参考" 中选择基准面 1，距离中输入 30 mm，其他为系统默认属性，然后点击 "确定"图标 ，形成基准面 2，结果如图 10.51 所示。

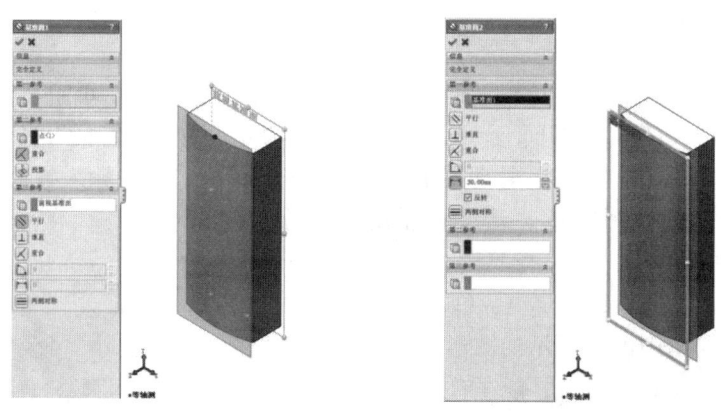

图 10.51

选择基准面1，使其正视于屏幕。单击"草图"工具栏中的"圆弧""多边形""剪裁实体"等命令，绘制一个如图10.52所示的图形。选择工具栏中的"智能尺寸"命令，标注尺寸。

选择基准面2，使其正视于屏幕。单击"草图"工具栏中的"圆"命令，绘制一个如图10.53所示的图形。选择工具栏中的"智能尺寸"命令，标注尺寸。

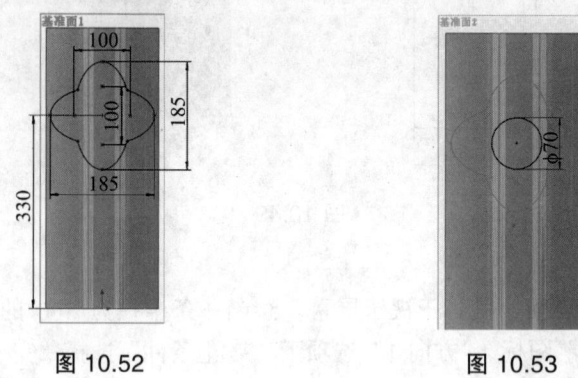

图 10.52　　　　　　　　图 10.53

单击"特征"工具栏中的"放样切除"图标，在"轮廓"属性管理器中，在同一方向上选择基准面1中轮廓草图一点和基准面2中轮廓草图一点，单击属性管理器中的"确定"图标 ✓，结果如图10.54所示。

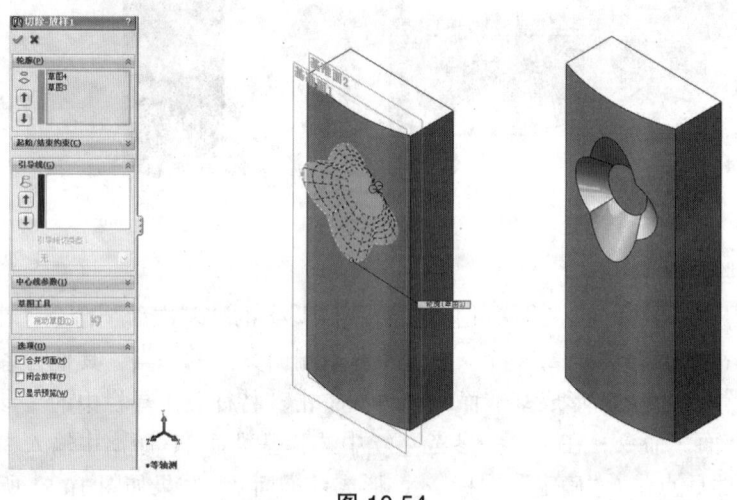

图 10.54

（4）拉伸切除实体。

选择"基准面2"后，使其正视于屏幕。选择直径为70的圆面，单击"转换实体引用"按钮，将其边缘投影到当前基准面上，结果如图10.55所示。单击"特征"工具栏中的"拉伸切除"命令，在"拉伸切除"属性管理器中，在"深度"图标 中输入数值100 mm，单击属性管理器中的"确定"图标 ✓，结果如图10.56所示。

（5）放样切除实体。

选择基准面1，使其正视于屏幕。单击"草图"工具栏中的"椭圆形""直线""剪裁实体"等命令，绘制一个如图10.57所示的图形。选择工具栏中的"智能尺寸"命令，标注尺寸。

选择基准面2，使其正视于屏幕。单击"草图"工具栏中的"椭圆形""直线""剪裁实体"等命令，绘制一个如图10.58所示的图形。选择工具栏中的"智能尺寸"命令，标注尺寸。

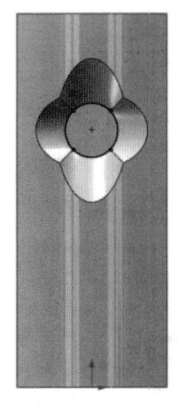
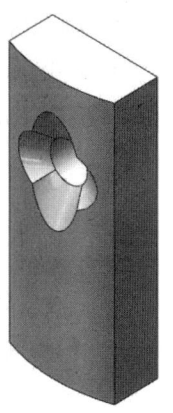

图 10.55　　　　　　　　　　　　图 10.56

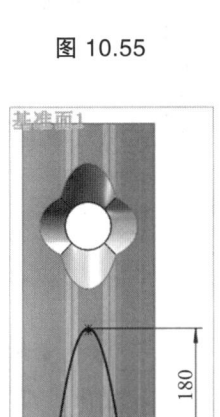
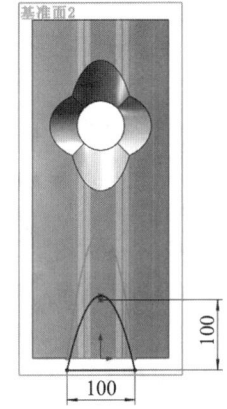

图 10.57　　　　　　　　　　　　图 10.58

单击"特征"工具栏中的"放样切除"图标，在"轮廓"属性管理器中，在同一方向上选择基准面 1 中轮廓草图一点和基准面 2 中轮廓草图一点，单击属性管理器中的"确定"图标 ✓，结果如图 10.59 所示。

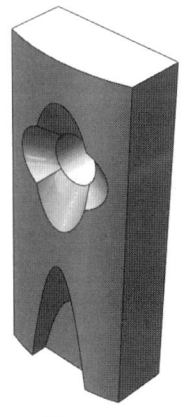

图 10.59

（6）圆角命令。

单击"特征"工具栏中的"圆角"图标，"圆角类型"为"等半径"，"圆角项目"中半径

· 121 ·

大小为 8 mm，选择侧面和轴测图正面的外轮廓边线，单击属性管理器中的"确定"图标。

再次单击"特征"工具栏中的"圆角"图标，"圆角类型"为"等半径"，"圆角项目"中半径大小为 4 mm，选择音箱内部两次放样切除成的实体轮廓边线，其他按照图示默认状态，单击属性管理器中的"确定"图标，结果如图 10.60 所示。

图 10.60

（7）抽壳实体。

单击"特征"工具栏中的"抽壳"图标 ▣，在打开的"抽壳"属性管理器中，在"厚度"一栏中输入数值 5 mm，用鼠标选择实体的背面，单击属性管理器中的"确定"图标，结果如图 10.61 所示。

（8）拉伸切除实体。

单击基准面 2，使其正视于屏幕。单击"草图"工具栏中的"圆"命令，绘制一个直径为 16 mm 的圆形，结果如图 10.62 所示。

单击"特征"工具栏中的"拉伸切除"图标，"方向 1"选项下"终止条件"中选择"完全贯穿"，其他按照图示默认状态，单击属性管理器中的"确定"图标，结果如图 10.63 所示。

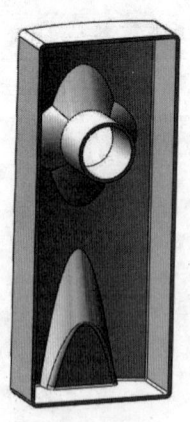

图 10.61

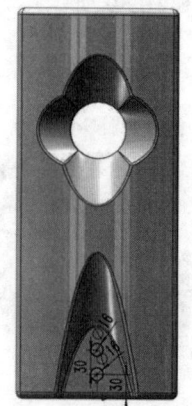

图 10.62

（9）拉伸切除实体。

单击基准面 2，使其正视于屏幕。单击"草图"工具栏中的"圆"命令，绘制一个直径为

8 mm 的圆形，结果如图 10.64 所示。

单击"特征"工具栏中的"拉伸切除"图标，"方向 1"选项下"终止条件"选择"完全贯穿"，其他按照图示默认状态，单击属性管理器中的"确定"图标，结果如图 10.65 所示。

（10）阵列实体。

单击"特征"工具栏中的"线性阵列"，选择方向 1 为竖直边线，距离为 20 mm，阵列个数为 8，选择方向 2 为水平边线，距离为 12 mm，阵列个数为 3，阵列实体为上一步拉伸切除的直径 8 mm 的通孔，其他按照图示默认状态，单击属性管理器中的"确定"图标，结果如图 10.66 所示。

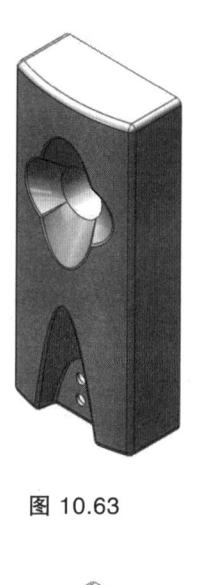

图 10.63

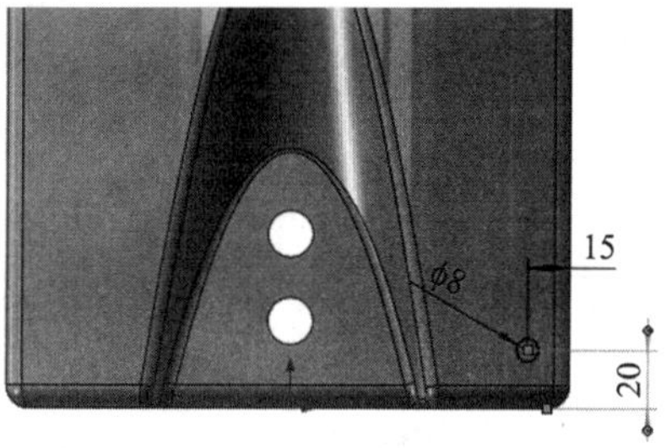

图 10.64

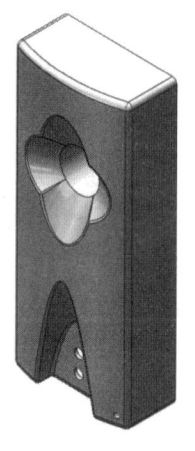

图 10.65

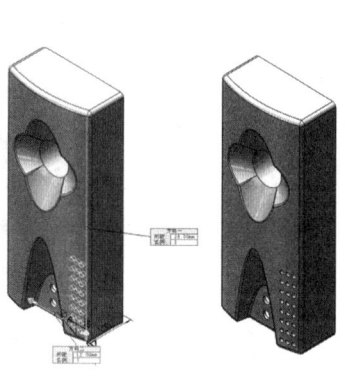

图 10.66

（11）镜像实体。单击"特征"工具栏中的"镜像"命令，"镜像面"选择"右视基准面"，"要镜像的特征"选项中选取音箱孔（阵列出的实体），其他按照图示默认状态，单击属性管理器中的"确定"图标，结果如图 10.67 所示。

（12）隐藏基准面。单击菜单栏中"视图"/"基准面"命令，将视图中的基准面 1、2 隐藏起来。

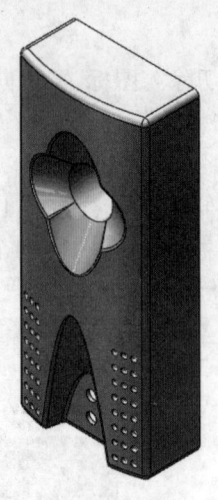

图 10.67

10.8 能力测试

请自定义尺寸,用三维建模命令在 100 min 内完成以下 2 个项目建模。

练习图 1 音箱

练习图 2 收纳盒

项目 11　搓衣板

11.1　案例介绍

这是一款搓衣板的基础造型建模，如图 11.1 所示。

图 11.1

11.2　学习知识点

（1）线性阵列命令的基本操作。
（2）圆周阵列命令的基本操作。
（3）筋命令的基本操作。

11.3　案例分析

本案例比较简单，主要使用拉伸、拉伸切除、扫描切除、线性阵列等命令完成。

采用以下建模分解思路：拉伸基体创建搓衣板主体——拉伸切除肥皂槽——扫描切除——线性阵列命令——抽壳命令——筋命令——完成制作。

绘制流程如图 11.2 所示。

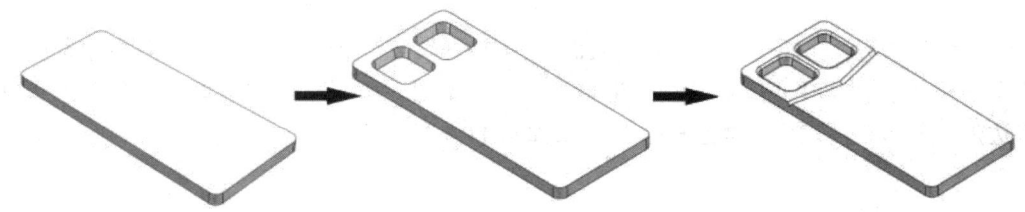

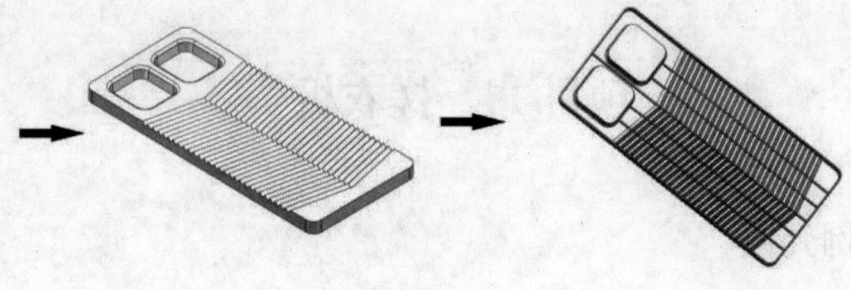

图 11.2

11.4 操作步骤

（1）新建文件。启动 Solidworks 2015，单击菜单栏中的"文件"/"新建"命令，在弹出的"新建 Solidworks 文件"对话框中选择"零件"图标，然后单击"确定"按钮，创建一个新的零件文件。

（2）绘制草图。在左侧的"FeatureManager 设计树"中，选择"上视基准面"后，点击鼠标右键，在出现的快捷工具栏中选择"正视于"图标，使上视基准面正视于屏幕。单击"草图"工具栏中的"中心矩形"命令，绘制一个以原点为中心的矩形。

（3）标注尺寸。选择工具栏中的"智能尺寸"命令，单击矩形边线，长边长 450 mm，短边长 200 mm，四边圆角为 15 mm，单击属性管理器中的"确定"图标，尺寸标注如图 11.3 所示。

（4）拉伸实体。单击"特征"工具栏中的"拉伸凸台/基体"图标，在"凸台-拉伸"属性管理器中，在"深度"图标中输入数值 20 mm，单击属性管理器中的"确定"图标，结果如图 11.4 所示。

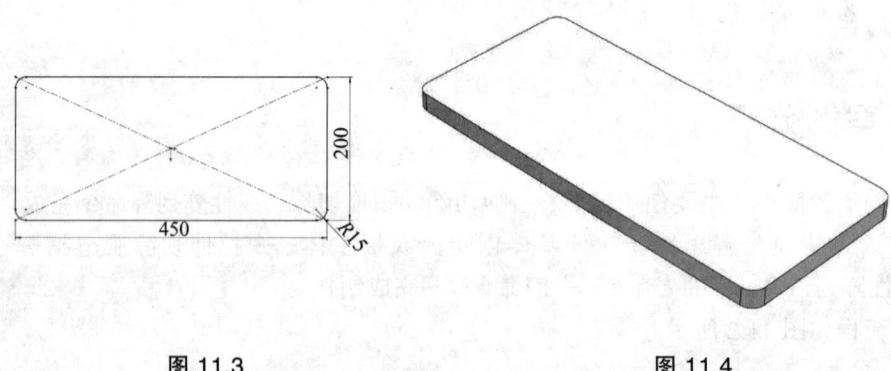

图 11.3　　　　　　　　　图 11.4

（5）绘制草图。选择拉伸后实体正表面，点击鼠标右键，在出现的快捷工具栏中选择"正视于"图标，使实体正表面正视于屏幕。单击"草图"工具栏中的"矩形"命令，绘制两个多边形，各边距离表面边缘 20 mm。结果如图 11.5 所示。

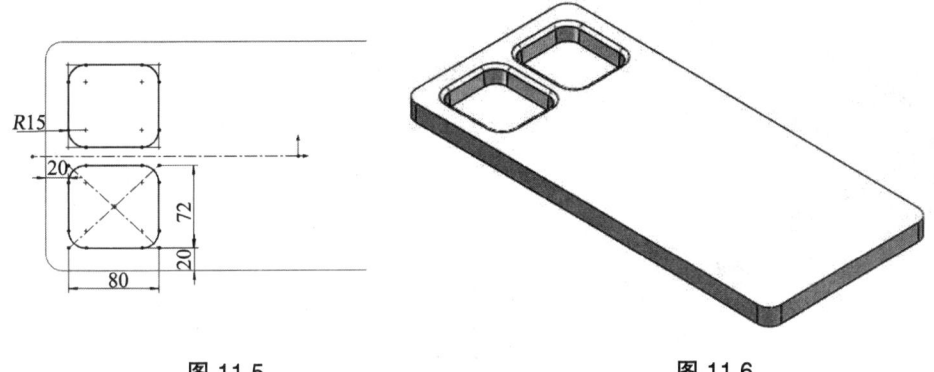

图 11.5　　　　　　　　　　　　　图 11.6

（6）拉伸切除实体。单击"特征"工具栏中的"拉伸切除"图标，方向 1 下的"给定深度"选项下"深度"一栏中输入数据 18 mm；单击"拔模开/关"中开的按钮后，在"拔模角度"一栏中输入 5°。其他按照图示默认状态，单击属性管理器中的"确定"图标 ✓。

单击"特征"工具栏中的"圆角"图标，"圆角类型"为"等半径"，"圆角项目"中半径大小为 4 mm，边线选择拉伸切除的表面边沿，其他按照图示默认状态，单击属性管理器中的"确定"图标 ✓，结果如图 11.6 所示。

（7）绘制草图。用鼠标选择搓衣板实体正表面，点击鼠标右键，在出现的快捷工具栏中选择"正视于"图标 ↧，使实体正表面正视于屏幕。单击"草图"工具栏中的"直线"命令，绘制一条折线作为扫描路径。选择工具栏中的"智能尺寸"命令，标注各部分尺寸。结果如图 11.7 所示。

用鼠标左键单击实体侧面，选择"正视于"图标 ↧。单击命令管理器中的按键"草图绘制"，进入草图编辑工作界面，绘制一个三角形，标注尺寸，作为扫描轮廓。结果如图 11.8 所示。

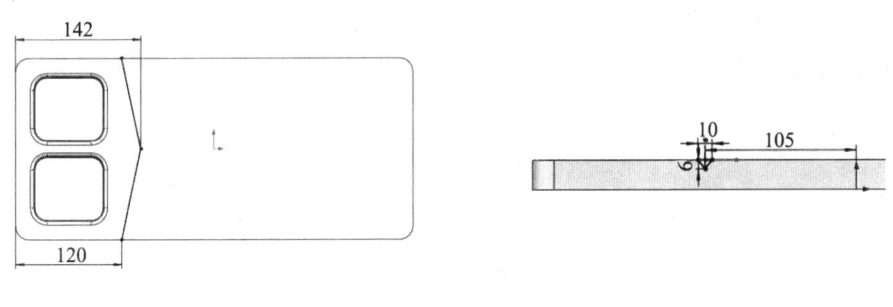

图 11.7　　　　　　　　　　　　　图 11.8

（8）扫描切除实体。单击"特征"工具栏中的"扫描切除"命令 ⌖ 扫描切除，此时系统弹出"切除-扫描"属性。在"扫描轮廓" ⌖ 一栏中，用鼠标选择正三角形；在"路径" ⌖ 一栏中，用鼠标选择折线。保持其他选项的系统默认值不变，单击"确定"图标 ✓。结果如图 11.9 所示。

（9）阵列实体。单击"特征"工具栏中的"线性阵列"，选择方向为向侧边边线，距离为 10 mm，阵列个数为 29，阵列实体为扫描切除实体，其他按照图示默认状态，单击属性管理器中的"确定"图标 ✓，结果如图 11.10 所示。

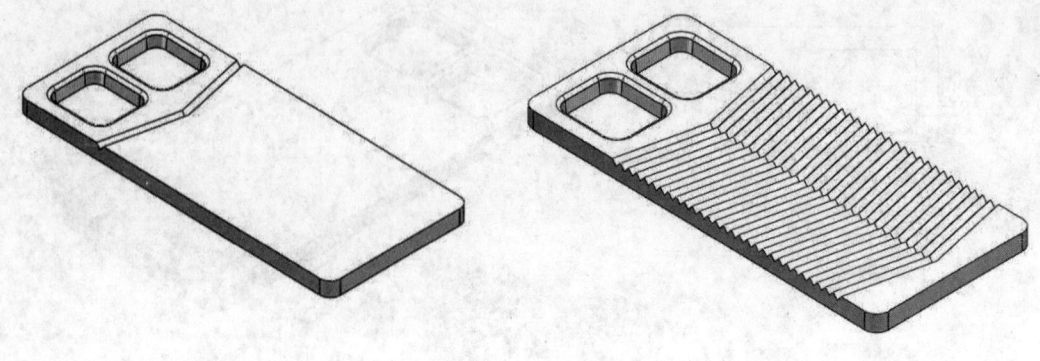

图 11.9　　　　　　　　　　　图 11.10

（10）抽壳实体。单击"特征"工具栏中的"抽壳"图标，在打开的"抽壳"属性管理器中，在"厚度"一栏中输入数值 2 mm，用鼠标选择实体的背面，单击属性管理器中的"确定"图标，结果如图 11.11 所示。

（11）圆角命令。单击"特征"工具栏中的"圆角"图标，"圆角类型"为"等半径"，"圆角项目"中半径大小为 2 mm，边线选择背面搓衣板的交线，其他按照图示默认状态，单击属性管理器中的"确定"图标，结果如图 11.12 所示。

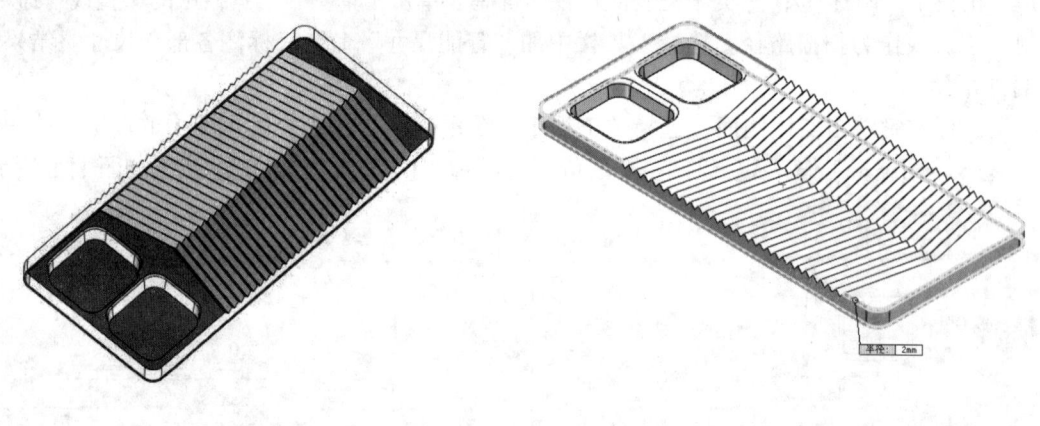

图 11.11　　　　　　　　　　　图 11.12

（12）生成基准面 1。单击"特征"工具栏中的"参考几何体"图标下的"基准面"命令，在"第一参考"中选择实体下表面，"距离"为 5 mm，选中对话框中的"反向"箭头，要生成的基准面数"选项中输入个数 1，其他为系统默认属性，然后点击"确定"图标，形成基准面 1，结果如图 11.13 所示。

（13）加强筋。点击鼠标左键使基准面 1 正视于屏幕。单击"草图"工具栏中的"直线"命令绘制如图 11.14 所示草图。选择工具中的"智能尺寸"命令，标注各部分尺寸。

选择"筋"命令，设定筋厚度为中心对称 2 mm，完成筋建模，并隐藏基准面 1，如图 11.15 所示。

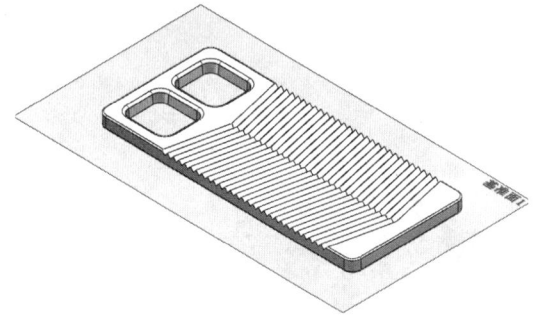
图 11.13

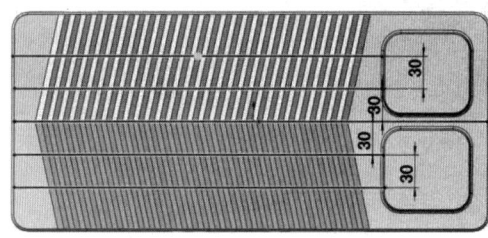
图 11.14

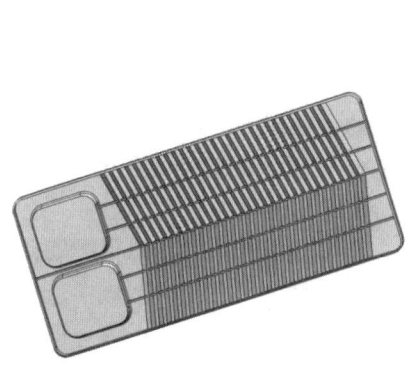

图 11.15

11.5 能力拓展

11.5.1 线性阵列命令

1. 定义

特征的线性阵列是在 1 个或者几个方向上生成多个指定的源特征。线性陈列界面如图 11.16 所示。

阵列方向：设置阵列方向，可以选择线性边线、直线、轴或者尺寸。

反向：改变阵列方向。

间距：设置阵列实例之间的间距。

实例数：设置阵列实例之间的数量。

只阵列源：只使用源特征而不复制"方向 1"选项。

组的阵列实例在"方向 2"选项组中生成的线性阵列。

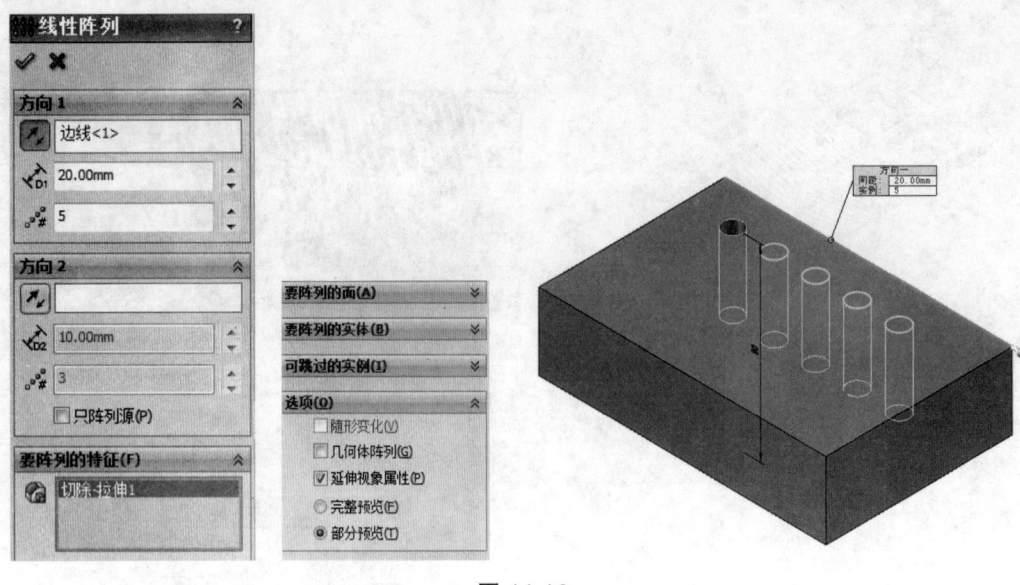

图 11.16

2. 选项组

要阵列的特征选项组。可以使用所选择的特征作为源特征以生成线性阵列。

要阵列的面选项组。可以使用构成源特征的面生成阵列。在图形区域中选择源特征的所有面,这对于只输入构成特征的面而不是特征本身的模型很有用。

要阵列的实体选项组。可以使用在多实体零件中选择的实体生成线性阵列。

可跳过的实例选项组。可以在生成线性阵列时跳过在图形区域中选择的阵列实例。

特征范围选项组。包括所有实体、所选实体,并有自动选择单选框。

选项选项组。

随形变化:允许重复时更改阵列。

几何体阵列:只使用特征的几何体生成线性阵列,而不阵列和求解特征的每个实例。

延伸视象属性:将 Solidworks 的颜色、纹理和装饰螺纹数据延伸到所有阵列实例。

3. 线性阵列命令的修改操作

如果要对制作好的草图阵列进行修改,则可以利用编辑线性草图排列和复制工具。

(1)在对话框设计树中,右击阵列草图,在弹出的快捷菜单选择"编辑草图"命令。

(2)如果要更改阵列实例的数目,利用"选择"工具选择一个实例。

(3)执行"工具"/"草图绘制工具"/"编辑线性草图排列和复制"菜单命令。

(4)在弹出的"线性草图排列和复制"对话框中更改一个方向或两个方向上的排列数目,然后单击"确定"按钮。

此外,用户还可以使用以下方法修改阵列:

(1)拖动一个阵列实例上的点或顶点。

(2)通过双击角度并在"修改"对话框中更改其数值来更改阵列的角度。

(3)添加尺寸并使用"修改"对话框更改其数值。

(4)为阵列实例添加几何关系。

（5）选择并删除单个阵列实例。

11.5.2 圆周阵列命令

1. 定义

圆周阵列是将源特征围绕指定的轴线复制多个特征。

2. 特征圆周阵列的属性设置

单击"特征"工具栏中的"圆周阵列"按钮或者选择"插入"/"阵列/镜向"/"圆周阵列"菜单命令，弹出"圆周阵列"属性管理器，如图11.17所示。

其中，阵列轴：在图形区域中选择轴、模型边线或者角度尺寸，作为生成圆周阵列所围绕的轴。

等间距：自动设置总角度为360°。

其他属性设置不再赘述。

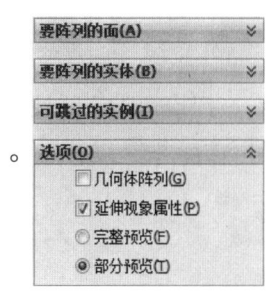 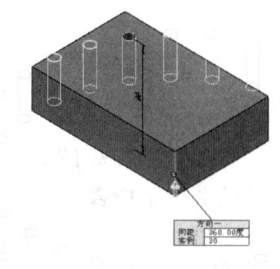

图 11.17

11.5.3 筋特征命令

1. 定义

所谓筋一般叫做加强筋，只在零件上增加强度的部分，生成筋特征之前必须先绘制一个与零件相交的草图，该草图既可以是开环的也可以是闭环的。

其实筋就是从开环或闭环绘制的轮廓所生成的特殊类型拉伸特征。它在轮廓与现有零件之间添加指定方向和厚度的材料。可使用单一或多个草图生成筋，也可以用拔模生成筋特征，或者选择一要拔模的参考轮廓。

2. 筋特征命令的操作步骤

（1）在基准面上绘制使用筋特征的轮廓，基准面可以为：与零件交叉或者与现有基准面平行或成一定角度。

（2）单击特征工具栏上的筋或单击"插入"/"特征"/"筋"。

（3）在"筋"属性管理器中，设定属性管理器选项。

（4）单击"确定"即可，生成筋。

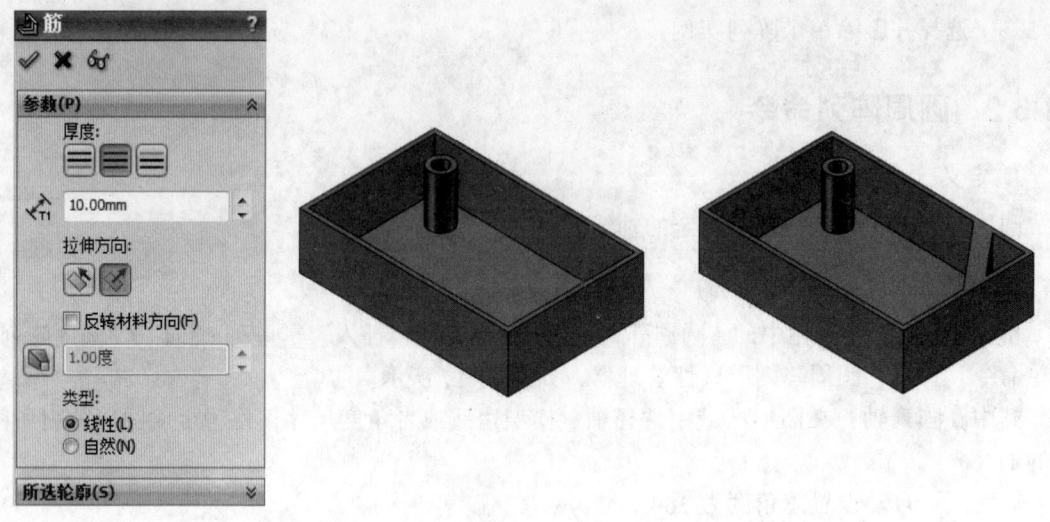

图 11.18

11.6 小结与思考

本项目主要讲述了 Solidworks 软件三维建模拉伸切除、扫描切除、线性阵列、筋命令等操作,通过本项目学习,读者能学会简单的具有阵列部件的产品建模。

经过本项目的学习,请思考以下问题:

1. 线性阵列和圆周阵列使用时的注意要点?
2. 加强筋命令适用于那些产品部件?

11.7 实战演练

应用圆周阵列特征创建如图 11.19 所示方向盘的三维模型。

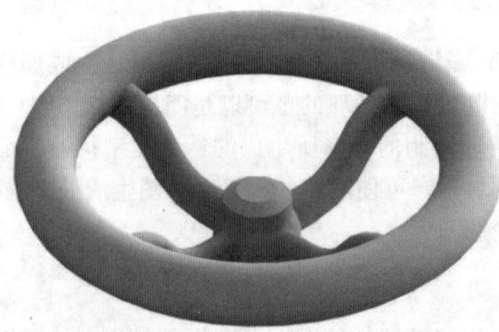

图 11.19

建模分析:

首先绘制方向盘中心轮廓图并旋转实体,然后用扫描命令完成支撑杆,最后圆形旋转出方向盘,执行圆周阵列命令完成支撑杆的复制,完成方向盘制作。绘制流程如图 11.20 所示。

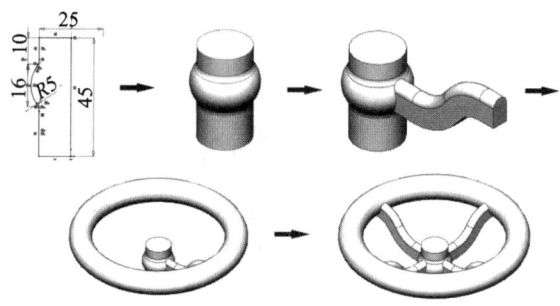

图 11.20

建模步骤如下:

(1)旋转实体。单击"特征"工具栏中的"旋转凸台/基体"图标 ,选择出现系统提示中的"是"按钮,其他按照图示默认状态,结果如图 11.21 所示。

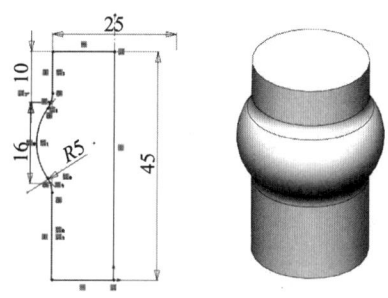

图 11.21

(2)倒角实体。单击"特征"工具栏中的"倒角"图标 ,选择中心轴上端面的边线为倒角边,倒角距离为 5 mm,角度为 30°。结果如图 11.22 所示。

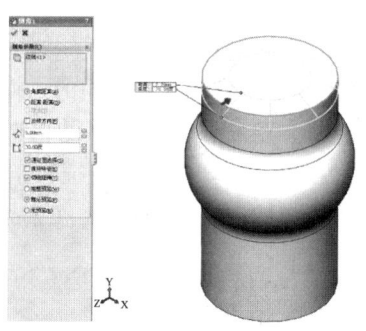

图 11.22

(3)扫描实体。选择"前视基准面",运用绘图中的"直线"命令,绘制一条弧线与直线相交的线段,作为支撑架的扫描路径,标注好尺寸,如图 11.23 所示。

单击"特征"工具栏中的"参考几何体"图标下 的"基准面"命令,在"第一参考" 中选择图 11.23 中绘制线段中远离中心点的最外端,在"第二参考" 中,选择最外端直线段,其他为系统默认属性,然后点击"确定"图标 ,形成基准面1,如图 11.24 所示。

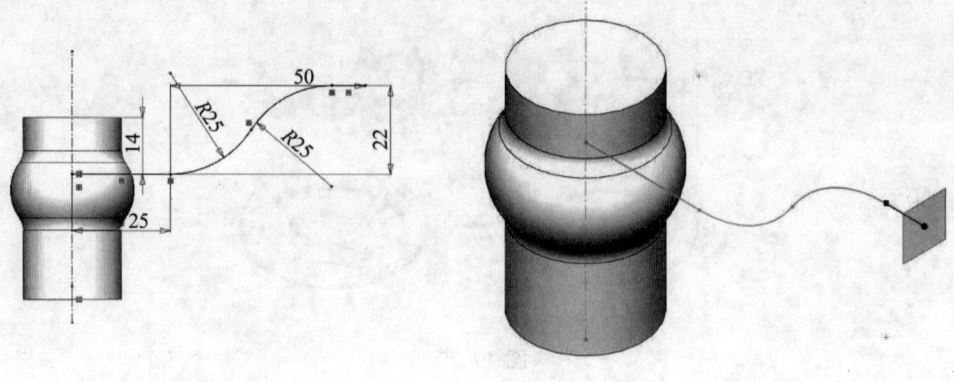

图 11.23　　　　　　　　　　　　图 11.24

选择基准面 1，绘制一条半圆中心与原点位置重合，边长分别为 8 mm、10 mm 的直线段，作为支撑架的扫描轮廓，标注好尺寸，如图 11.25 所示。

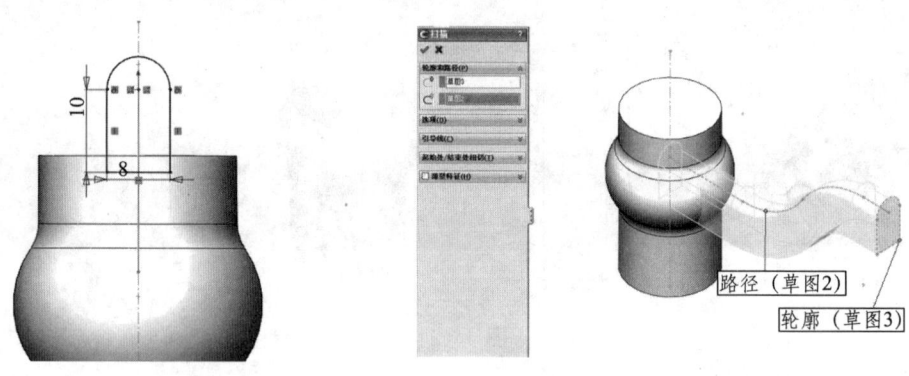

图 11.25　　　　　　　　　　　　图 11.26

单击"特征"工具栏中的"扫描"命令 ⌒扫描，在"扫描"属性栏"轮廓"选项中，用鼠标选择图 11.25 绘制出的轮廓图；在"路径"一栏中，用鼠标选择图 11.23 绘制出的线段作为路径，其他参数按照图示默认状态，单击属性管理器中的"确定"图标 ✓，如图 11.26 所示。

（4）旋转实体。选择前视基准面，绘制一条过原点的构造线，作为旋转轴；再绘制一个与支撑杆下端点重合的圆，圆直径为 22 mm。单击"特征"工具栏中的"旋转凸台/基体"图标 ，选择出现系统提示中的"是"按钮，结果如图 11.27 所示。

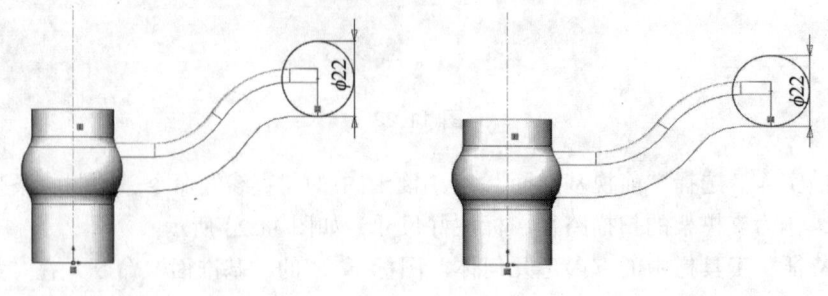

图 11.27

（5）阵列实体。单击"特征"工具栏中的"圆周阵列"图标 阵列(圆周)，选择旋转轴为基准轴 1，阵列个数为 4，阵列实体为 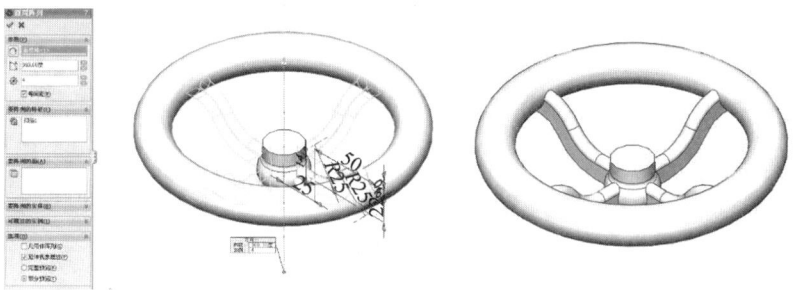，即扫描出来的第一根支撑杆，其他按照图示默认状态，单击属性管理器中的"确定"图标，结果如图 11.28 所示。

图 11.28

11.8 能力测试

请自定义尺寸，在 100 min 内完成以下 4 个项目建模。

练习图 1　方向盘

练习图 2　笔头盖

练习图 3　菊花台

练习图 4　垃圾桶

项目 12 U 盘

12.1 案例介绍

这是一款 U 盘的基础造型建模,如图 12.1 所示。

图 12.1

12.2 学习知识点

(1)分割实体命令的基本操作。
(2)组合实体命令的基本操作。

12.3 案例分析

本案例比较简单,主要使用分割命令将整体分成两部分后再开始分别建模。

采用以下建模分解思路:首先用分割命令绘制 U 盘整体,然后绘制 U 盘盖,再绘制 U 盘的主体部位。绘制流程图如图 12.2 所示。

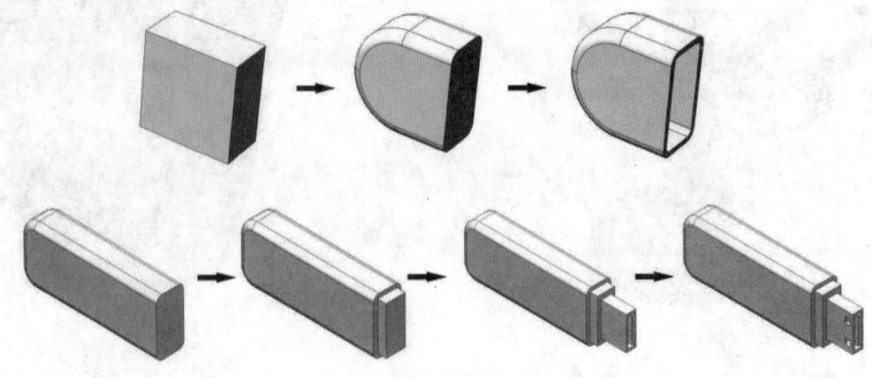

图 12.2

12.4 操作步骤

（1）新建文件。启动 Solidworks 2015，单击菜单栏中的"文件"/"新建"命令，在弹出的"新建 Solidworks 文件"对话框中选择"零件"图标，然后单击"确定"按钮，创建一个新的零件文件。

（2）绘制草图。在左侧的"FeatureManager 设计树"中，选择"前视基准面"后，点击鼠标右键，在出现的快捷工具栏中选择"正视于"图标，使前视基准面正视于屏幕。单击"草图"工具栏中的"中心矩形"图标命令，绘制一个以原点为中心的矩形，选择工具栏中的"智能尺寸"命令，标注矩形尺寸，如图 12.3 所示。

（3）拉伸实体。单击"特征"工具栏中的"拉伸凸台/基体"图标，在"凸台-拉伸"属性管理器中，在"深度"图标中输入数值 10 mm，单击属性管理器中的"确定"图标，结果如图 12.4 所示。

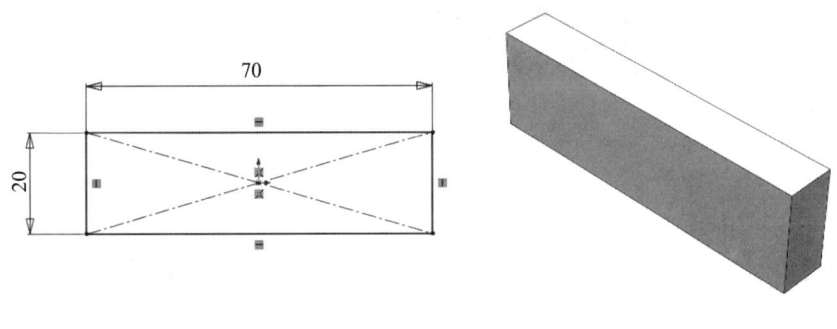

图 12.3　　　　　　　　　　　　图 12.4

（4）绘制草图。在左侧的"FeatureManager 设计树"中，选择"前视基准面"后，点击鼠标右键，在出现的快捷工具栏中选择"正视于"图标，使前视基准面正视于屏幕。单击"草图"工具栏中的"直线"命令，绘制一条直线，距离主体边缘为 20 mm，如图 12.5 所示。

（5）分割实体。单击"特征"工具栏中的"分割"图标，在打开的"分割"属性管理器中，在"剪裁工具"中选择草图 2 中绘制的直线，点击"切除零件"按键，在所产生实体下打上勾，单击属性管理器中的"确定"图标，结果如图 12.6 所示。

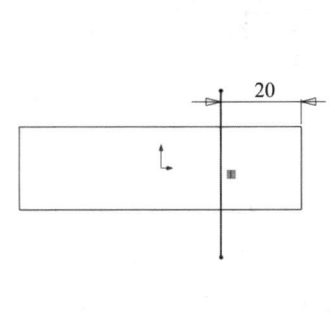 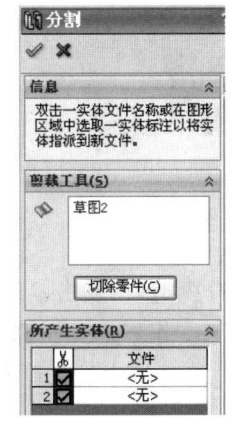 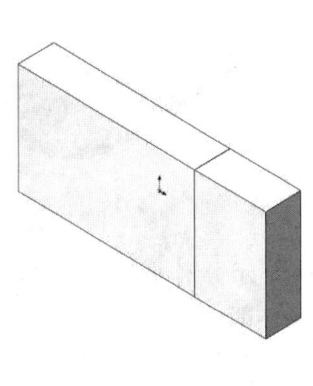

图 12.5　　　　　　　　　　　　图 12.6

（6）隐藏分割 1。选择实体"分割 1"，点击鼠标右键，关闭"显示"图标，将视图中的分割 1 实体部分隐藏起来。

（7）圆角实体。单击"特征"工具栏中的"圆角"图标，在打开的"圆角"属性管理器中，在"半径"图标中输入数值 5 mm，用鼠标选择如图 12.7 所示的边线，单击属性管理器中的"确定"图标，结果如图 12.7 所示。同理，对图 12.8 中的边线 1、2 进行圆角处理，"半径"为 2 mm，结果如图 12.9 所示。

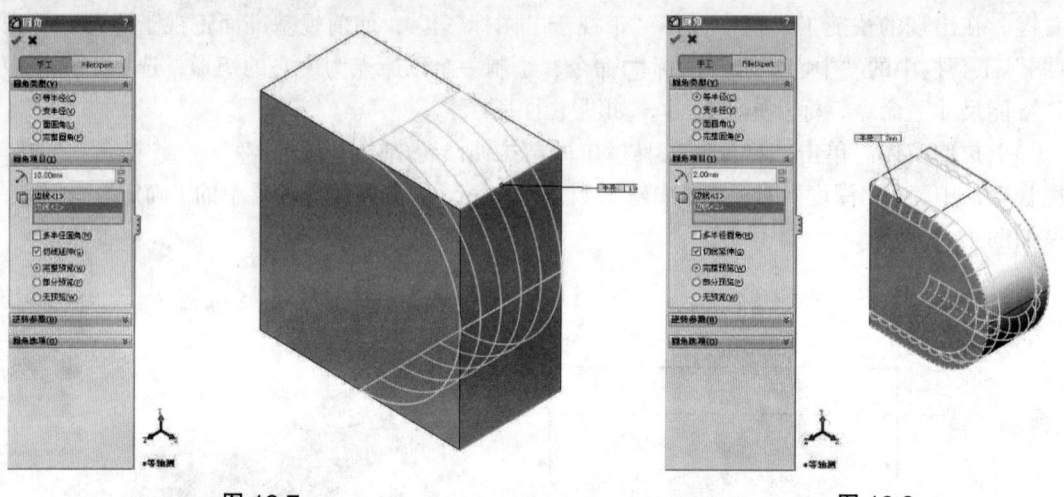

图 12.7　　　　　　　　　　　　　图 12.8

（8）抽壳实体。单击"特征"工具栏中的"抽壳"图标，在打开的"抽壳"属性管理器中，在"厚度"一栏中输入数值 1 mm，用鼠标选择实体的正面，单击属性管理器中的"确定"图标，结果如图 12.10 所示。

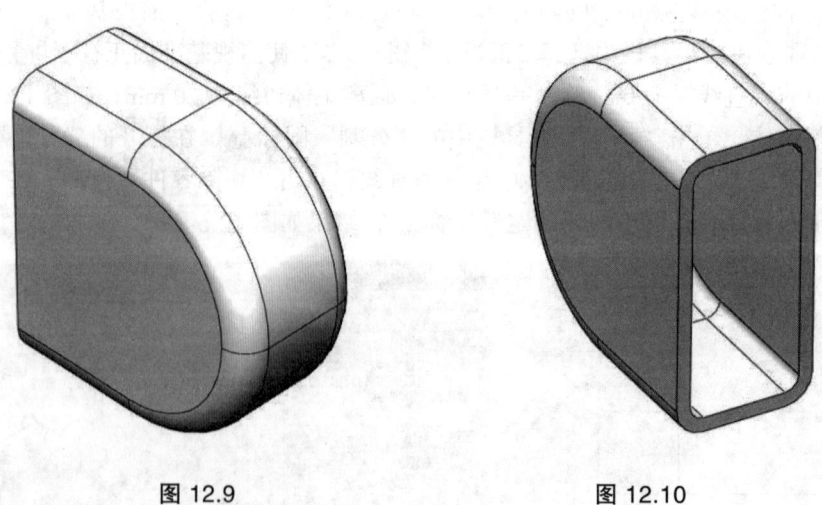

图 12.9　　　　　　　　　　　　　图 12.10

（9）显示分割 1。选择实体"分割 1"，点击鼠标右键，关闭"显示"图标，将视图中的分割 1 实体部分显示出来，将分割 2 制作好的盖子部分隐藏起来。

（10）圆角实体。单击"特征"工具栏中的"圆角"图标，在打开的"圆角"属性管理器中，在"半径"图标中输入数值 5 mm，用鼠标选择如图 12.11 所示中的边线，单击属性管理器中的"确定"图标 ✓。同理，对图 12.11 中的边线 1、2 进行圆角处理，"半径"为 2 mm，结果如图 12.11 所示。

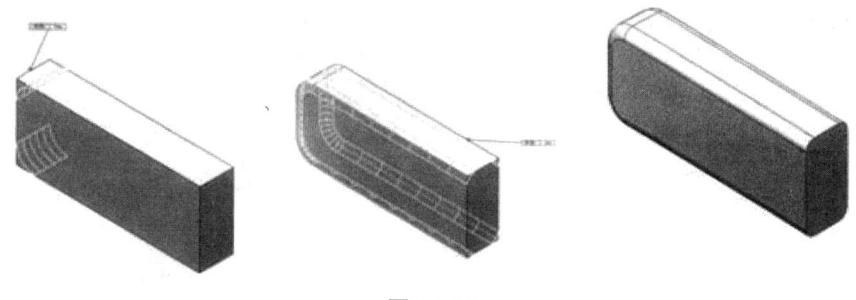

图 12.11

（11）绘制插口。选择 U 盘主体端面，点击鼠标右键，在出现的快捷工具栏中选择"正视于"图标 ↧，使其正视于屏幕。单击"草图"工具栏中的"边角矩形"图标 ▢ 命令，绘制一个矩形。选择工具栏中的"智能尺寸"命令，标注矩形各边的尺寸及其定位尺寸，结果如图 12.12 所示。

（12）拉伸实体。单击"特征"工具栏中的"拉伸凸台/基体"图标 ⬚，在"凸台-拉伸"属性管理器中，在"深度"图标 ⬚ 中输入数值 3 mm，单击属性管理器中的"确定"图标 ✓，结果如图 12.13 所示。

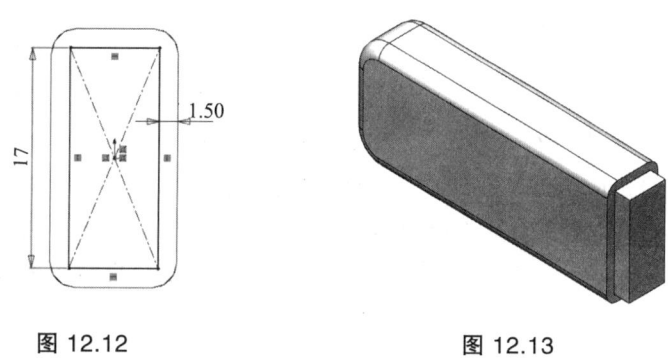

图 12.12　　　　　　图 12.13

（13）绘制插头。选择突出主体的端面，点击鼠标右键，在出现的快捷工具栏中选择"正视于"图标 ↧，使其正视于屏幕。单击"草图"工具栏中的"边角矩形"命令和"直线"命令，绘制如图 12.14 所示图形并选择工具栏中的"智能尺寸"命令，标注图形各边的尺寸及其定位尺寸。

（14）拉伸实体。单击"特征"工具栏中的"拉伸凸台/基体"图标 ⬚，在"凸台-拉伸"属性管理器中，在"深度"图标 ⬚ 中输入数值 10 mm，单击属性管理器中的"确定"图标 ✓，结果如图 12.15 所示。

（15）绘制数据口。选择突出主体的端面 1，点击鼠标右键，在出现的快捷工具栏中选择"正视于"图标 ↧，使其正视于屏幕。单击"草图"工具栏中的"边角矩形"命令，绘制图示图形，并选择工具栏中的"智能尺寸"命令，标注图形各边的尺寸及其定位尺寸，结果如图 12.16 所示。

（16）拉伸切除实体。单击"特征"工具栏中的"拉伸切除"图标 ⬚，在"拉伸-切除"

属性管理器中,在"深度"图标 中输入数值 1 mm,单击属性管理器中的"确定"图标 ,结果如图 12.17 所示。

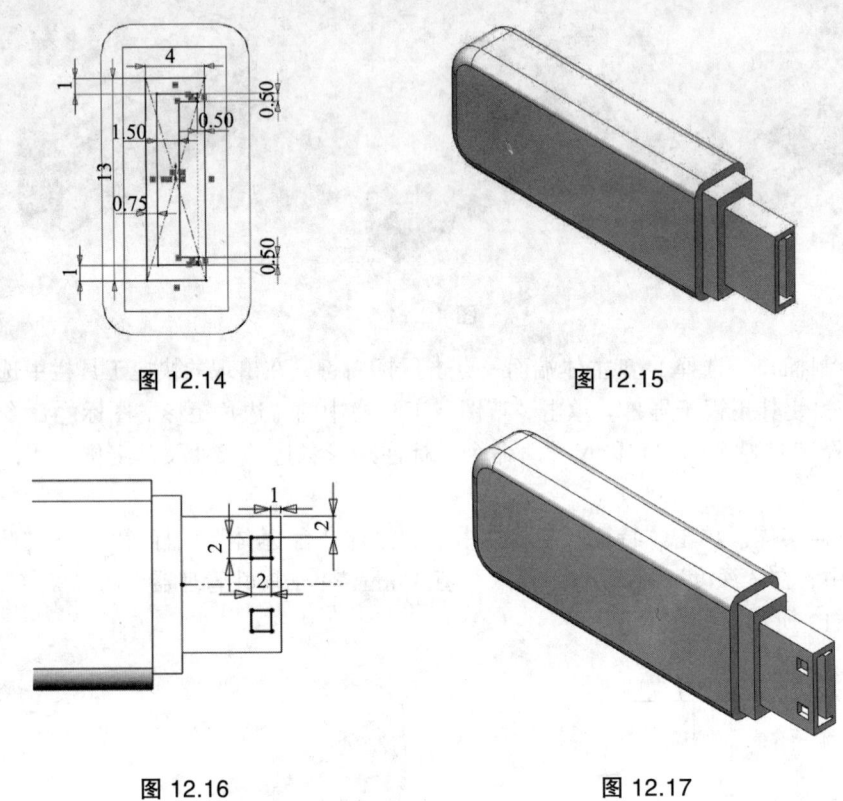

图 12.14　　　　　　　　　　　图 12.15

图 12.16　　　　　　　　　　　图 12.17

（17）绘制 U 盘侧面图形。选择突出主体的端面 1,点击鼠标右键,在出现的快捷工具栏中选择"正视于"图标 ,使其正视于屏幕。单击"草图"工具栏中的"椭圆形"命令,绘制如图 12.18 所示图形,并选择工具栏中的"智能尺寸"命令,标注图形各边的尺寸及其定位尺寸。

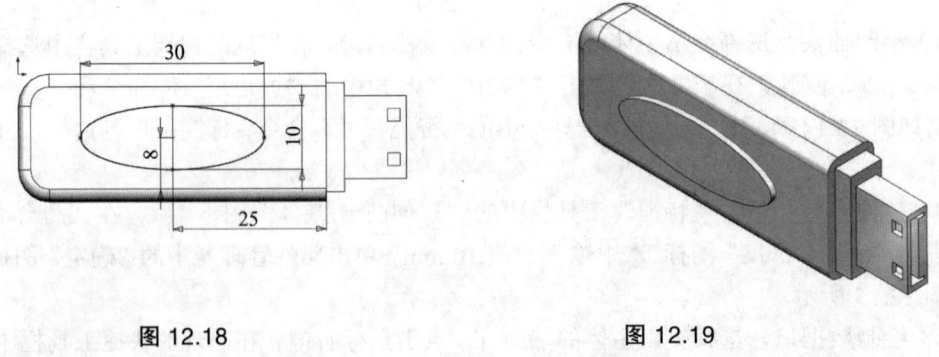

图 12.18　　　　　　　　　　　图 12.19

（18）拉伸实体。单击"特征"工具栏中的"拉伸凸台/基体"图标 ,在"凸台-拉伸"属性管理器中,在"深度"图标 中输入数值 0.5 mm,单击属性管理器中的"确定"图标 ,结果如图 12.19 所示。

（19）绘制 U 盘文字。选择突出椭圆形的端面上,点击鼠标右键,在出现的快捷工具栏中选择"正视于"图标，使其正视于屏幕。单击"草图"工具栏中的"文字"命令，绘制图示文字，并选择工具栏中的"智能尺寸"命令，标注图形各边的尺寸及其定位尺寸，结果如图 12.20 所示。

（20）拉伸实体。单击"特征"工具栏中的"拉伸凸台/基体"图标，在"凸台-拉伸"属性管理器中，在"深度"图标中输入数值 0.2 mm，单击属性管理器中的"确定"图标，结果如图 12.21 所示。

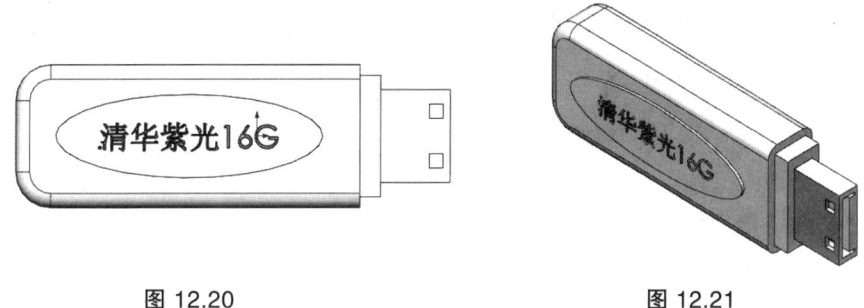

图 12.20　　　　　　　　　图 12.21

（21）显示分割 2。选择实体"分割 2"，点击鼠标右键，关闭"显示"图标，将视图中的分割 2 实体部分显示出来，如图 12.22 所示。

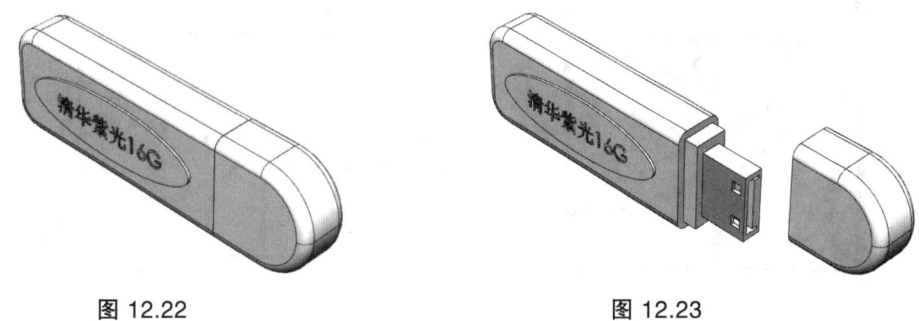

图 12.22　　　　　　　　　图 12.23

（22）移动/复制实体。单击"特征"工具栏中的"移动/复制实体"命令，在"要移动/复制的实体"属性栏中，选择分割实体，自由移动一点距离，单击属性管理器中的"确定"图标，如图 12.23 所示。

12.5　能力拓展

一般来说，作为一个单独的零件应该只包含一个实体，如果在一个零件中出现多个不连续的实体，那么零件可以称为多实体零件。在 Solidworks 零件中，用户可以使用如下 4 方法种形成多个实体。

第一种：同一零件中建立分离的拉伸凸台。
第二种：切除特征，将一个实体分成两个独立的部分。
第三种：建立切除特征时，切除特征将一个实体分开为两个不连续的部分，使用分割工具。
第四种：使用分割特征建立多实体。
Solidworks 提供了一个分割实体工具，即利用曲面、基准面或草图将实体分割为多个部分。

在零件的 FeatureManager 设计树中有一个"实体"文件夹 实体，这个文件夹中显示了零件中所包含所有实体的名称。在"实体"后面的括号中显示了该零件中包括的实体数量，如图 12.24 所示。

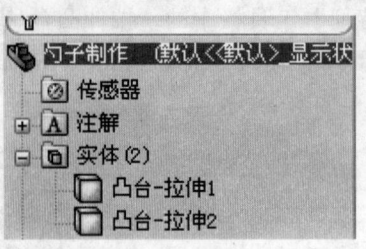

图 12.24

实体的名称是根据最后一个产生的特征（例如图 12.24 中的"拉伸 1"和"拉伸 2"），由系统自动给定的。用户也可以修改实体的名称，但如果在随后的修改中添加了其他的特征，被合并的实体名称将可能改动。

使用分割特征可从现有零件生成多个零件。可以生成单独的零件文件，并从新零件形成装配体。可将单个零件文档分割成多实体零件文档。整体与分割后示意图如图 12.25。

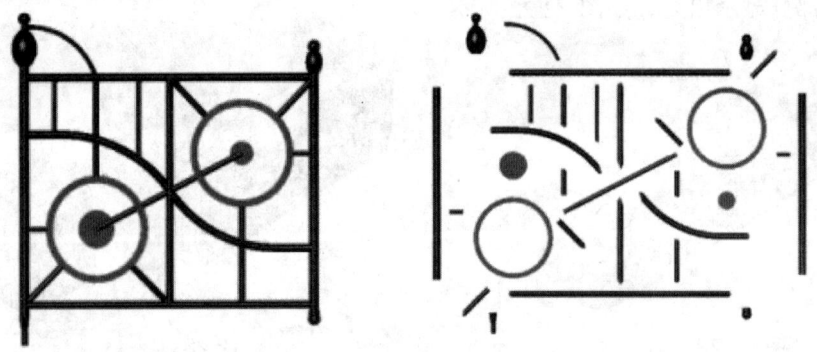

图 12.25

Solidworks 中可以通过"分割"方法得到多个相互关联的零件。

12.5.1 分割特征命令

1. 定义

为剪裁工具几何体选取草图、基准面或曲面，然后单击"切除零件"来进行分割。

2. 操作步骤

建立分割特征的操作步骤如下：

（1）单击分割 （特征工具栏）或单击"插入"/"特征"/"分割"。

（2）在 PropertyManager 中设定选项：

要使用剪裁工具分割零件，请选择剪裁曲面 ，然后单击切除零件。分割线就会出现在零件上，显示分割生成的不同实体。标注框在图形区域出现，一次最多可为 10 个实体显示。单击下 10 个或上 10 个为零件在所有标注框中滚动。

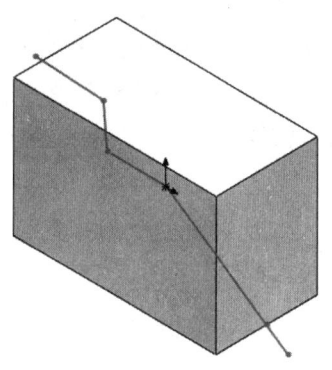 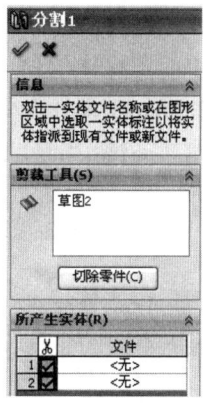

图 12.26

（3）在所产生实体下，选择 下要保存的实体，或单击自动指派名称。

所有已保存的实体将会出现在图形区域中，并列在 FeatureManager 设计树的 实体下。软件将自动命名所有实体。我们可更改名称。

（4）双击文件下面的实体名称，在对话框中为新零件键入一名称，然后单击"保存"。

新零件名称将出现在所产生实体列表中和标注框中。未保存的实体不会被分割，仍然包含原来的零件。如果在保存分割的零件后再为之消除选择复选框 ，此零件将不再保存为单独的实体，它将与原零件保留在一起。

（5）单击 。

3. 处理分割零件

（1）新零件。

新的零件是派生的，它们包含对父零件的参考。每个新零件包含一单一特征，命名为 Stock- <父零件名> - n ->。我们可以向指定的库零件、分割特征或实体重新附加派生零件。

如果我们更改原始零件的几何体，新零件将更改。如果我们更改分割特征几何体，将不会创建新的派生零件。软件将更新现有派生的零件，从而保留父子关系。

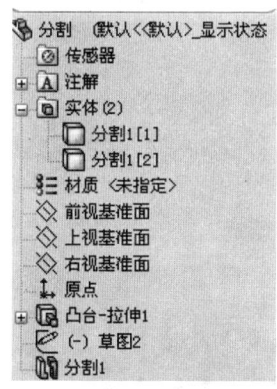 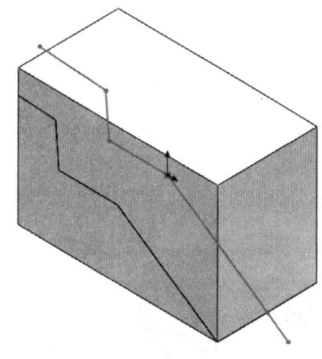

图 12.27

对于多实体零件，各种分割的零件列在 FeatureManager 设计树的 实体下。

（2）原始零件。

原始零件包含所有其原始特征加上称为分割的新特征。

如果我们在所产生实体下选择了消耗切除实体，则在图形区域中显示的实体为原始实体减去新零件。如果原始零件中的所有实体都保存为分割实体，则没有实体显示。要查看原始实体，则将 FeatureManager 设计树中的退回控制棒移至分割特征之上，或压缩分割特征。

如果我们删除原始零件中的分割特征，则新零件仍然存在，但新零件中的外部参考引用的状态为悬空。

4. 保存分割实体

我们也可在使用保存实体特征分割模型后保存实体。这将允许我们从一分割零件保存实体到不同的文件夹或以不同的名称保存到同一文件夹。我们也可从分割零件生成装配体。

5. 从多实体零件保存实体

（1）单击"插入"/"特征"/"保存实体"。

（2）在图形区域中或所产生零件的 ■ 下选择要保存的实体。标注显示多实体零件的默认路径、文件名称及位置。

（3）在所产生零件下，双击文件下的每个文件名称来打开另存为对话框。可以为每个零件选择新的位置和文件名。我们还可单击自动指派名称来选择和命名所有的实体。

（4）若想生成装配体，则在生成装配体下单击"浏览"，选择一文件夹将装配体保存为 SplitAssembl 类型（*.sldasm），并键入一文件名称。

（5）单击 ✓。

12.5.2 组合特征命令

1. 定义

在多实体零件中，运用组合命令，我们可以指定多实体零件中要添加、减除或重叠的实体。我们只能将同一个多实体零件文件中包含的各个实体进行组合，无法组合两个单独的零件。但是，我们可以使用插入零件方式创建一个多实体零件，来将一个零件放置到另一个零件文件中。然后，就能够使用多实体零件上的组合。

2. 操作方式

在多实体零件中，单击"插入"/"特征"/"组合"。

3. 操作类型

（1）添加：将所有所选实体的实体相组合以生成一单一实体，如图 12.28 所示。

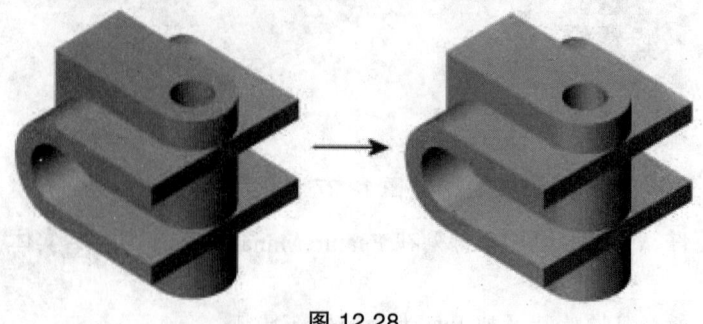

图 12.28

（2）减去：从所选主实体中移除重叠材料，如图12.29所示。

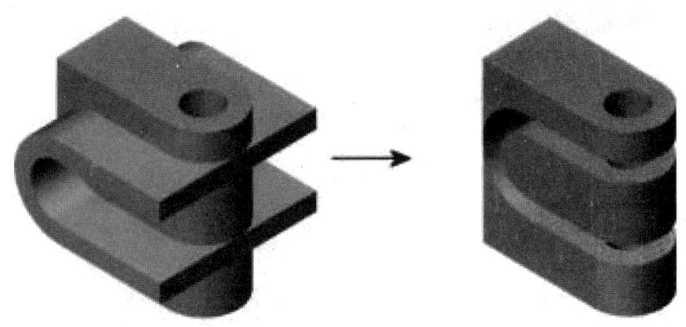

图 12.29

（3）组合：移除除了重叠以外的所有材料，如图12.30所示。

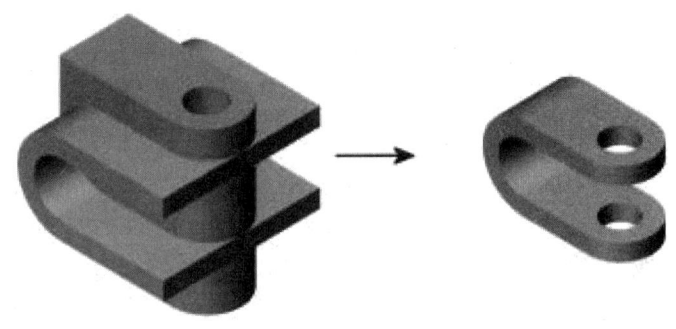

图 12.30

4. 属性

（1）要组合的实体：当操作类型为添加或共同时可用。
（2）主要实体：当操作类型为减除时可用。
（3）要减除的实体：当操作类型为减除时可用。

12.6 小结与思考

本项目主要讲述了 Solidworks 软件多实体零件的应用，以及分割命令、组合实体、移动实体命令等操作，通过本项目学习，读者应学会简单的具有分割、组合部件的产品建模。

经过本项目的学习，请思考以下问题：
1. 分割命令可以在那些零件建模时运用？
2. 组合命令的三种操作的灵活运用？

12.7 实战演练

创建如图12.31所示饭勺的三维模型。

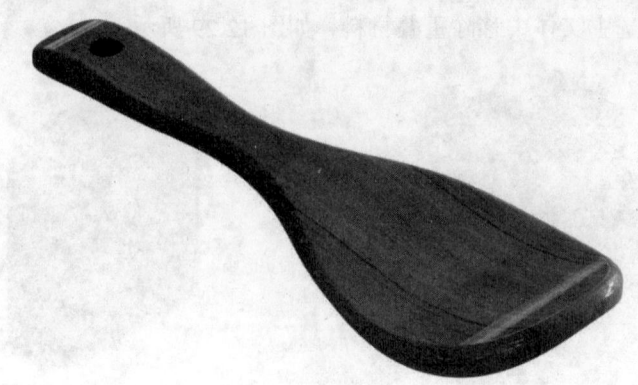

图 12.31

建模分析：

首先绘制饭勺的侧视图，通过绘制草图后拉伸实体，然后绘制饭勺的俯视图，通过绘制草图后拉伸实体，然后进行组合实体命令，完成饭勺的雏形，进行拉伸切除、圆角命令，完成饭勺实体制作。

建模步骤如下：

（1）拉伸实体1。选择"前视基准面"进行草图绘制，选择"草图图片"导入一张饭勺的侧视图，用"样条曲线"绘制一个饭勺的轮廓，形成草图1。然后单击"特征"工具栏中的"拉伸凸台/基体"图标，双向拉伸长度为460 mm，其他按照图示默认状态，结果如图12.32所示。

（2）拉伸实体2。选择"上视基准面"进行草图绘制，用"草图图片"导入一张饭勺的俯视图，用"样条曲线"绘制一个饭勺的轮廓，形成草图2。然后单击"特征"工具栏中的"拉伸凸台/基体"图标，双向拉伸长度为460 mm，其他按照图示默认状态，结果如图12.33所示。

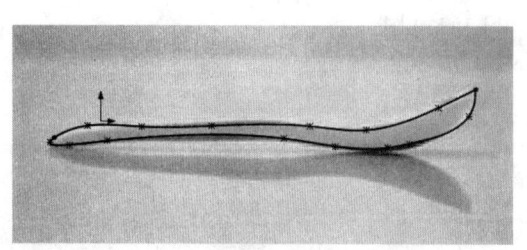 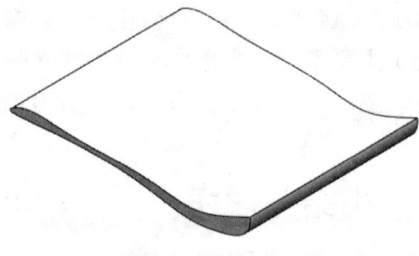

图 12.32

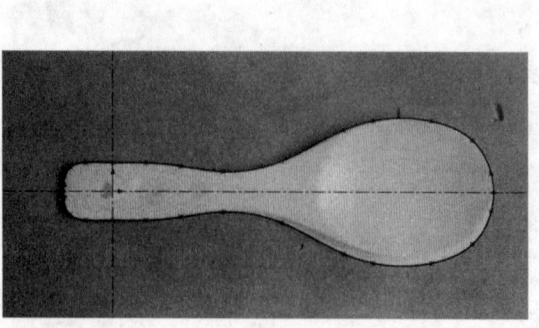 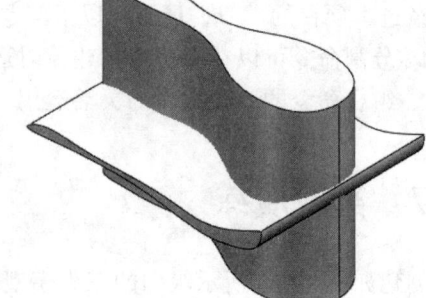

图 12.33

"操作类型"中选择"共同",要"组合的实体"选择凸台-拉伸 1 和凸台-拉伸 2,结果如图 12.34 所示。

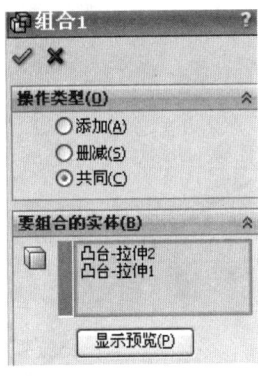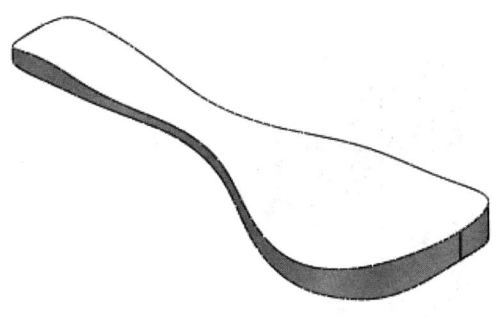

图 12.34

(3)拉伸切除实体。选择"上视基准面"进行草图绘制,绘制一个直径大小为 30 mm 的圆,形成草图 3,然后单击"特征"工具栏中的"拉伸切除"图标,双向拉伸长度为 460 mm,其他按照图示默认状态。

(4)圆角命令。选择"圆角"命令,面组 1 选择实体的顶面,然后在半径中输入"10",面组 2 选择其他的 2 个侧面,如图 12.35 所示。

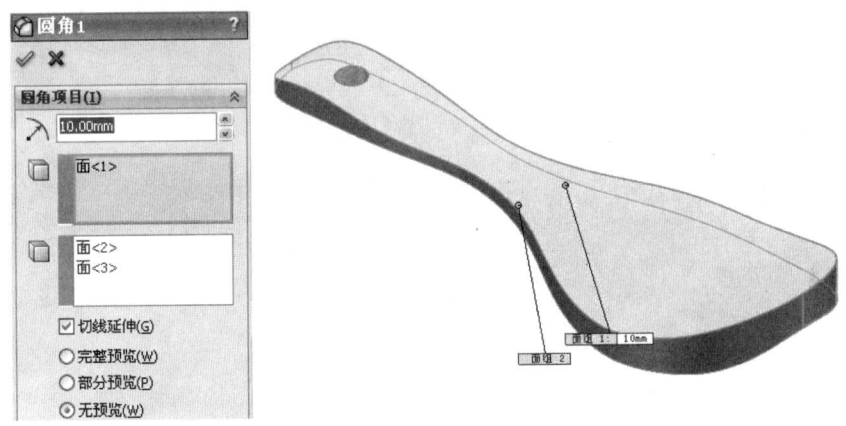

图 12.35

(5)调整视图。产品最终透视效果如图 12.36 所示。

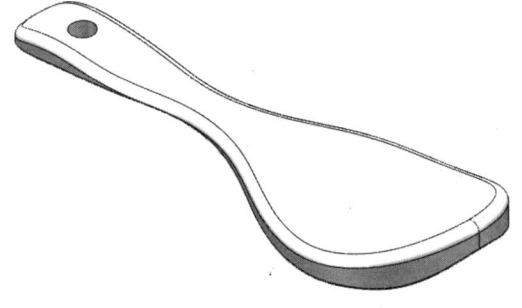

图 12.36

12.8 能力测试

请自定义尺寸，在 100 min 内完成以下 2 个项目建模。

练习图 1　锁紧件　　　　　　　　　　练习图 2　叉子

项目 13　草　帽

13.1　案例介绍

Solidworks 2015 提供了丰富的曲面工具，单击"工具"/"自定义"命令，展开工具栏标签，打开曲面特征工具栏；也可以右键单击如图 13.1（a）所示的灰色按钮"曲面"，单击"显示选项卡"，激活"曲面"选项卡，可以清楚地看到曲面工具。这是一款简单的草帽，如图 13.1（b）所示。

（a）

（b）

图 13.1

13.2　学习知识点

（1）曲面放样命令的基本操作。
（2）曲面拉伸命令的基本操作。
（3）曲面填充命令的基本操作。
（4）曲面扫描命令的基本操作。
（5）平面区域命令的基本操作。
（6）曲面加厚命令的基本操作。

13.3 案例分析

本案例主要使用曲面建模命令完成。

采用以下建模分解思路：草图轮廓——曲面放样命令——曲面拉伸——曲面旋转——曲面填充——曲面扫描——平面区域——曲面缝合——曲面加厚——完成制作。

绘制流程如图 13.2 所示。

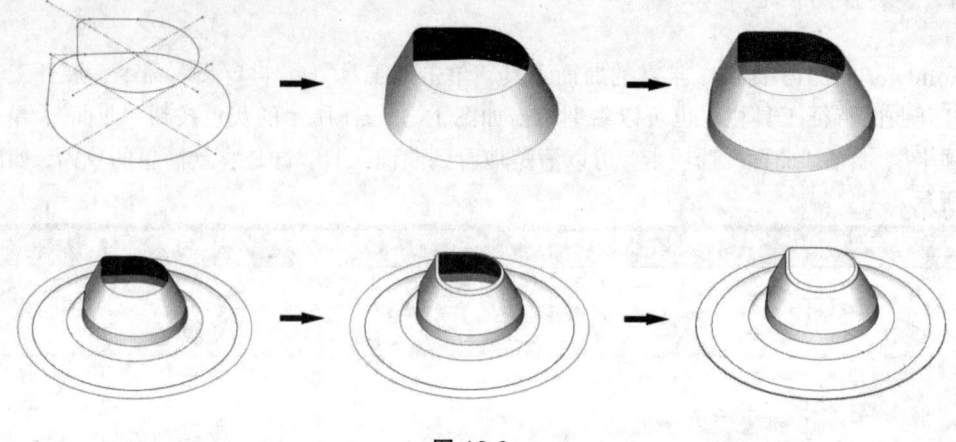

图 13.2

13.4 操作步骤

（1）新建文件。启动 Solidworks 2015，单击菜单栏中的"文件"/"新建"命令，在弹出的"新建 Solidworks 文件"对话框中选择"零件"图标，然后单击"确定"按钮，创建一个新的零件文件。

（2）生成基准面1。单击"特征"工具栏中的"参考几何体"图标下的"基准面"命令，在"第一参考"中选择上视基准面，"距离"为 100 mm，"反转"选项前面打上"√"，其他为系统默认属性，然后点击"确定"图标，形成基准面1，结果如图 13.3 所示。

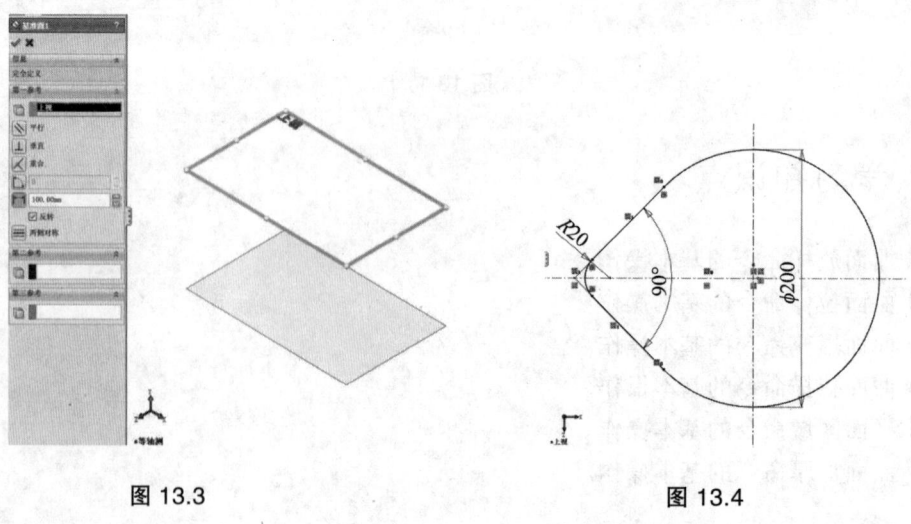

图 13.3　　　　　　　　　　　图 13.4

（3）绘制草图。在左侧的"FeatureManager 设计树"中，选择"上视基准面"后，点击鼠标右键，在出现的快捷工具栏中选择"正视于"图标↓，使上视基准面正视于屏幕。单击"草图"工具栏中的"圆""圆角""直线"命令，绘制一个草帽上边缘轮廓线，形成草图 1，尺寸如图 13.4 所示。

在左侧的"FeatureManager 设计树"中，选择"基准面 1"后，点击鼠标右键，在出现的快捷工具栏中选择"正视于"图标↓，使基准面 1 正视于屏幕。单击"草图"工具栏中的"圆""圆角""直线"命令，绘制一个草帽下边缘轮廓线，形成草图 2，尺寸如图 13.5 所示。

（4）放样曲面。单击"曲面"工具栏中的"放样曲面"命令，在"放样"属性栏"轮廓"选项中，用鼠标选择草图 1 和草图 2 图形中同一方向同一位置的点，其他参数按照图示默认状态，单击属性管理器中的"确定"图标✓，如图 13.6 所示。

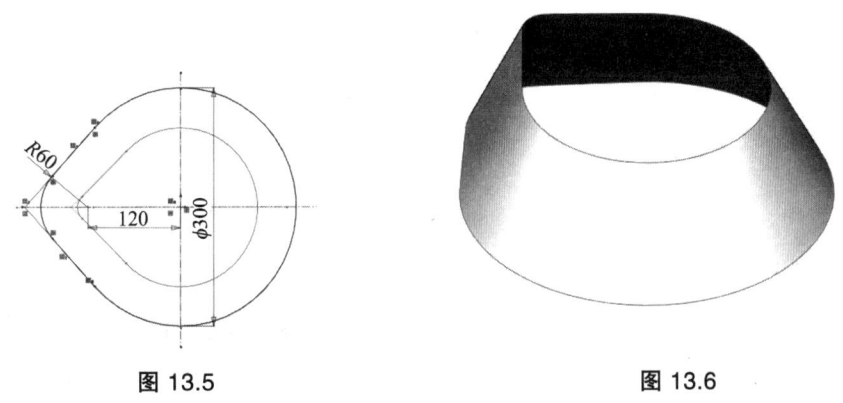

图 13.5　　　　　　　　　　图 13.6

（5）绘制草图。在左侧的"FeatureManager 设计树"中，选择"基准面 1"后，点击鼠标右键，在出现的快捷工具栏中选择"正视于"图标↓，使基准面 1 正视于屏幕。单击"草图"工具栏中的"转化实体引用"命令，在"要转换的实体"选项中选取草帽的下轮廓线，形成草图 3，尺寸如图 13.7 所示。

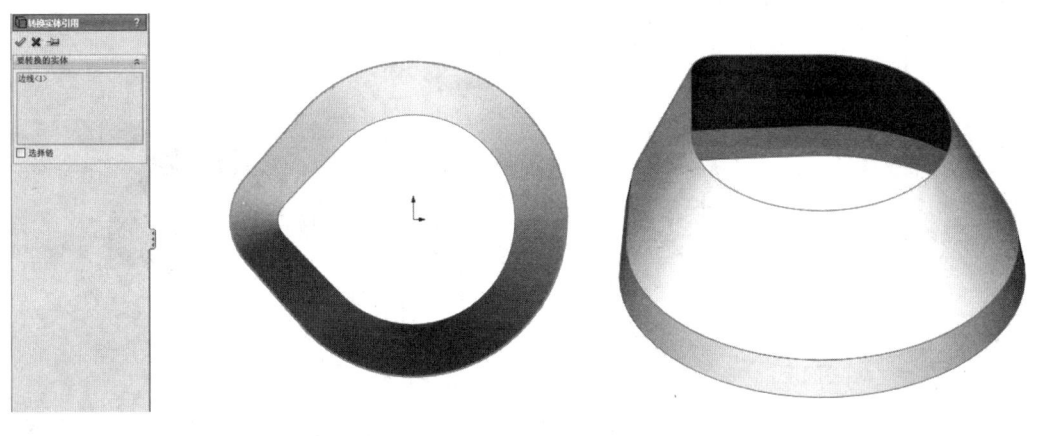

图 13.7　　　　　　　　　　图 13.8

（6）拉伸曲面。单击"曲面"工具栏中的"拉伸曲面"命令，在方向 1 下的"终止条件"选项中选择给定深度，"深度"参数输入 30 mm，拔模角度为 10°，向内拔模。其他为系统默认属性，然后点击"确定"图标 ✓，完成草帽主体制作，结果如图 13.8 所示。

（7）绘制草图。在左侧的"FeatureManager 设计树"中，选择"右视基准面"后，点击鼠标右键，在出现的快捷工具栏中选择"正视于"图标 ↥，使右视基准面正视于屏幕。单击"草图"工具栏中的"3 点圆弧"命令，绘制两个圆弧作为草帽的帽檐，形成草图 4，尺寸如图 13.9 所示。

（8）曲面旋转。单击"曲面"工具栏中的"旋转曲面 ⛃"命令，在"旋转轴"选项中选择过中心的辅助线，其他为系统默认属性，然后点击"确定"图标 ✓，形成草帽边缘，结果如图 13.10 所示。

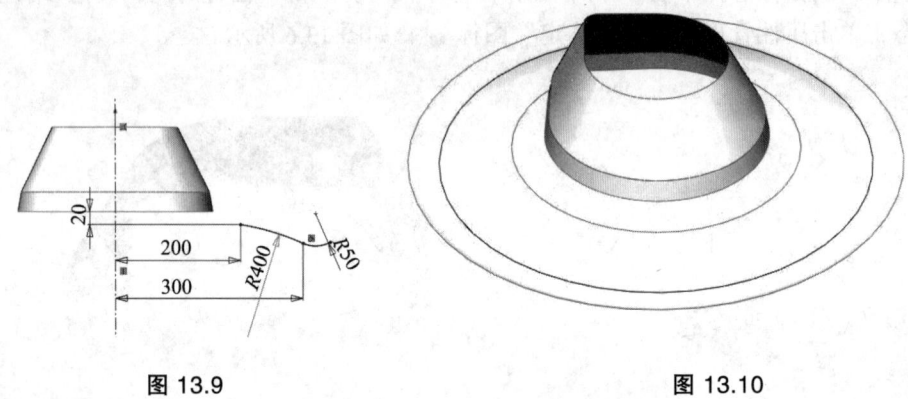

图 13.9　　　　　　　　　　　图 13.10

（9）填充曲面。单击"曲面"工具栏中的"填充曲面 ⬦"命令，在"修补边界 ⬦"选项中选择草帽主体的下边缘线和帽檐的内边缘线，其他为系统默认属性，然后点击"确定"图标 ✓，完成草帽主体与边缘的连接部分，结果如图 13.11 所示。

（10）绘制草图。在左侧的"FeatureManager 设计树"中，选择"上视基准面"后，点击鼠标右键，在出现的快捷工具栏中选择"正视于"图标 ↥，使上视基准面正视于屏幕。单击"草图"工具栏中的"转化实体引用 ⬚"命令，在"要转换的实体"选项中选取草帽的上轮廓线，形成草图 5，如图 13.12 所示。

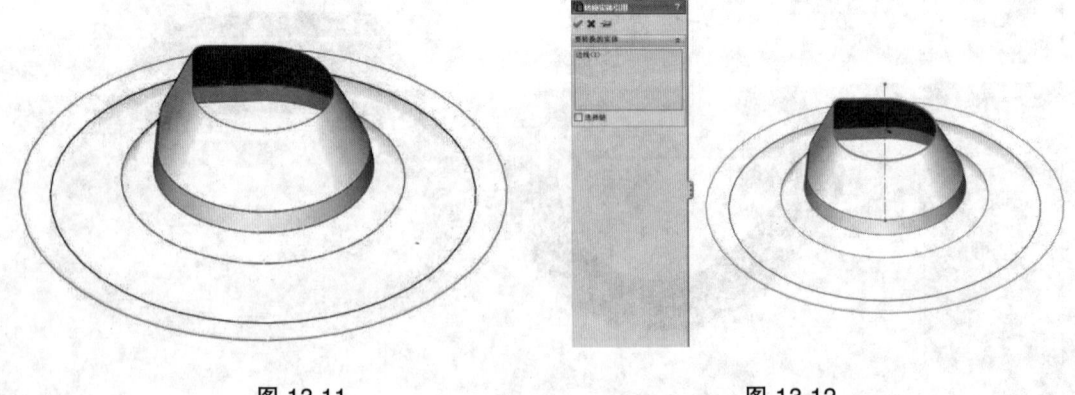

图 13.11　　　　　　　　　　　图 13.12

在左侧的"FeatureManager 设计树"中，选择"右视基准面"后，点击鼠标右键，在出现的快捷工具栏中选择"正视于"图标 ↥，使右视基准面正视于屏幕。单击"草图"工具栏中

· 152 ·

的"3点圆弧"命令,绘制一个圆弧作为草帽顶部的外边缘,形成草图 6,圆弧半径为 10 mm,如图 13.13 所示。

(11)扫描曲面。单击"曲面"工具栏中的"扫描曲面 "命令,在"轮廓"属性栏中选择草图 6,即 10 mm 的圆弧;在"路径"选项中,用鼠标选择草图 5 整个边缘线,其他参数按照图示默认状态,单击属性管理器中的"确定"图标 ,如图 13.14 所示。

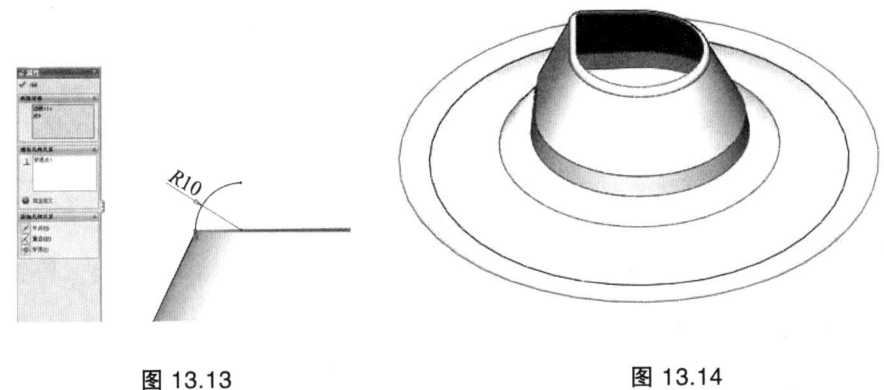

图 13.13　　　　　　　　　　　图 13.14

(12)填充顶面。单击"曲面"工具栏中的"平面区域 "命令,在"边界实体 "选项中选择草帽主体的上边缘线,然后点击"确定"图标 ,完成草帽主体与顶部的连接部分,结果如图 13.15 所示。

(13)缝合曲面。单击"曲面"工具栏中的"缝合曲面 "命令,在"要缝合的曲面和面 "选项中,选择草帽的所有面,然后点击"确定"图标 ,完成草帽各部分的连接,结果如图 13.16 所示。

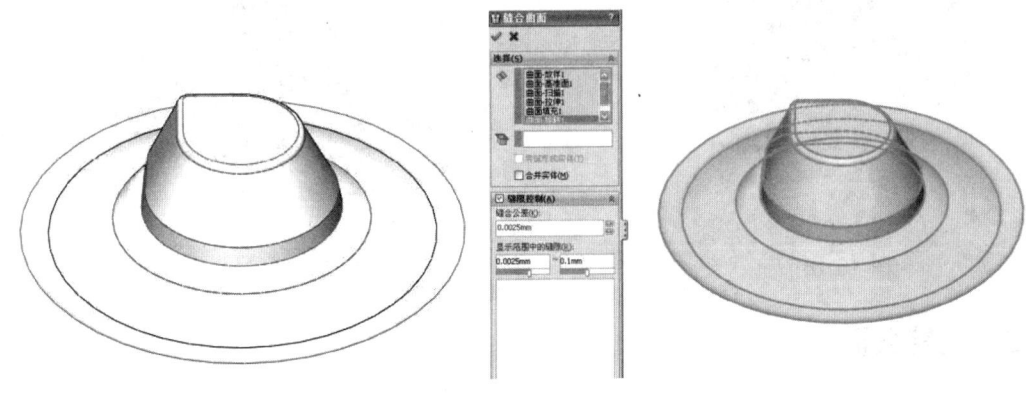

图 13.15　　　　　　　　　　　图 13.16

(14)加厚曲面。单击"曲面"工具栏中的"加厚 "命令,在"要加厚的曲面 "选项中选择整个草帽,在"厚度 "选项中,输入数值 1 mm,然后点击"确定"图标 ,形成草帽实体,结果如图 13.17 所示。

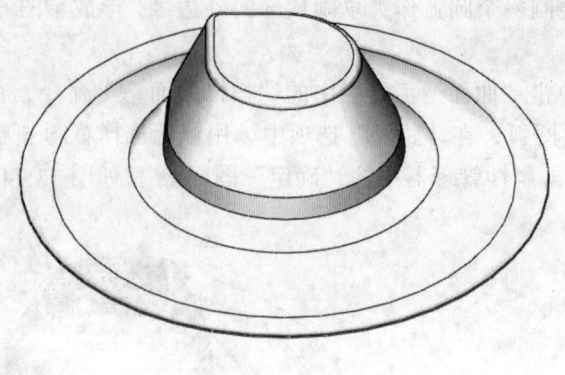

图 13.17

13.5 能力拓展

13.5.1 拉伸曲面

拉伸曲面是将草图轮廓拉伸成曲面，即由线生成面，可以是直线，也可以是曲线，如图 13.18 所示。拉伸曲面与拉伸凸台基体的参数设置基本一样，区别在于曲面生成的是面，拉伸凸台生成的是体。

图 13.18

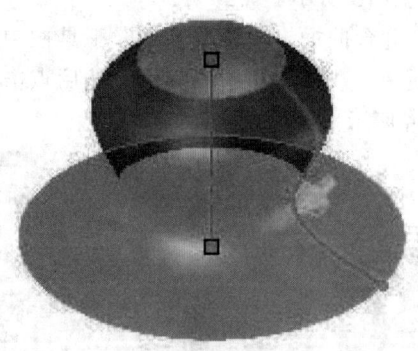
图 13.19

13.5.2 旋转曲面

旋转曲面是将草图轮廓以某个轴旋转按一定的角度生成曲面，如图 13.19 所示。曲面旋转的参数设置与前面的旋转凸台基体基本一致。

13.5.3 扫描曲面

1. 定义

扫描曲面是通过沿着一条路径移动轮廓（截面）来生成曲面。

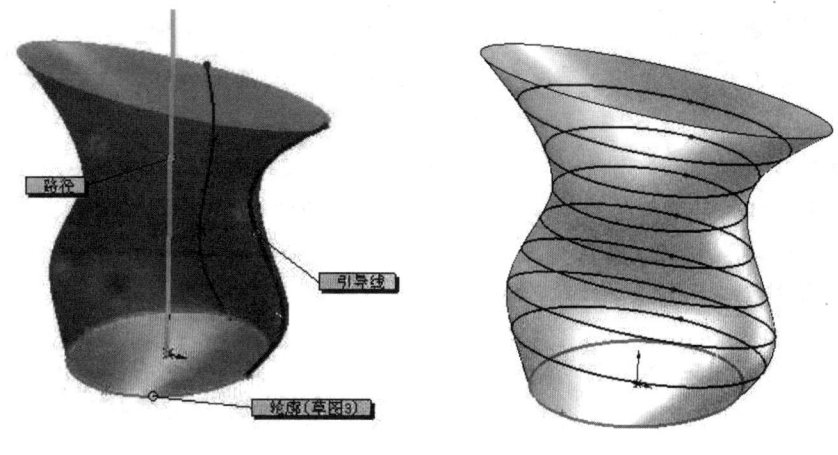

图 13.20

2. 遵循的规则

（1）轮廓可以是闭环的也可以是开环的。
（2）路径可以为开环或闭环。
（3）路径可以是一张草图、一条曲线或一组模型边线中包含的一组草图曲线。
（4）路径的起点必须位于轮廓的基准面上。
（5）不论是截面、路径或所形成的实体，都不能出现自相交叉的情况。

路径控制扫描的方向，引导线控制扫描过程中各截面的形状和尺寸。曲面的截面在扫描过程中形状随引导线的变化而变化。

扫描过程中各截面的形状和尺寸参考轮廓（启始截面），也就是说扫描过程中各截面和轮廓（启始截面）相同或者相似。比如轮廓（启始截面）是个圆，在扫描过程中各截面都是圆，不会变成椭圆或者其他形状。

注意点：穿透与重合的关系，用数学的"子集"概念来表示，如图 13.21 所示，穿透一定重合，重合不一定穿透。

重合：一个基准面的垂直投影方向上完全重叠。
穿透：三个基准面的垂直投影方向上完全重叠。

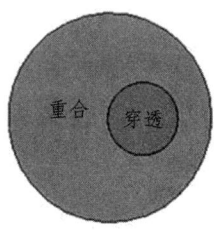

图 13.21

13.5.4 放样曲面

1. 定义

放样曲面是通过在轮廓之间进行过渡从而生成曲面。

2. 遵循的规则

（1）每个轮廓截面建立的基准面不一定要平行。

（2）可在单一 3D 草图内生成所有剖面和引导线草图。

（3）放样时候接头的控制（在放样曲面界面里面，选择轮廓，出现预览后，右击绘图区域，选择显示所有接头，可以看到接头）。接头对放样曲面的外形影响非常大，是放样中特别要注意的地方。

接头对放样曲面的外形影响示意如图 13.22 所示。

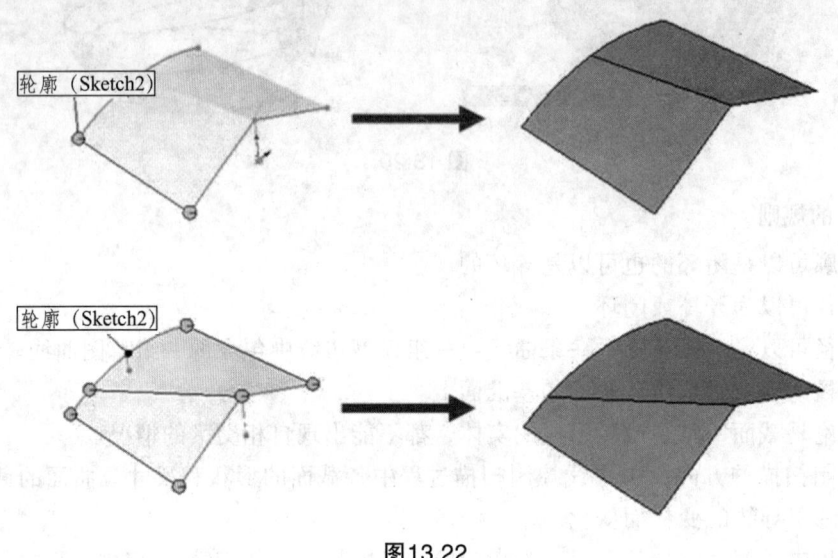

图13.22

13.5.5 等距曲面

等距曲面又可以称为复制曲面，等距一个曲面从而生成新的曲面，如图 13.23 所示，可以零距离等距。

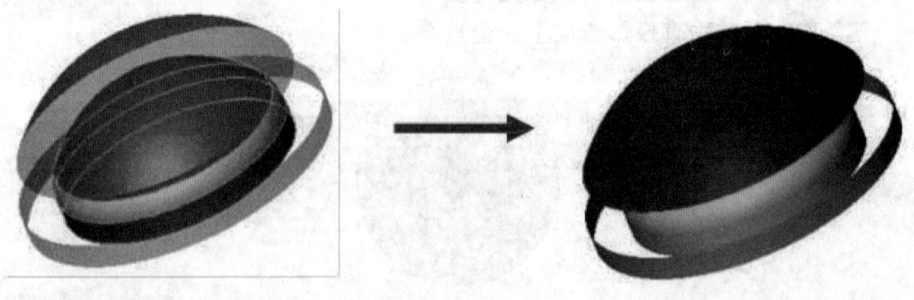

图13.23

13.5.6 平面区域

平面区域是由一个 2D 草图或者由零件上的一个封闭环（必须在同一个平面上）生成一个有限边界组成的平面表面，如图 13.24 所示。

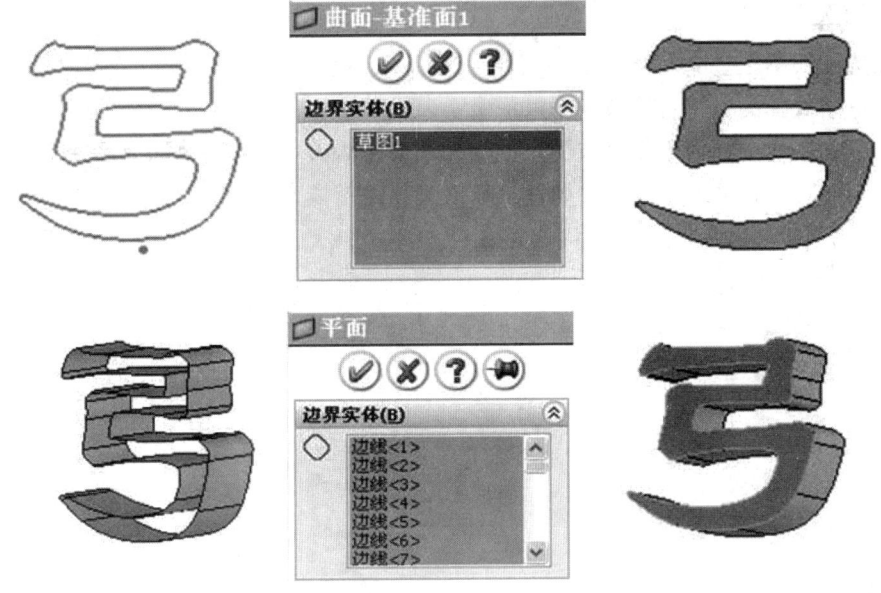

图 13.24

13.5.7 延伸曲面

1. 定义

延伸曲面是通过选择一条边线、多条边线，或一个面来延伸曲面，示意如图 13.25（a）所示。

2. 延伸类型

延伸类型如图 13.25（b）所示。

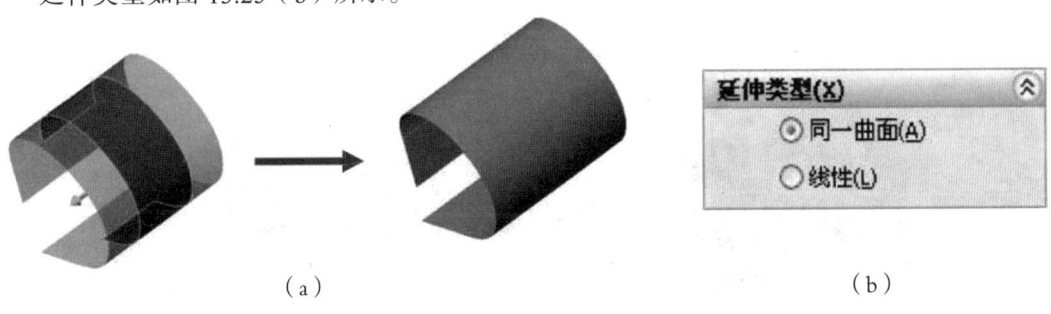

（a） （b）

图 13.25

同一曲面：沿曲面的几何体延伸曲面。
线性：沿边线相切于原有曲面来延伸曲面。

13.5.8 删除面

1. 定义

删除面可以从实体删除所选面。

2. 删除面选项

删除面选项如图 13.26 所示，其中：

删除下：所选择的面将直接被删除，留出空白。

删除并修补：所选择面不仅会被删除，软件还会自动沿着边界将删除面修复。

删除并填补：所选曲面被删除，软件自动沿边界镜像填充。

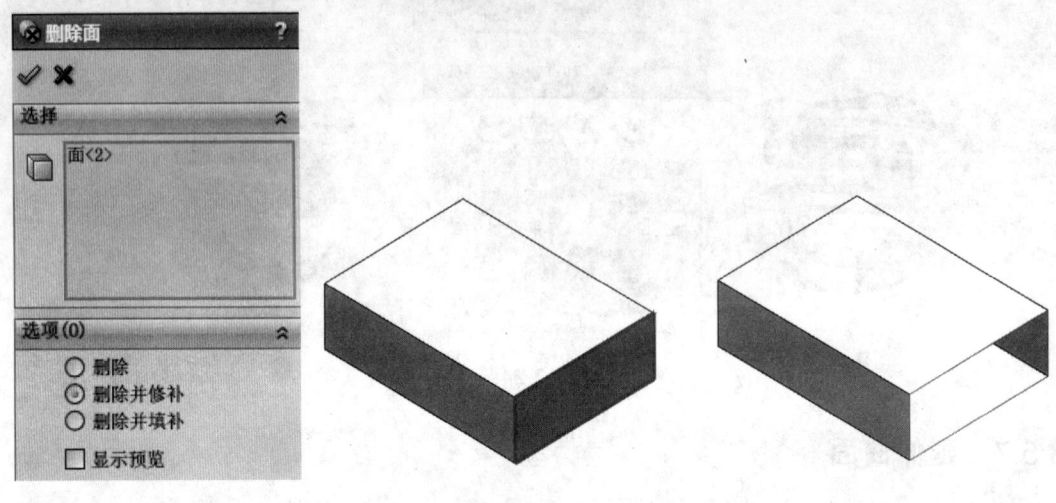

图 13.26

13.5.9 替换面

替换面可以用曲面来替换实体中的面或曲面。图 13.27 就是通过上、下的曲面替换了原有物体的表面。

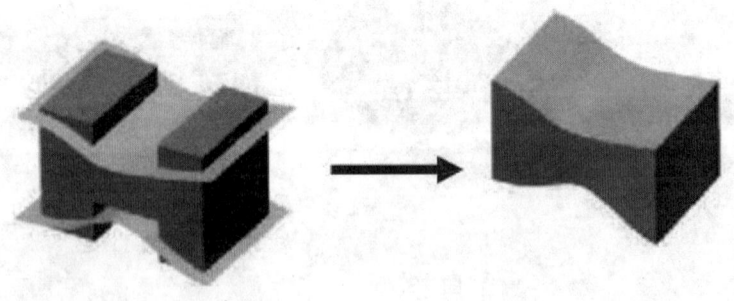

图 13.27

13.5.10 填充曲面

填充曲面又称修补曲面。填充曲面是以现有草图、特征边线或曲面为边界来生成曲面，如图 13.28 所示。这些边线可以位于同一平面，也可以是不同平面。需要注意边界条件和辅助面的边界与相邻面的过度情况。

填充界面还有个约束选项,可以选择约束线或者约束点来作为约束,可以控制填充面内部的形状或者走势。

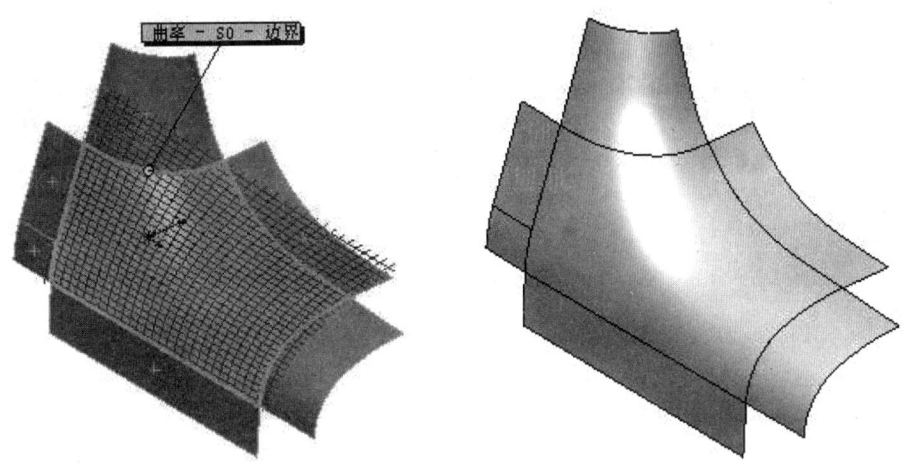

图 13.28

13.5.11 边界曲面

边界曲面:它的走势和放样一样,可以理解为两个方向上的放样,方便改变曲面的形状和边界的约束条件,如图 13.29 所示。

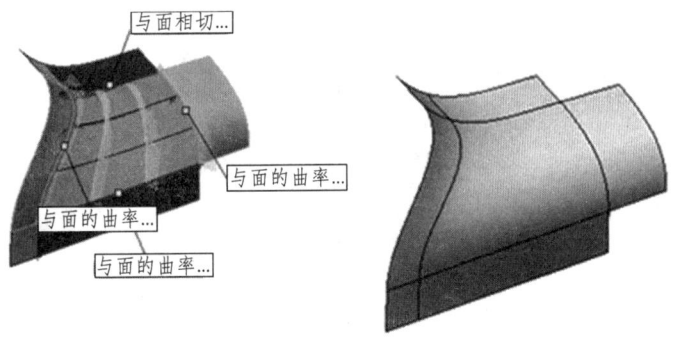

图 13.29

13.5.12 缝合曲面

1. 定义

缝合曲面是将两个或多个面组合成一个面。

2. 操作步骤

单击"插入"/"曲面"/"缝合曲面",得到如图 13.30 所示对话框。依次选中待缝合面并确定。如果想用闭合的曲面生成一实体模型,选择尝试形成实体。

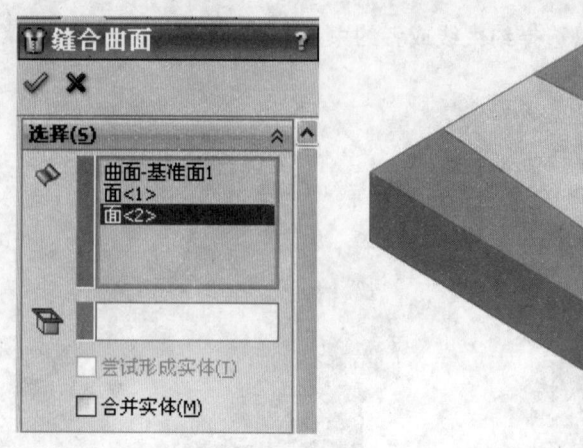

图 13.30

13.5.13 加厚曲面

1. 定义

加厚曲面是通过加厚曲面来生成实体特征。

2. 操作步骤

单击"插入"/"凸台/基体"/"加厚",出现如图 13.31 所示对话框,选中待加厚面,确定加厚侧面、厚度即可。

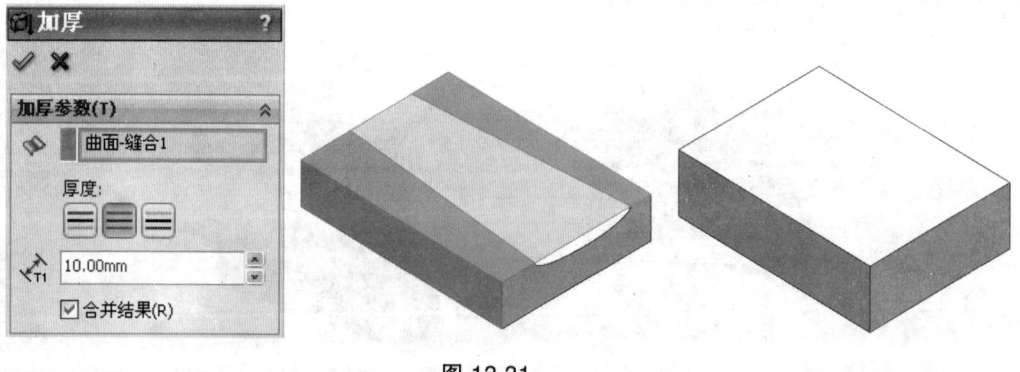

图 13.31

13.6 小结与思考

本项目主要讲述了 Solidworks 软件三维曲面建模的基本操作和基本思想,并且通过案例展示了曲面拉伸、曲面放样、曲面填充等命令,通过本项目学习,读者能学会简单的三维曲面产品建模。

经过本项目的学习,请思考以下问题:

1. 曲面建模特征命令与实体特征建模命令的相同点与不同点?
2. 曲面建模与实体建模如何在建模时灵活运用?
3. 曲面建模的优势?

13.7 实战演练

应用曲面特征命令创建如图 13.32 所示的墨水瓶的三维模型。

图 13.32

建模分析：

首先执行曲面放样完成墨水瓶的主体部分，然后执行放样曲面、旋转曲面命令绘制出墨水瓶上下端面，继续执行拉伸曲面、缝合曲面、加厚等命令完成墨水瓶整体，最后执行旋转实体、扫描实体命令，完成立体墨水瓶的制作，如图 13.33 所示。

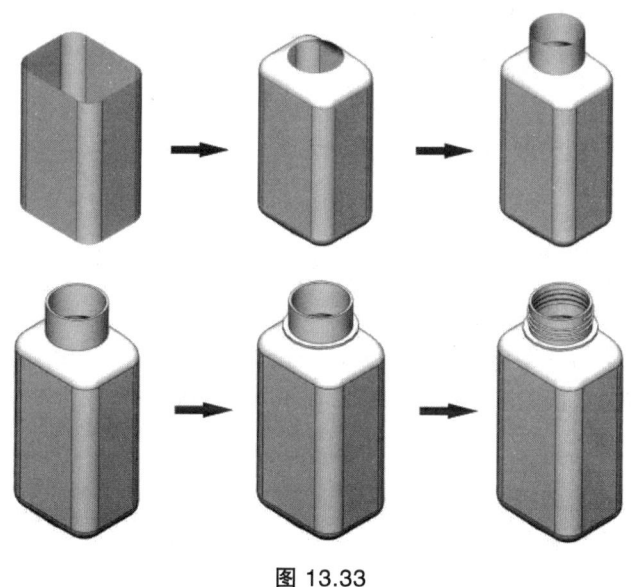

图 13.33

建模步骤如下：

（1）拉伸曲面。选择"上视基准面"后，单击"草图"工具栏中的"中心矩形"命令，绘制一个以原点为中心的矩形，形成草图 1，单击"曲面"工具栏中的"拉伸曲面" 命令，在方向 1 下的"终止条件"选项中选择给定深度，"深度" 参数输入 160 mm，完成墨水瓶主体制作，结果如图 13.34 所示。

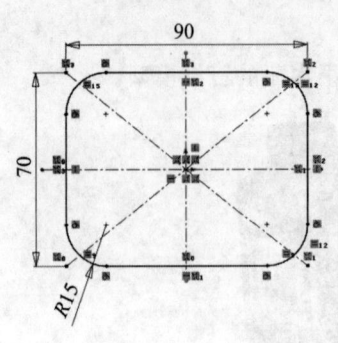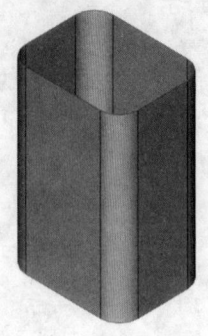

图 13.34

（2）放样曲面。以上视基准面为第一参考，"距离"为 15 m，反转，形成基准面 1；在基准面 1 上，绘制一个以原点为中心的圆，直径为 52 mm，形成草图 2，如图 13.35 所示。在"上视基准面"上，单击"草图"工具栏中的"转化实体引用"命令，在"要转换的实体"选项中选取墨水瓶的下轮廓线，形成草图 3。

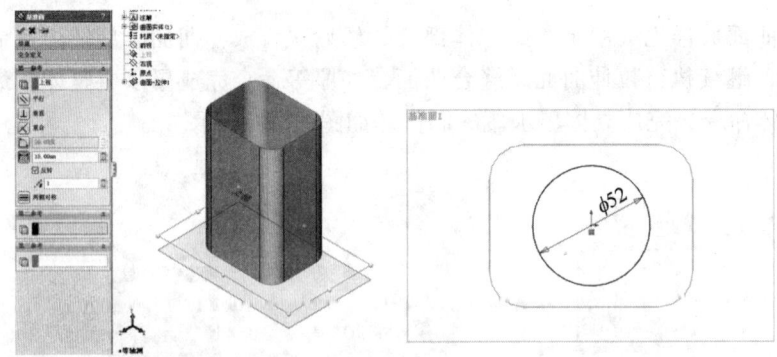

图 13.35

单击"曲面"工具栏中的"放样曲面"命令，在"放样"属性栏中，"轮廓"选项中，用鼠标选择草图 2 和草图 3 图形中同一方向同一位置的点，在"起始/结束约束"选项下，选择垂直于轮廓，其他参数按照图示默认状态，完成放样曲面命令，如图 13.36 所示。

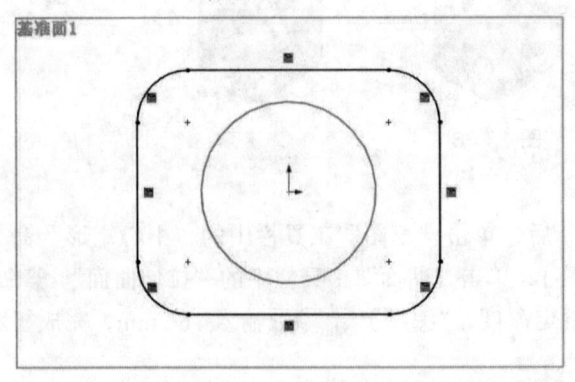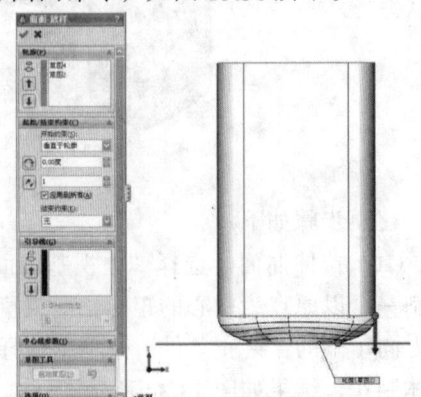

图 13.36

（3）曲面旋转。在"前视基准面"上，单击"草图"工具栏中的"3点圆弧"命令，绘制一条与底面相交的圆弧，圆弧半径为10 mm，形成草图4，如图13.37所示。

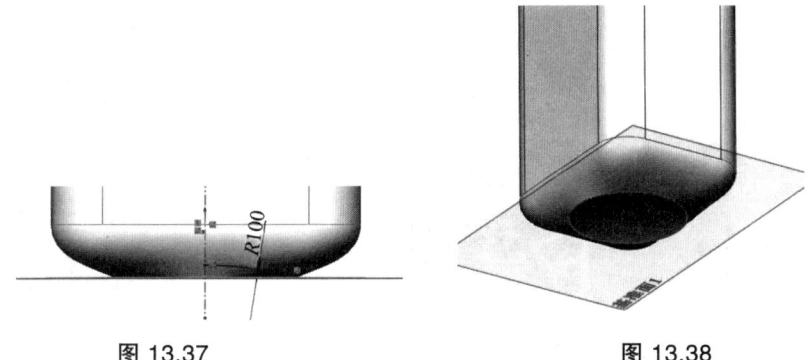

图 13.37　　　　　　　　　　图 13.38

单击"曲面"工具栏中的"旋转曲面" 命令，在"旋转轴"选项中选择过中心的辅助线，其他为系统默认属性，然后点击"确定"图标 ，形成墨水瓶底部边缘，结果如图13.38所示。

（4）放样草图。以上视基准面为第一参考，距离为140 m，形成基准面2；再次以上视基准面为第一参考，距离为160 m，形成基准面3，结果如图13.39所示。

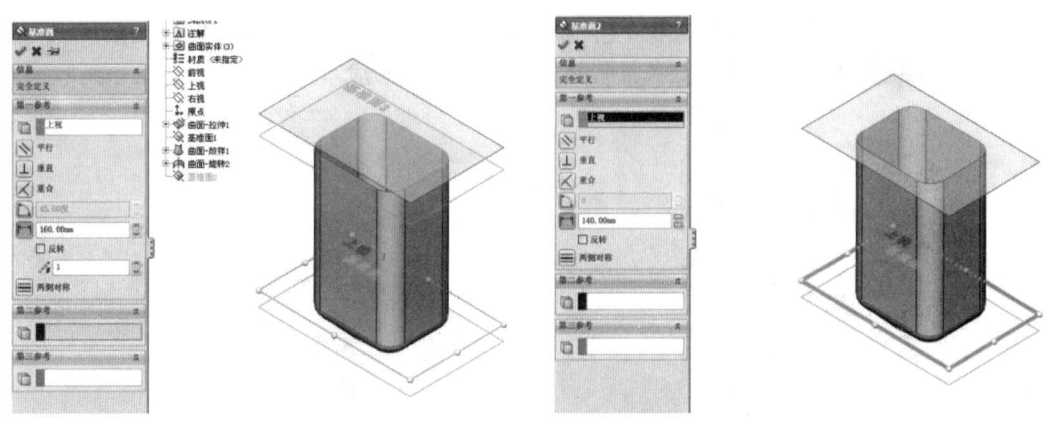

图 13.39

在"基准面2"上，单击"草图"工具栏中的"转化实体引用" 命令，在"要转换的实体"选项中选取墨水瓶瓶身的上轮廓线，形成草图5，如图13.40所示。

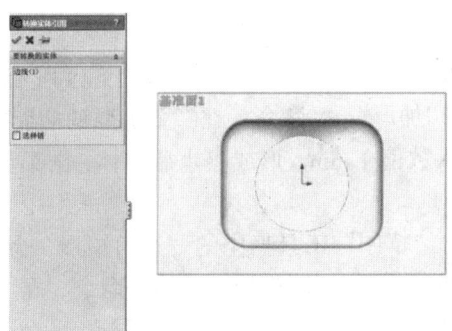
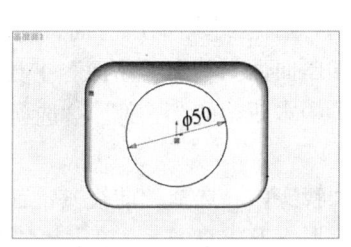

图 13.40　　　　　　　　　　图 13.41

在"基准面3"上,单击"草图"工具栏中的"圆"命令,绘制一个以原点为中心的圆,圆直径为50 mm,形成草图6,如图13.41所示。

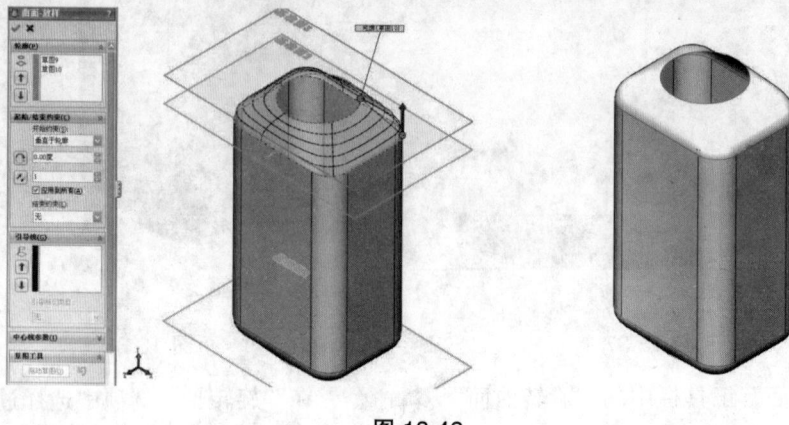

图 13.42

单击"曲面"工具栏中的"放样曲面"命令 ,在"放样"属性栏"轮廓"选项中,用鼠标选择草图5和草图6图形中同一方向同一位置的点,在"起始/结束约束"选项下,选择垂直于轮廓,如图13.42所示。

(5)拉伸曲面。选择"基准面3",单击"草图"工具栏中的"转化实体引用" 命令,在"要转换的实体"选项中选取墨水瓶瓶颈的上轮廓线,形成草图7,如图13.43所示。

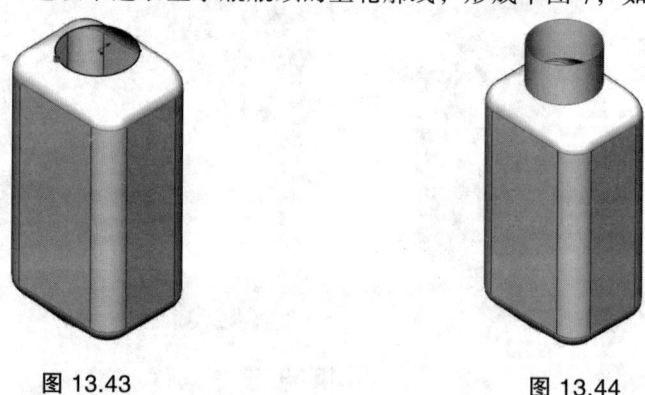

图 13.43   图 13.44

单击"曲面"工具栏中的"拉伸曲面" 命令,在方向1下的"终止条件"选项中选择给定深度,"深度" 参数输入 30 mm。完成墨水瓶瓶身颈部制作,结果如图13.44所示。

(6)缝合曲面。单击"曲面"工具栏中的"缝合曲面" 命令,在"要缝合的曲面和面" 选项中,选择墨水瓶的所有面,完成墨水瓶各部分的连接,结果如图13.45所示。

(7)加厚曲面。单击"曲面"工具栏中的"加厚" 命令,在"要加厚的曲面" 选项中选择整个墨水瓶,在"厚度" 选项中,输入数值1 mm,形成墨水瓶实体,结果如图13.46所示。

(8)旋转实体。选择"前视基准面",单击"草图"工具栏中的"边角矩形"命令,绘制一个边角矩形,形成草图8,单击"特征"工具栏中的"旋转凸台/基体"命令,在"旋转轴"选项中选择过中心的辅助线,其他为系统默认属性,然后点击"确定"图标 ,形成墨水瓶颈部边线,结果如图13.47所示。

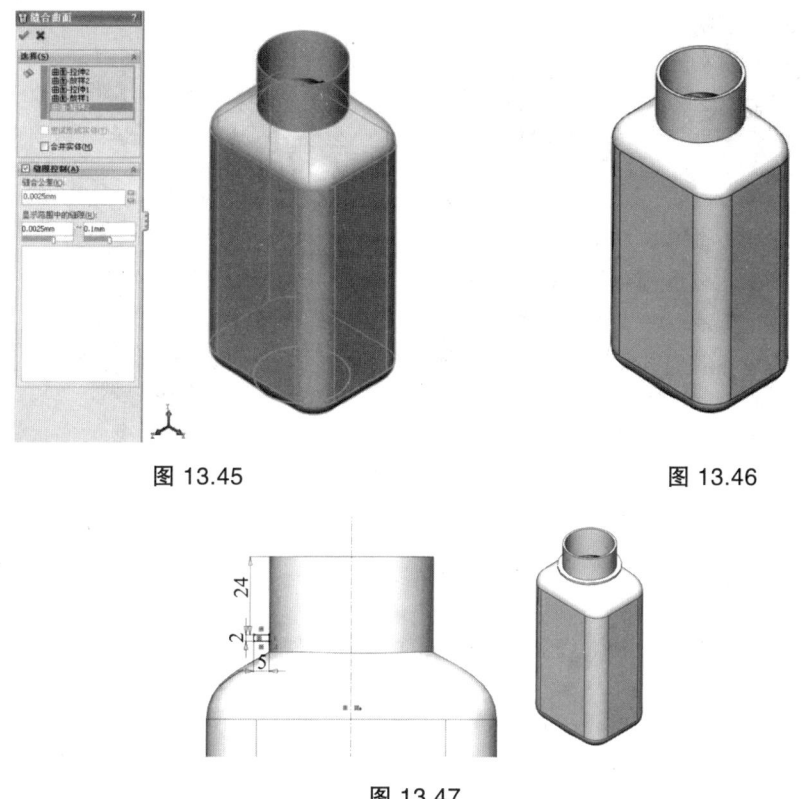

图 13.45　　　　　　　　　　　　　　图 13.46

图 13.47

（9）扫描实体。以上视基准面为第一参考，距离为 170 m，形成基准面 4；在基准面 4 上绘制一个直径为 50 mm 的圆，形成草图 9，单击"特征"工具栏中的"曲线"图标下的 螺旋线/涡状线 命令，在其属性管理器中设置参数，"定义方式"为"高度和圈数"，"高度"为 15 mm，"圈数"为 3，"起始角度"为 90°，结果如图 13.48 所示。

在"右视基准面"中，单击"草图"工具栏中的"多边形"命令，以螺旋线右上端点为圆心，绘制一个边长为 4 mm 的三角形，如图 13.49 所示。

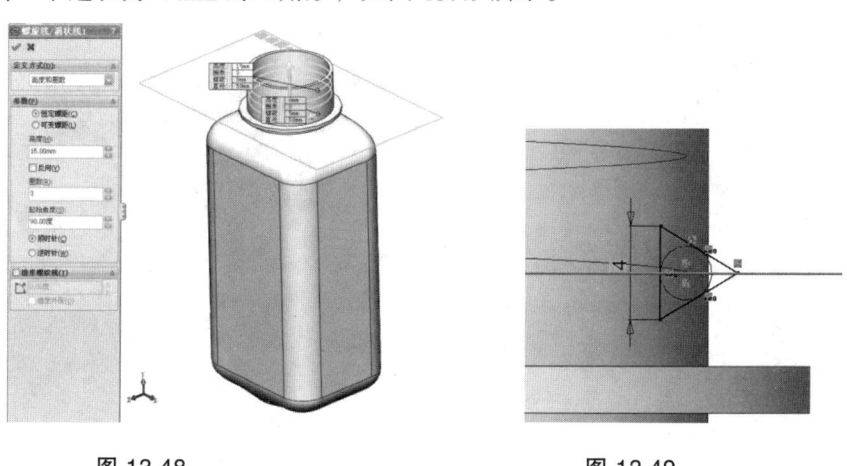

图 13.48　　　　　　　　　　　　　　图 13.49

单击"特征"工具栏中的"扫描"命令 扫描，在"扫描"属性栏中，"轮廓"选项用鼠标选择三角形；在"路径"一栏中，用鼠标选择螺旋线，如图 13.50 所示，完成制作。

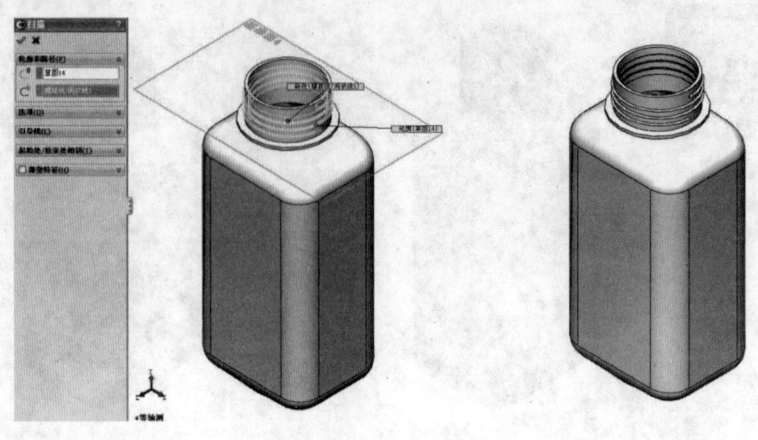

图 13.50

13.8 能力测试

请自定义尺寸，在 100 min 内完成以下 4 个项目建模。

练习图 1　勺子

练习图 2　菜刀

练习图 3　工艺瓶

练习图 4　伞

项目 14 电饭煲

14.1 案例介绍

这是一款常见的电饭煲产品模型,如图 14.1 所示。

图 14.1

14.2 学习知识点

(1)剪裁曲面命令的基本操作。
(2)交叉曲线命令的基本操作。

14.3 案例分析

本案例主要使用曲面建模命令完成。
采用以下建模分解思路:旋转实体——圆角边缘——拉伸实体——拉伸曲面——扫描——剪裁曲面——曲面加厚——拉伸实体——旋转实体——完成制作。
绘制流程如图 14.2 所示。

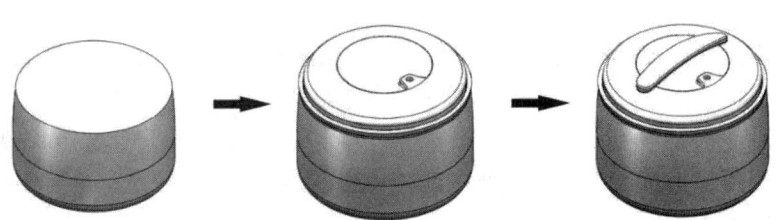

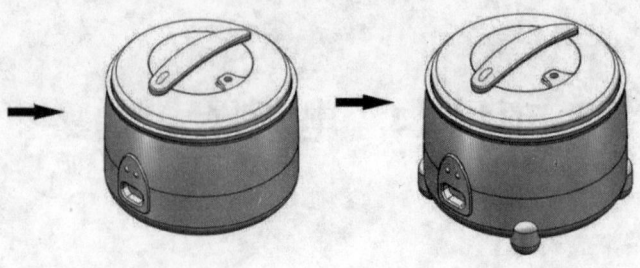

图 14.2

14.4 操作步骤

（1）新建文件。启动 Solidworks 2015，单击菜单栏中的"文件"/"新建"命令，在弹出的"新建 Solidworks 文件"对话框中选择"零件"图标，然后单击"确定"按钮，创建一个新的零件文件。

（2）绘制草图。在左侧的"FeatureManager 设计树"中，选择"前视基准面"后，点击鼠标右键，在出现的快捷工具栏中选择"正视于"图标，使前视基准面正视于屏幕。单击"草图"工具栏中的"直线""圆弧"命令，绘制一个电饭锅的轮廓线，形成草图1，尺寸如图14.3所示。

（3）旋转实体1。单击"特征"工具栏中的"旋转凸台/基体"图标，在"旋转"属性管理器中，在"旋转轴"一栏中，用鼠标选择图中通过原点的中心线；在"旋转方式"一栏中输入值"给定深度"，"角度"输入360°，单击属性管理器中的"确定"图标，结果如图14.4所示。

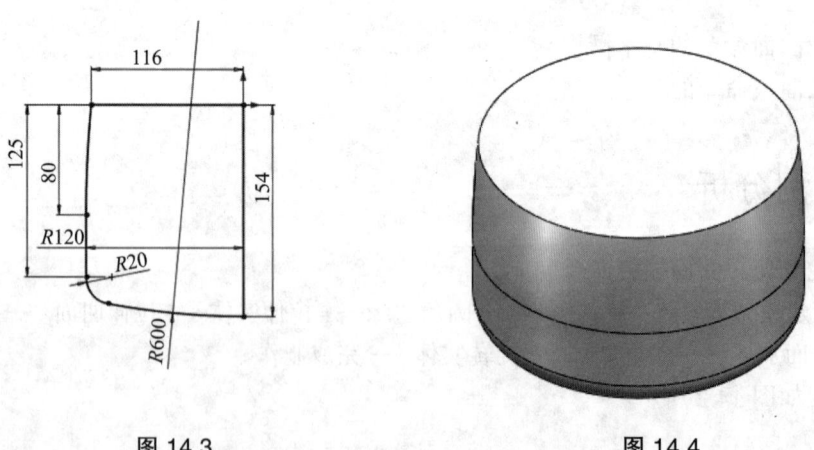

图 14.3　　　　　　　　　图 14.4

（4）旋转实体2。选择"前视基准面"进行草图绘制，单击"草图"工具栏中的"直线""圆弧"命令，绘制一个电饭锅的轮廓线，形成草图2，尺寸如图14.5所示。

单击"特征"工具栏中的"旋转凸台/基体"图标，在"旋转"属性管理器中，在"旋转轴"一栏中，用鼠标选择图中通过原点的中心线；在"旋转方式"一栏中输入值"给定深度"，"角度"输入360°，单击属性管理器中的"确定"图标，结果如图14.6所示。

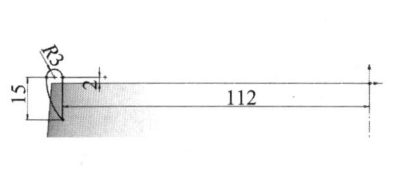
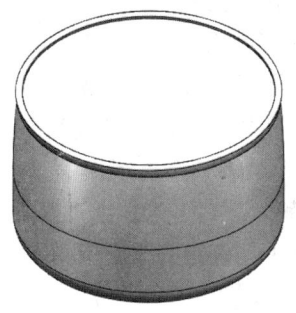

图 14.5　　　　　　　　　图 14.6

（5）旋转实体 3。选择"前视基准面"进行草图绘制，单击"草图"工具栏中的"直线""圆弧"命令，绘制一个电饭锅锅盖的轮廓线，形成草图 2，尺寸如图 14.7 所示。

单击"特征"工具栏中的"旋转凸台/基体"图标 ，在"旋转"属性管理器中，在"旋转轴"一栏中，用鼠标选择图中通过原点的中心线；在"旋转方式"一栏中输入值"给定深度"，"角度"输入 360°，单击属性管理器中的"确定"图标 ，结果如图 14.8 所示。

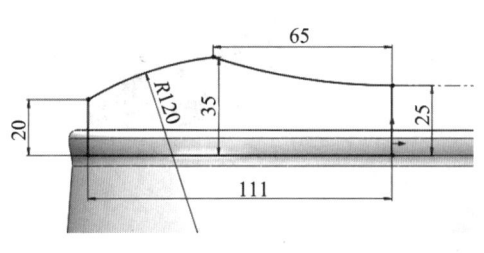

图 14.7　　　　　　　　　图 14.8

（6）绘制圆角 1。单击"草图"工具栏中的"绘制圆角"命令，在"圆角参数"中输入数值 10 mm，"边线、面、特征、环"参数中选择旋转体 2 的下边线和旋转体 3 的上边线，单击属性管理器中的"确定"图标 ，结果如图 14.9 所示。

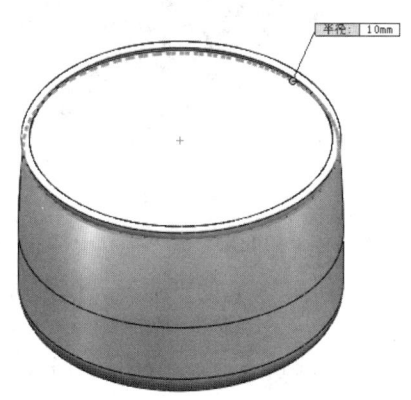
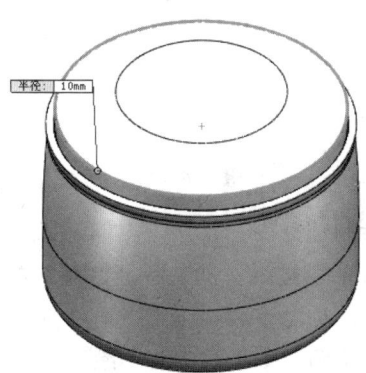

图 14.9

（7）创建新的基准面 1。在"参考几何体"命令组下选择"基准面"工具，在"第一参考"中选择"上视基准面"，在"第二参考"中选择"草图 3 中突出顶点"，点击"确定"后，生成基准面 1。此基准面与锅盖顶点相切，如图 14.10 所示。

（8）拉伸实体 1。选择"前视基准面"进行草图绘制，单击"草图"工具栏中的"直线""圆弧"命令，绘制一个电饭锅锅盖的轮廓线，形成草图 2，尺寸如图 14.11 所示。

单击"特征"工具栏中的"拉伸凸台/基体"图标，在"拉伸"属性管理器的"方向 1"项下，将终止条件设定为"成型到实体"，在"实体"项后选择整个电饭锅实体，并且选择"合并结果"，单击属性管理器中的"确定"图标 ✓，结果如图 14.12 所示。

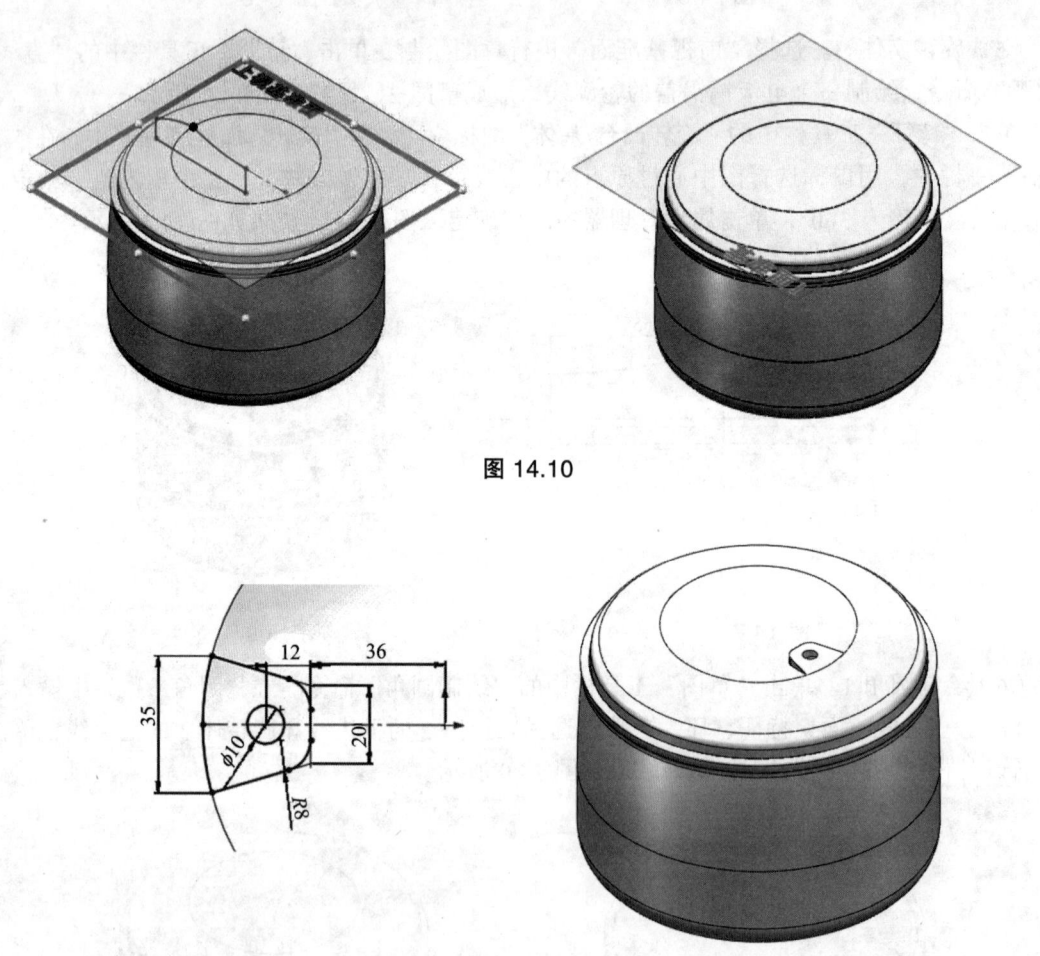

图 14.10

图 14.11   图 14.12

（9）绘制圆角 2、3。单击"草图"工具栏中的"绘制圆角"命令，在"圆角参数"中输入数值 2 mm，"边线、面、特征、环"参数中选择拉伸实体 1 的下边线，单击属性管理器中的"确定"图标 ✓，结果如图 14.13 所示。

单击"草图"工具栏中的"绘制圆角"命令，在"圆角参数"中输入数值 2 mm，"边线、面、特征、环"参数中选择拉伸实体 1 的上边线，单击属性管理器中的"确定"图标 ✓，结果如图 14.14 所示。

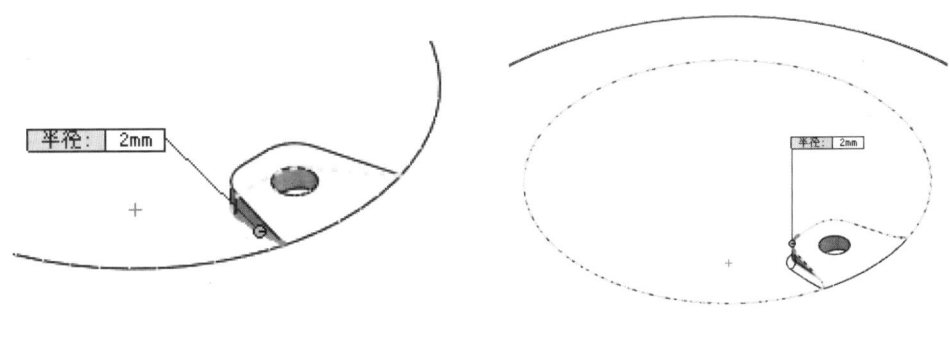

图 14.13　　　　　　　　　图 14.14

（10）设置视图方向。按 Ctrl+7 快捷键，使视图以等轴侧视图方向显示，结果如图 14.15 所示。完成电饭锅锅盖出气孔设计。

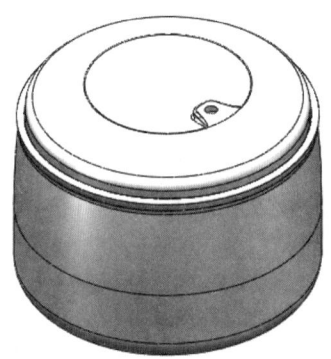

图 14.15

（11）拉伸曲面。选择"基准面 1"进行草图绘制，单击"草图"工具栏中的"圆弧"命令，绘制一个电饭锅把手的轮廓线，形成草图，尺寸如图 14.16 所示。

单击"曲面"工具栏中的"拉伸曲面 "命令，在方向 1 下的"终止条件"选项中选择给定深度，"深度" 参数输入 60 mm，其他为系统默认属性，然后点击"确定"图标 ，结果如图 14.17 所示。

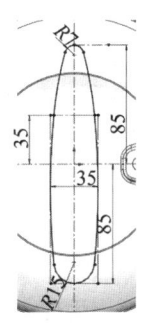
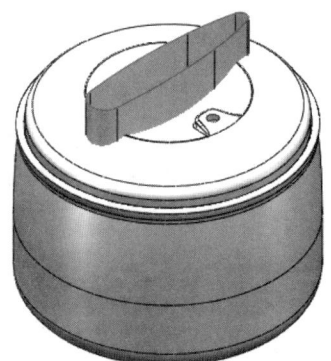

图 14.16　　　　　　　　　图 14.17

（12）绘制草图。在左侧的"FeatureManager 设计树"中，选择"右视基准面"后，使其正视于屏幕，单击"草图"工具栏中的"圆弧"命令，绘制一个电饭锅手柄的外轮廓线，形成草图，作为扫描路径，尺寸如图 14.18 所示。

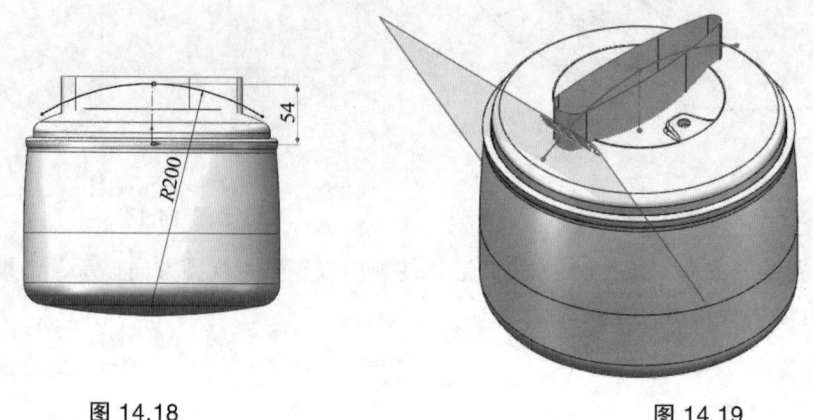

图 14.18　　　　　　　　　　　图 14.19

（13）创建新的基准面 2。在"参考几何体"命令组下选择"基准面"工具，在"第一参考"中选择草图中的弧线，在"第二参考"中选择"草图弧线的左端点"，点击"确定"后，生成基准面 2。此基准面与电饭锅手柄的外轮廓线相切，如图 14.19 所示。

（14）扫描曲面。选择"基准面 2"进行草图绘制，单击"草图"工具栏中的"圆弧"命令，绘制一个电饭锅把手的轮廓线，形成草图，作为扫描轮廓，尺寸如图 14.20 所示。

单击"曲面"工具栏中的"扫描曲面" 命令，在"轮廓"属性栏中选择两条弧线的轮廓；在"路径"选项中，用鼠标选择 1 条弧线的轮廓草图，其他参数按照图示默认状态，单击属性管理器中的"确定"图标 ，如图 14.21 所示。

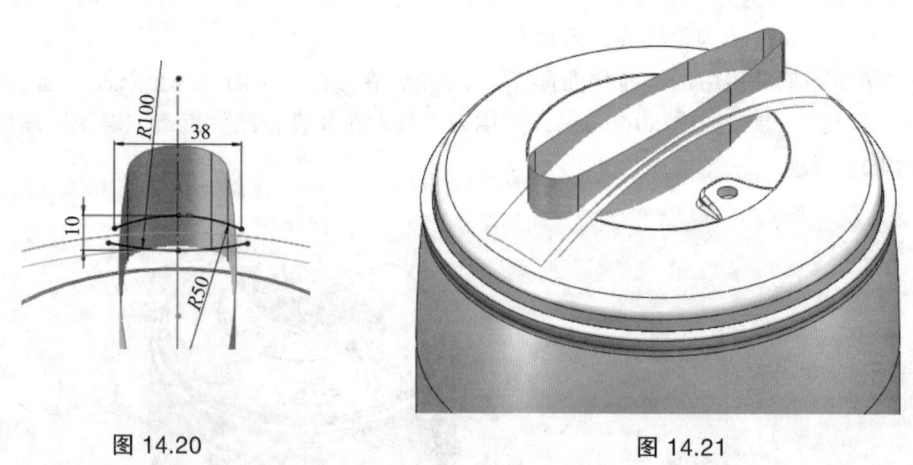

图 14.20　　　　　　　　　　　图 14.21

（15）剪裁曲面。选择"基准面 2"进行草图绘制，单击"草图"工具栏中的"圆弧"命令，绘制一个电饭锅把手的轮廓线，形成草图，作为扫描轮廓，尺寸如图 14.22 所示。

单击"曲面"工具栏中的"扫描曲面" 命令，在"轮廓"属性栏中选择两条弧线的轮廓；在"路径"选项中，用鼠标选择 1 条弧线的轮廓草图，其他参数按照图示默认状态，单击属性管理器中的"确定"图标 ，如图 14.22 所示。

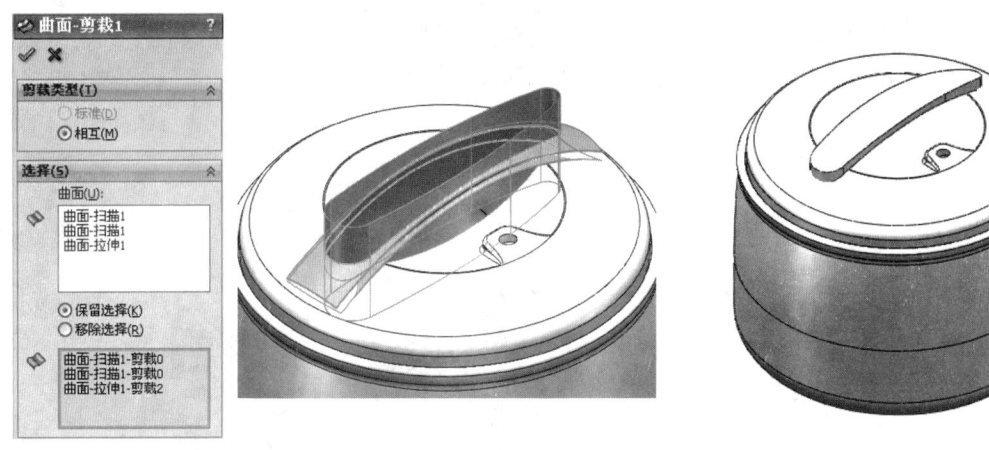

图 14.22

（16）加厚曲面。单击"曲面"工具栏中的"加厚" 命令，在"要加厚的曲面" 选项中选择整个手柄部分，在"厚度" 选项中，输入数值 10 mm，然后点击"确定"图标 ，形成手柄实体，结果如图 14.23 所示。

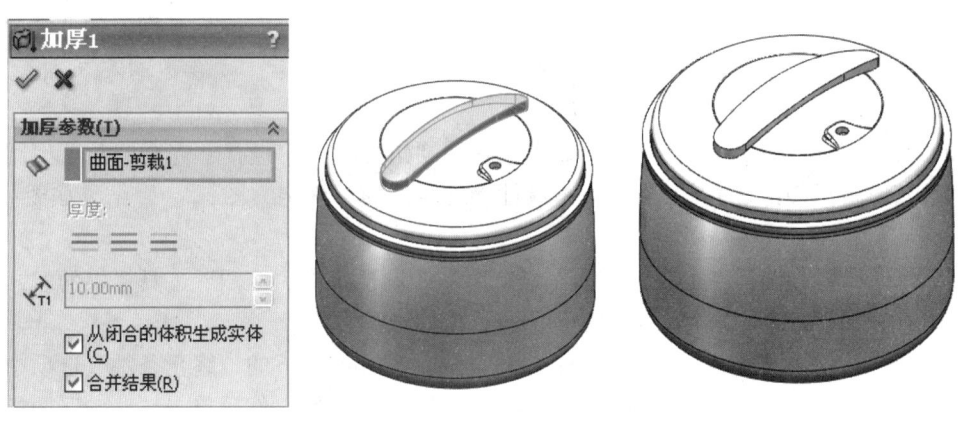

图 14.23

（17）绘制圆角 4。单击"特征"工具栏中的"圆角"命令，在"圆角参数"中输入数值 2 mm，"边线、面、特征、环"参数中选择手柄实体的各边线，单击属性管理器中的"确定"图标 ，结果如图 14.24 所示。

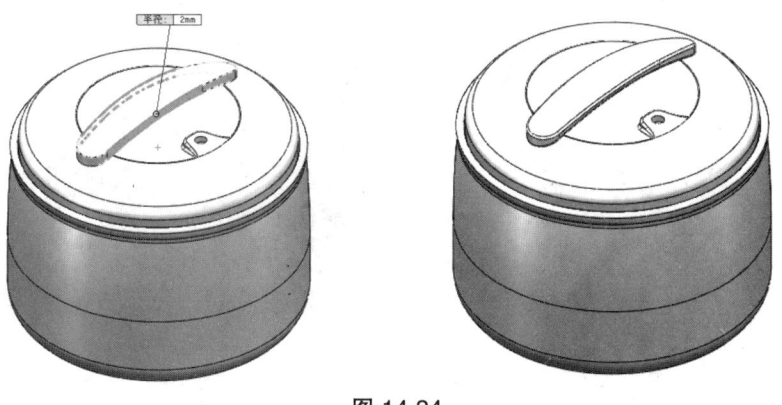

图 14.24

（18）拉伸实体 2。选择"右视基准面"进行草图绘制，单击"草图"工具栏中的"直线""圆弧"命令，绘制一个电饭锅拉手开关的轮廓草图，尺寸如图 14.25 所示。

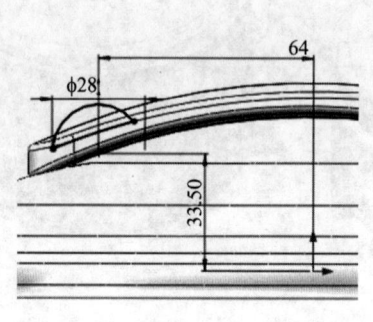
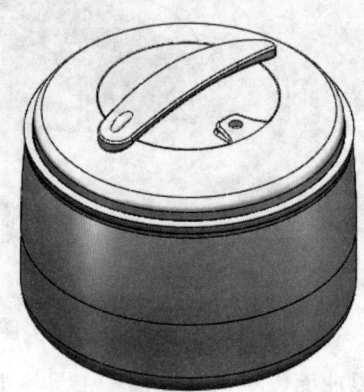

图 14.25　　　　　　　　　　　　　图 14.26

单击"特征"工具栏中的"拉伸凸台/基体"图标，在"拉伸"属性管理器的"方向 1"项，在方向 1 下的"终止条件"选项中选择"两侧对称"，"深度"参数输入 8 mm，其他为系统默认属性，然后点击"确定"图标。

单击"特征"工具栏中的"圆角"命令，在"圆角类型"中选择"完全圆角"，"圆角项目"参数中选择拉手开关的三个面，单击属性管理器中的"确定"图标，结果如图 14.26 所示。

（19）拉伸曲面。选择"上视基准面"进行草图绘制，单击"草图"工具栏中的"圆弧"命令，绘制一个圆弧，尺寸如图 14.27 所示。

单击"曲面"工具栏中的"拉伸曲面"命令，在方向 1 下的"终止条件"选项中选择给定深度，"深度"参数输入 140 mm，其他为系统默认属性，然后点击"确定"图标，结果如图 14.28 所示。

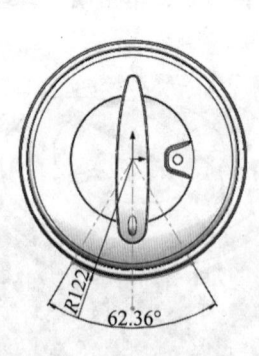
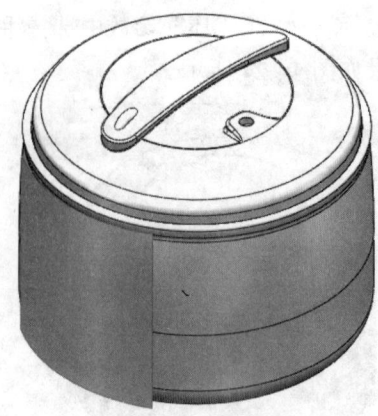

图 14.27　　　　　　　　　　　　　图 14.28

（20）拉伸实体 3。选择"前视基准面"进行草图绘制，单击"草图"工具栏中的"直线""圆弧"命令，绘制一个电饭锅电插座的轮廓草图，尺寸如图 14.29 所示。

单击"特征"工具栏中的"拉伸凸台/基体"图标，在"拉伸"属性管理器的"方向 1"项下，将终止条件设定为"成型到一面"，在"实体"项后选择拉伸出的曲面，并且选择"合并结果"，单击属性管理器中的"确定"图标 ✓，结果如图 14.30 所示。

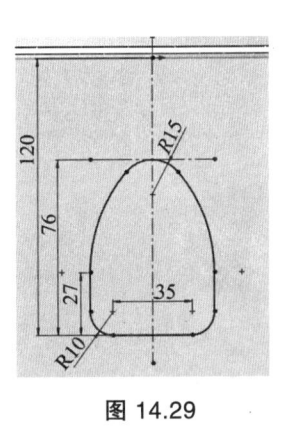
图 14.29

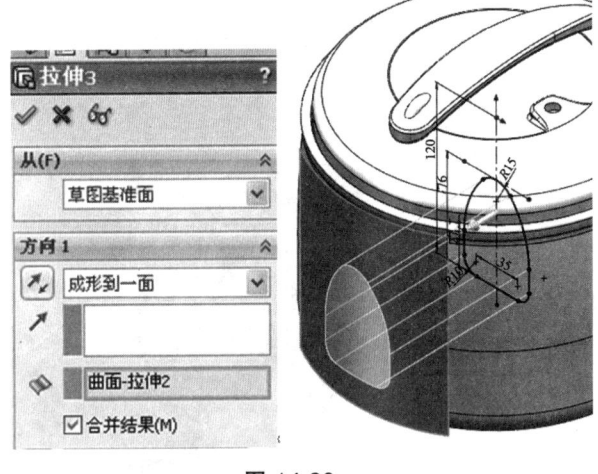
图 14.30

（21）设置视图方向。将"曲面-拉伸 2"的曲面进行隐藏，然后按 Ctrl+7 快捷键，使视图以等轴侧视图方向显示，结果如图 14.31 所示，形成电饭锅电源插座。

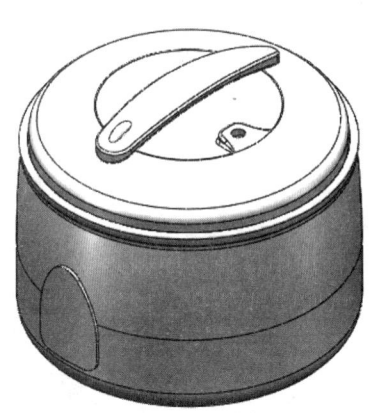
图 14.31

（22）拉伸切除实体。选择"前视基准面"进入草图绘制，用"矩形"和"圆角"命令绘制一个轮廓，单击"特征"工具栏中的"拉伸切除"图标，"拉伸"属性管理器的设置如图 14.32 所示。

（23）绘制圆角 4。单击"特征"工具栏中的"圆角"命令，在"圆角参数"中输入数值 2 mm，"边线、面、特征、环"参数中选择插口边线，单击属性管理器中的"确定"图标 ✓，结果如图 14.33 所示，完成插座部分设计。

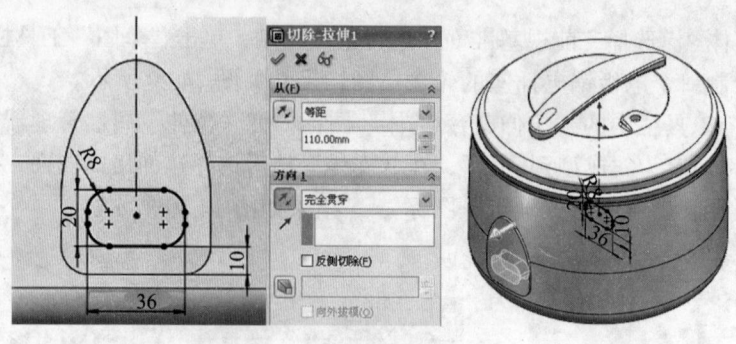

图 14.32

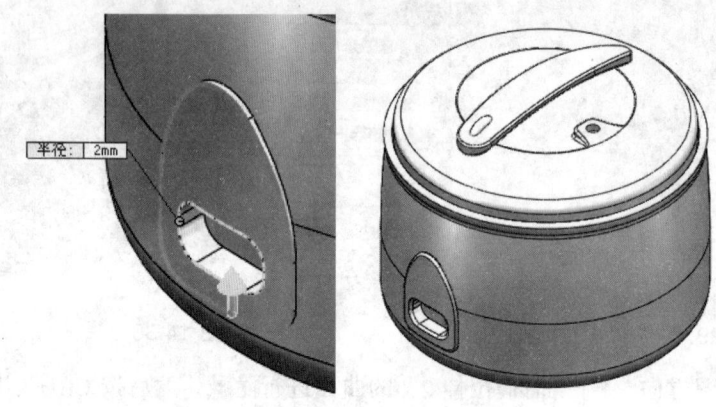

图 14.33

(24)旋转实体 4。在"参考几何体"命令组下选择"基准面"工具,在"第一参考"中选择"右视基准面",距离选择 8 mm,点击"确定"后,生成基准面 3。选择"基准面 3"进行草图绘制,单击"草图"工具栏中的"直线""圆弧"命令,绘制一个电饭锅电插座按键的轮廓草图,尺寸如图 14.34 所示。

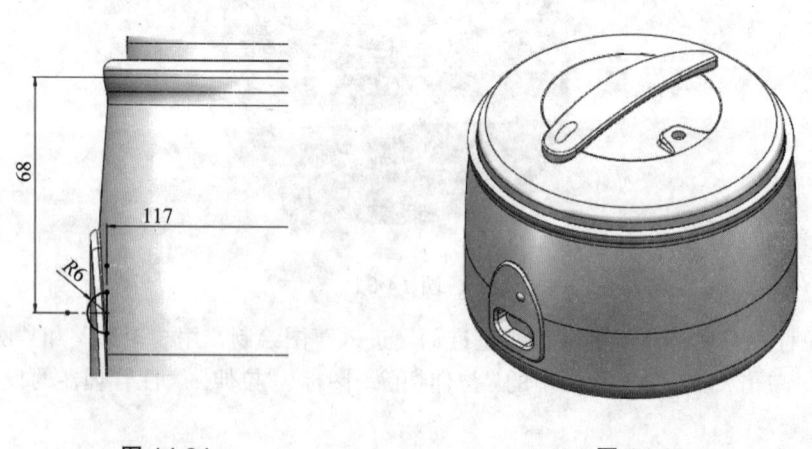

图 14.34 图 14.35

单击"特征"工具栏中的"旋转凸台/基体"图标 ，在"旋转"属性管理器中,在"旋转轴"一栏中,用鼠标选择图中通过原点的中心线;在"旋转方式"一栏中输入值"给定深度","角度"输入360°,单击属性管理器中的"确定"图标 ✓,结果如图14.35所示。

(25)镜像实体。单击"特征"工具栏中的"镜像"命令,选择"右视基准面"为镜像面,选择图14.34中旋转成型的图形实体为"要镜像的实体",单击属性管理器中的"确定"图标 ✓,结果如图14.36所示。

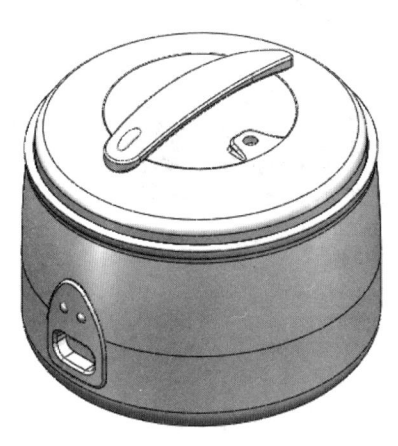  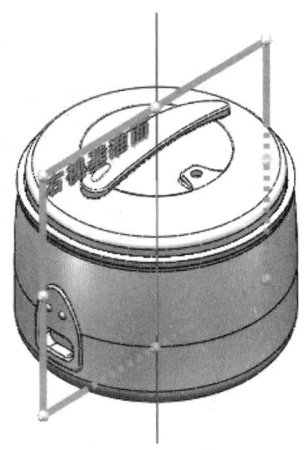

图 14.36　　　　　　　　　　　　　　　图 14.37

(26)旋转实体5。在"参考几何体"命令组下选择"基准面"工具,在"第一参考"中选择"右视基准面",成45°,在"第二参考"中选择旋转体的"基准轴1",点击"确定"后,生成基准面4。结果如图14.37所示。

选择"基准面4"进行草图绘制,单击"草图"工具栏中的"直线""圆弧"命令,绘制一个电饭锅底座的轮廓草图,尺寸如图14.38所示。

单击"特征"工具栏中的"旋转凸台/基体"图标 ❖,在"旋转"属性管理器中,在"旋转轴"一栏中,用鼠标选择图中通过原点的中心线;在"旋转方式"一栏中输入值"给定深度","角度"输入360°,单击属性管理器中的"确定"图标 ✓,结果如图14.39所示。

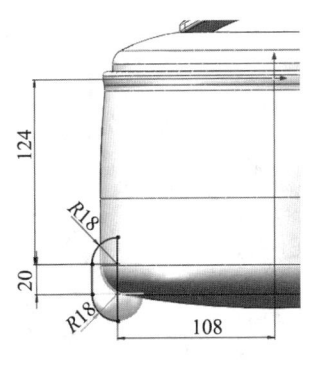 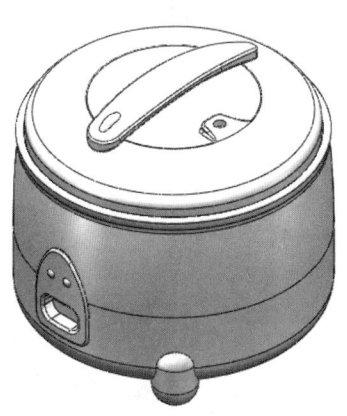

图 14.38　　　　　　　　　　　　　　　图 14.39

(27)阵列实体。单击"特征"工具栏中的"圆周阵列"图标 阵列(圆周),选择旋转轴为基准轴 1，阵列个数为 4，阵列实体为"旋转实体 5"，其他按照图示默认状态，单击属性管理器中的"确定"图标 ✓，结果如图 14.40 所示，完成电饭锅的底座设计。

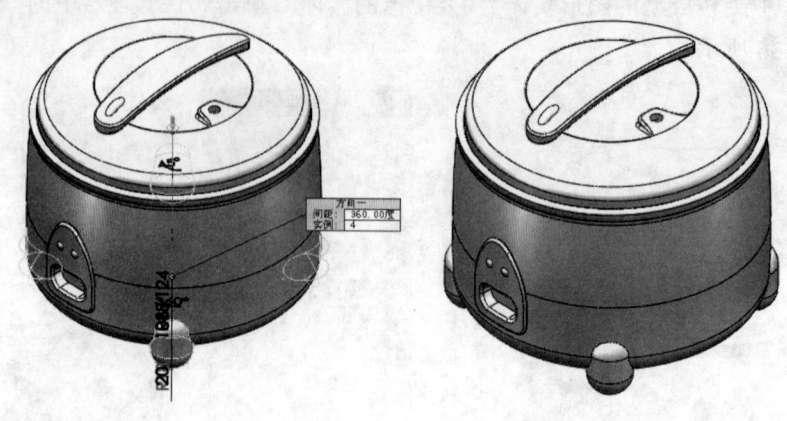

图 14.40

14.5 能力拓展

14.5.1 剪裁曲面

1. 定义

剪裁曲面是将曲面多余的部分裁剪掉，保留所需部分。可以使用曲面、基准面或草图作为剪裁工具来剪裁相交曲面；也可以将曲面或其他曲面联合使用作为相互的剪裁工具。

2 属性

剪裁曲面界面如图 14.41 所示，其中：

标准：使用曲面、基准面、草图实体或曲线等作为剪裁工具剪裁曲面。

相互：相交曲面相互之间进行剪裁。在剪切工具中必须把想操作的面全部选中，再选择保留面或移除面，单击"确定"。

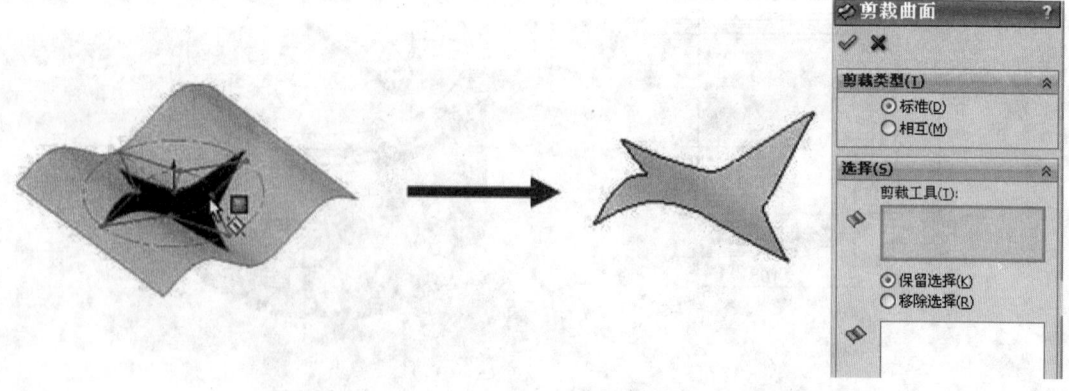

图 14.41　剪裁曲面

14.5.2 交叉曲线

实体或者曲面有交叉，交叉的时候有曲线，就可以用"草图工具"下的"交叉曲面"命令将交叉线转换成曲线。

1. 定义

简单地说，就是面与面或者面与实体的交线。

2. 操作步骤

工具——草图绘制工具——交叉曲线，注意：先选基准面，再点击交叉曲线生成的是 2D 草图；先点击交叉曲线，再选基准面生成的是 3D 草图。

交叉曲线命令可在以下类型的交叉处生成草图曲线：
① 基准面与曲面之间；
② 基准面与模型面之间；
③ 基准面与零件之间；
④ 两个交叉曲面之间；
⑤ 曲面与零件之间；

使用该命令时，选择要生成曲线的两个交叉面，之后将不需要的模型隐藏即可。效果如图 14.42 所示。

（a）交叉曲面

（b）交叉曲面

图 14.42

14.6 小结与思考

本项目主要讲述了 Solidworks 软件曲面建模时常用的扫描、抽壳、圆角等命令,特别是剪裁曲面命令的执行及交叉曲线的制作。通过本项目学习,读者学会复杂生活用品的建模。

经过本项目的学习,请思考以下问题:
1. 交叉曲线的成型条件和操作技巧。
2. 剪裁曲面的选择及运用。

14.7 实战演练

应用旋转、扫描、曲面剪裁、圆角、圆周阵列等特征命令创建如图 14.43 所示节能灯的三维模型。

图 14.43

建模分析:

首先绘制节能灯中心轮廓图并旋转实体,然后用扫描命令完成单支灯管的设计,最后执行圆周阵列命令完成全部灯管的复制,完成节能灯制作。

绘制流程如图 14.44 所示。

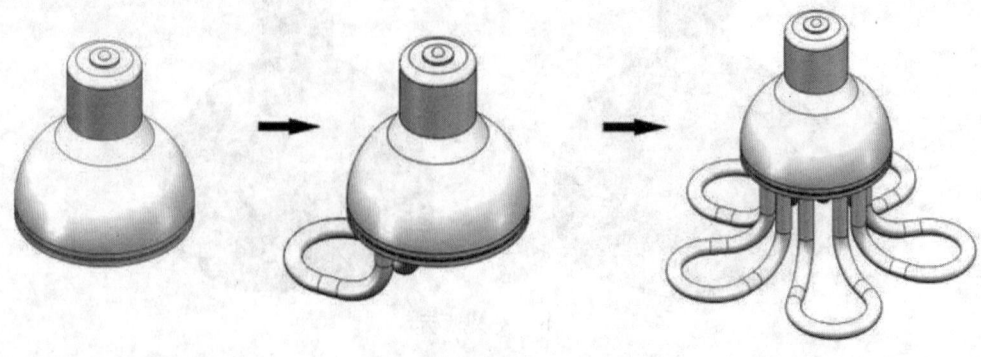

图 14.44

建模步骤如下：

（1）旋转实体。选择"前视基准面"后，单击"草图"工具栏中的"中心线"命令，绘制一条通过原点竖直方向的中心线；单击"草图"工具栏中的"直线"命令，绘制出具有尺寸的旋转轮廓面，如图 14.45 所示。

单击"特征"工具栏中的"旋转凸台/基体"图标 ，选择出现系统提示中的"是"按钮，其他按照图示默认状态，单击属性管理器中的"确定"图标 ，结果如图 14.46 所示。

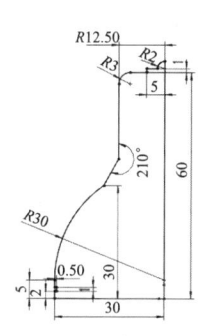
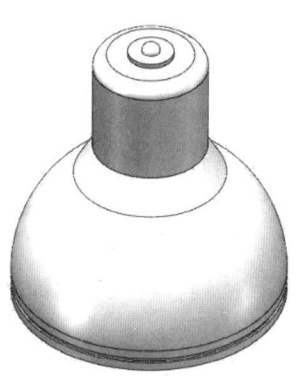

图 14.45　　　　　　　　　　　　　　图 14.46

（2）拉伸曲面。选择"上视基准面"后，单击"草图"工具栏中的"直线"命令，绘制一条弧线与直线相切的线段，标注好尺寸，如图 14.47 所示。

单击"曲面"工具栏中的"拉伸曲面" 命令，在方向 1 下的"终止条件"选项中选择给定深度，"深度" 参数输入 45 mm。其他为系统默认属性，结果如图 14.48 所示。

（3）拉伸曲面。选择"前视基准面"后，单击"草图"工具栏中的"直线"命令，绘制一条弧线与直线相切的线段，标注好尺寸，如图 14.49 所示。

单击"曲面"工具栏中的"拉伸曲面" 命令，在方向 1 下的"终止条件"选项中选择"两侧对称"，"深度" 参数输入 60 mm。其他为系统默认属性，然后点击"确定"图标 ，结果如图 14.50 所示。

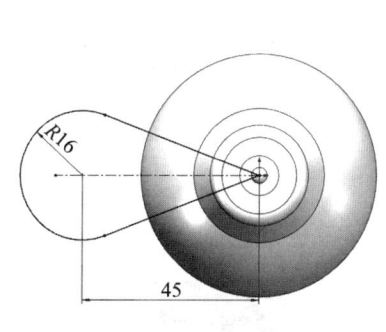
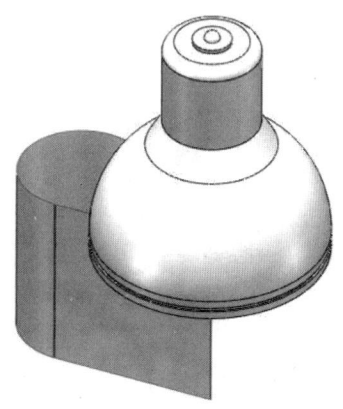

图 14.47　　　　　　　　　　　　　　图 14.48

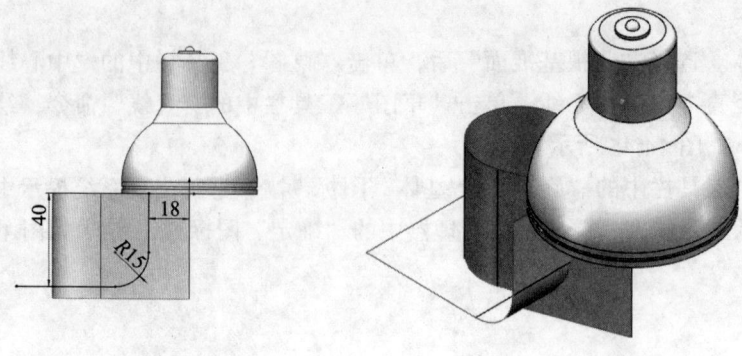

图 14.49　　　　　　　　　图 14.50

（4）交叉曲线。单击下拉菜单"工具"/"草图工具"/"交叉曲线"命令，以此选择拉伸曲面 1 和拉伸曲面 2，其他参数按照图示默认状态，单击属性管理器中的"确定"图标，生成如图 14.51 所示的交叉曲线，作为扫描路径。

用鼠标右键单击特征管理器中的" 曲面-拉伸1 "，在弹出的右键菜单中单击" "，将拉伸曲面 1 隐藏，同理，将拉伸曲面 2 隐藏。

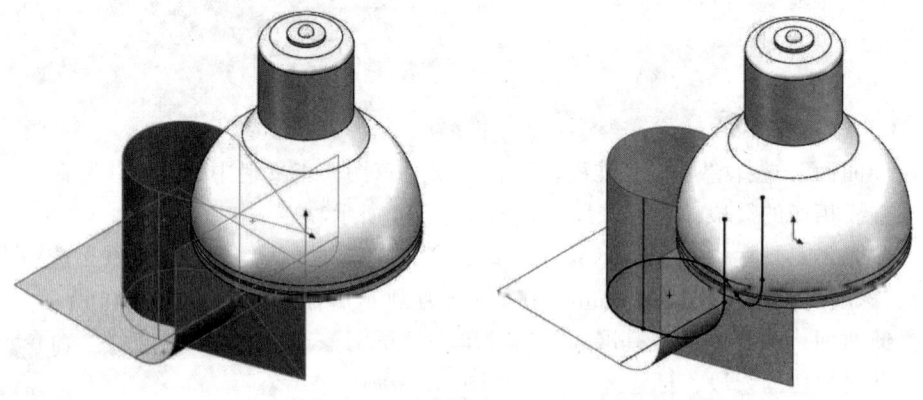

图 14.51

（5）扫描实体。选择"上视基准面"后，单击"草图"工具栏中的"圆"命令，以交叉曲线的端点为圆心，绘制一个直径为 6 mm 的圆，如图 14.52 所示。

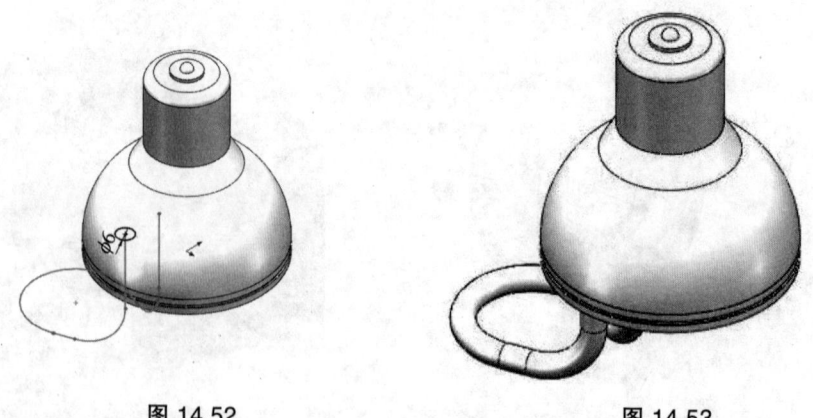

图 14.52　　　　　　　　　图 14.53

单击"特征"工具栏中的"扫描"命令 ![扫描], 在"扫描"属性栏"轮廓"选项中, 用鼠标选择草图圆; 在"路径"一栏中, 用鼠标选择交叉曲线。其他参数按照图示默认状态, 单击属性管理器中的"确定"图标 ✓, 如图 14.53 所示。

（6）阵列实体。单击"特征"工具栏中的"圆周阵列"图标 ![阵列(圆周)], 选择旋转轴为基准轴 1, 阵列个数为 5, 阵列实体为 ![扫描1], 即扫描出来的第一根灯管, 其他按照图示默认状态, 单击属性管理器中的"确定"图标 ✓, 结果如图 14.54 所示。

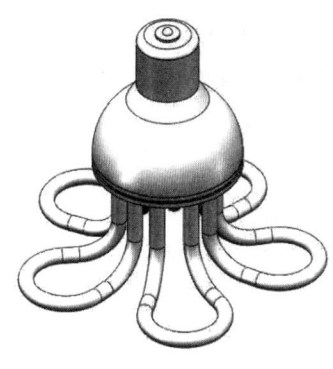

图 14.54

14.8 能力测试

请自定义尺寸, 用扫描及其他建模命令在 100 min 内完成以下 4 个项目建模。

练习图 1　别针

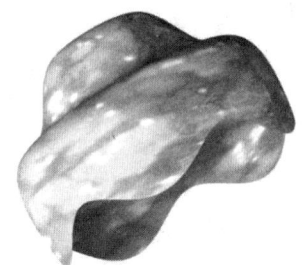

练习图 2　灯罩

练习图 3　花瓶

练习图 4　茶杯

项目 15 玩具猴头装配

装配体是在一个 Solidworks 文件中两个或多个零件的组合。添加零部件到装配体时，会在装配体和零部件之间生成一对一的连接。

当打开装配体时，零部件将自动反映在装配体中。装配体文件需要与零部件文件保存在一起，并不用移动位置，否则将无法打开完整的装配体。

15.1 案例介绍

这是一款简单的玩具猴头部装配，如图 15.1 所示。

图 15.1

15.2 学习知识点

（1）装配体知识综述。
（2）装配体的设计方式。
（3）装配体的基础装配方法。

15.3 案例分析

本案例主要通过装配体基础配合中的重合、同轴心等命令完成。

采用以下建模分解思路：导入两个零件——添加两个配合关系——导入一个零件——再次与固定的零件配合——逐步完成制作。零件爆炸图如图 15.2 所示。

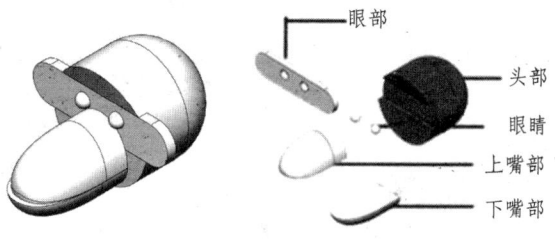

图 15.2

15.4 操作步骤

（1）新建文件。启动 Solidworks 2015，单击菜单栏中的"文件"/"新建"命令，在弹出的"新建 Solidworks 文件"对话框中选择"装配体"图标，然后单击"确定"按钮，创建一个新的装配体文件。单击菜单栏中的"文件"下面的"另存为"命令，弹出"另存为"对话框，在"文件名"文本框中输入"头部装配"，单击"保存"按钮，保存文件。

（2）插入零部件。单击"装配体"工具栏中的 "插入零部件"工具，显示"插入零部件"属性管理器。在"要插入的零件/装配体"选项中，单击"浏览"按钮，在弹出的"打开"对话框中找到"头部.sldprt"文件，打开该文件。单击 "确定"，完成头部的插入。重复上述步骤，打开"眼部.sldprt"文件，在绘图区单击，完成眼部文件的插入，如图 15.3、15.4 所示。

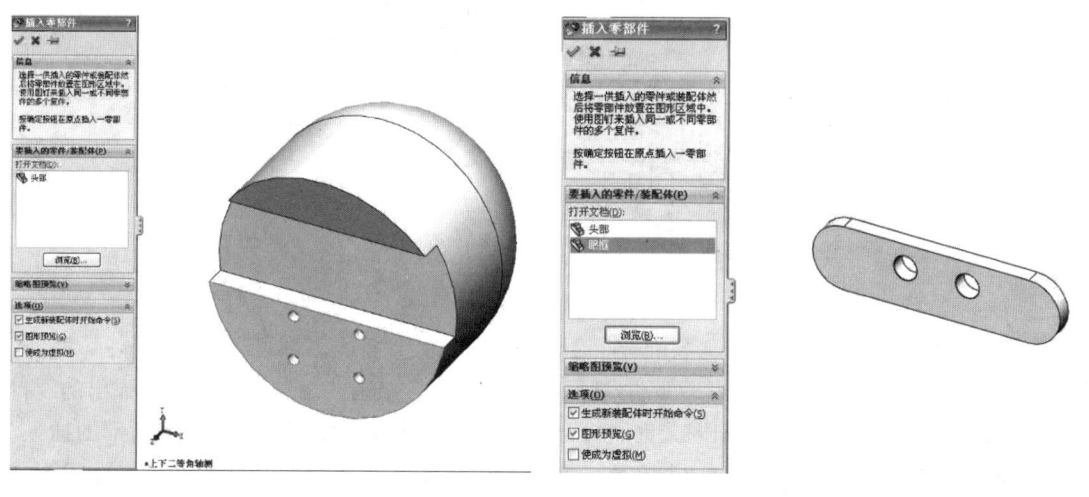

图 15.3　　　　　　　　　　　　　图 15.4

（3）配合头与眼部零部件。单击"装配体"工具栏中的 "配合"工具，显示"配合"属性管理器，分别选择眼部的后侧平面和头部的凹槽平面作为 "要配合的实体"，在"标准配合"选项栏中选择 重合(C) 配合，单击配合工具栏中的 "确定"按钮，生成"重合 1"配合，如图 15.5 所示。

继续选择眼部的下侧平面和头部凹槽的下侧平面作为 "要配合的实体"，在"标准配合"选项栏中选择 重合(C) 配合，单击配合工具栏中的 "确定"按钮，生成"重合 2"配合，如图 15.6 所示。

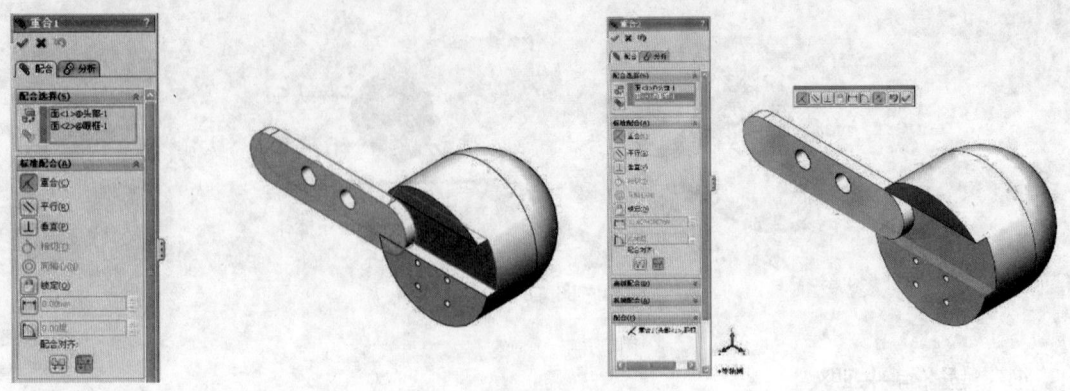

图 15.5　　　　　　　　　　　　　图 15.6

继续选择头部的右视基准面和眼部的右视基准面作为 "要配合的实体"，在 "标准配合" 选项栏中选择 重合(C) 配合，单击配合工具栏中的 "确定" 按钮，生成 "重合3" 配合，如图 15.7 所示。

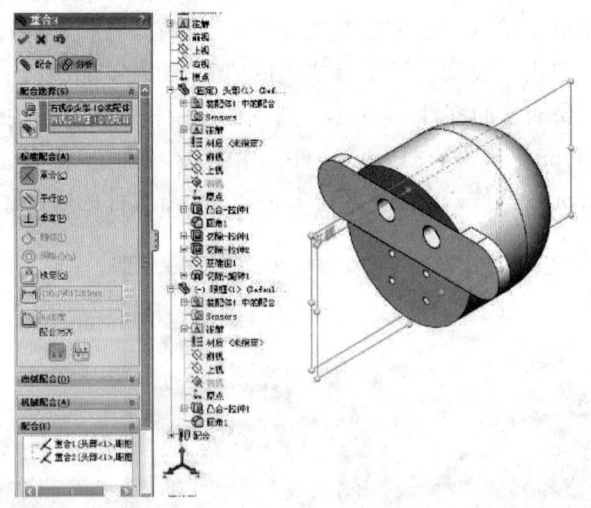

图 15.7

（4）插入嘴部零部件。单击 "装配体" 工具栏中的 "插入零部件" 工具，显示 "插入零部件" 属性管理器。在 "要插入的零件/装配体" 选项中，单击 "浏览" 按钮，在弹出的 "打开" 对话框中找到 "上嘴部.sldprt" 文件，打开该文件，单击 "确定"，完成上嘴部的插入。重复上述步骤，打开 "下嘴部.sldprt" 文件，在绘图区单击，完成嘴部文件的插入，如图 15.8 所示。

（5）配合嘴部零部件。单击 "装配体" 工具栏中的 "配合" 工具，显示 "配合" 属性管理器，分别选上嘴部的后侧平面和头部的前下侧平面作为 "要配合的实体"，在 "标准配合" 选项栏中选择 重合(C) 配合，单击配合工具栏中的 "确定" 按钮，生成 "重合4" 配合，如图 15.9 所示。

继续选择头部的右视基准面和上嘴部的右视基准面作为 "要配合的实体"，在 "标准配合" 选项栏中选择 重合(C) 配合，单击配合工具栏中的 "确定" 按钮，生成 "重合5" 配合，如图 15.10 所示。

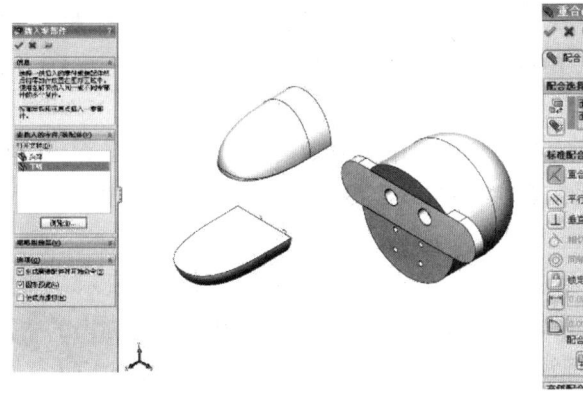

图 15.8　　　　　　　　　　　　　　　　图 15.9

继续选择头部的圆孔内表面和上嘴部的下侧圆柱平面作为 "要配合的实体"，在"标准配合"选项栏中选择 同轴心(N) 配合，单击配合工具栏中的 "确定"按钮，生成"同心 1"配合，如图 15.11 所示。

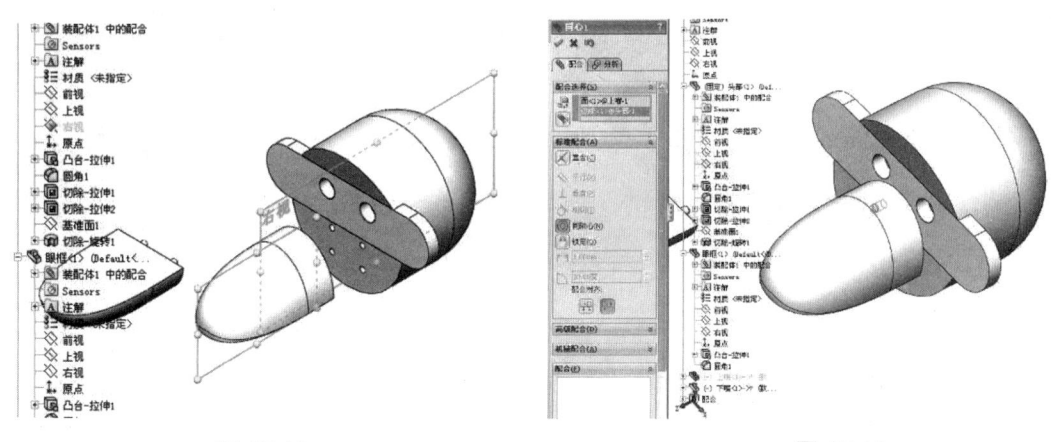

图 15.10　　　　　　　　　　　　　　　图 15.11

继续选择上嘴部的下侧平面和下嘴部的上侧平面作为 "要配合的实体"，在"标准配合"选项栏中选择 重合(C) 配合，单击配合工具栏中的 "确定"按钮，生成"重合 6"配合，如图 15.12 所示。

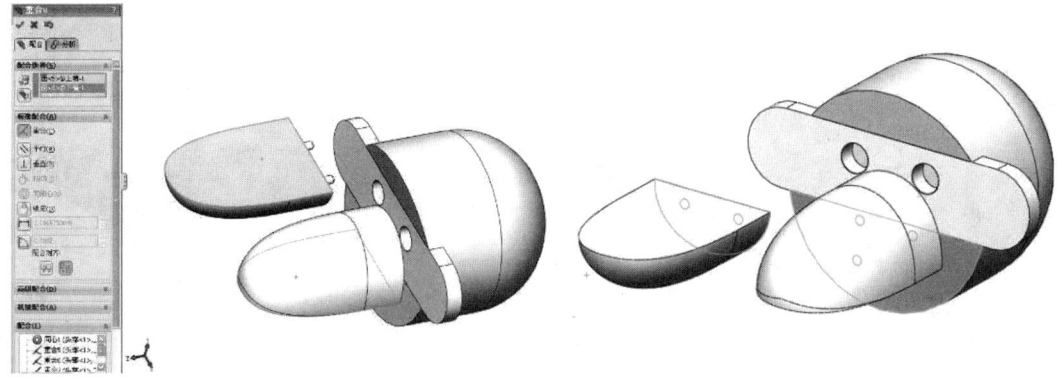

图 15.12　　　　　　　　　　　　　　　图 15.13

继续选择下嘴部的后侧平面与头部前下侧平面作为 "要配合的实体"，在 "标准配合" 选项栏中选择 重合(C) 配合，单击配合工具栏中的 "确定" 按钮，生成 "重合7" 配合，如图 15.13 所示。

继续选择上嘴部的右视基准面和下嘴部的右视基准面作为 "要配合的实体"，在 "标准配合" 选项栏中选择 重合(C) 配合，单击配合工具栏中的 "确定" 按钮，生成 "重合8" 配合，如图 15.14 所示。

（6）插入眼睛零部件。单击 "装配体" 工具栏中的 "插入零部件" 工具，显示 "插入零部件" 属性管理器。在 "要插入的零件/装配体" 选项中，单击 "浏览" 按钮，在弹出的 "打开" 对话框中找到 "眼睛.sldprt" 文件，打开该文件，单击 "确定"，完成眼睛的插入，如图 15.15 所示。

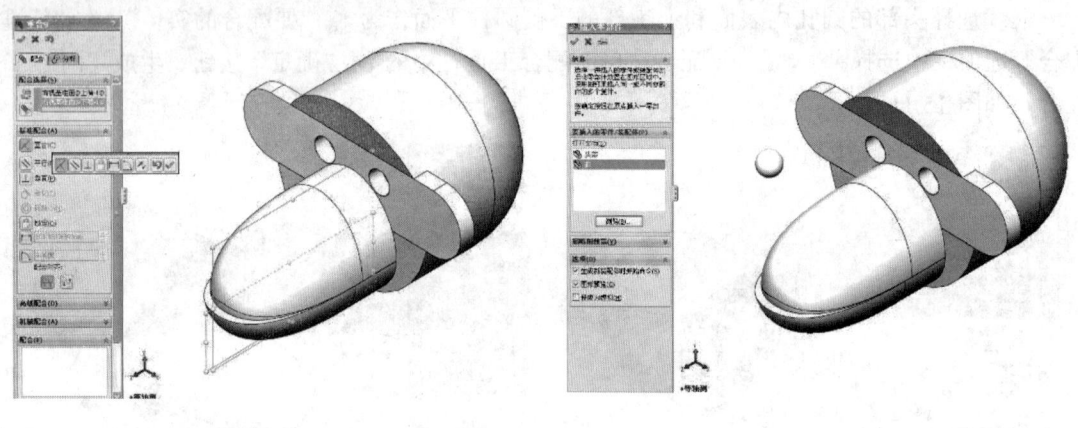

图 15.14　　　　　　　　　　　图 15.15

（7）配合眼睛零部件。单击 "装配体" 工具栏中的 "配合" 工具，显示 "配合" 属性管理器，分别选眼部的圆孔内表面和眼睛的外平面作为 "要配合的实体"，在 "标准配合" 选项栏中选择 同轴心(N) 配合，单击配合工具栏中的 "确定" 按钮，生成 "同心2" 配合，如图 15.16 所示。

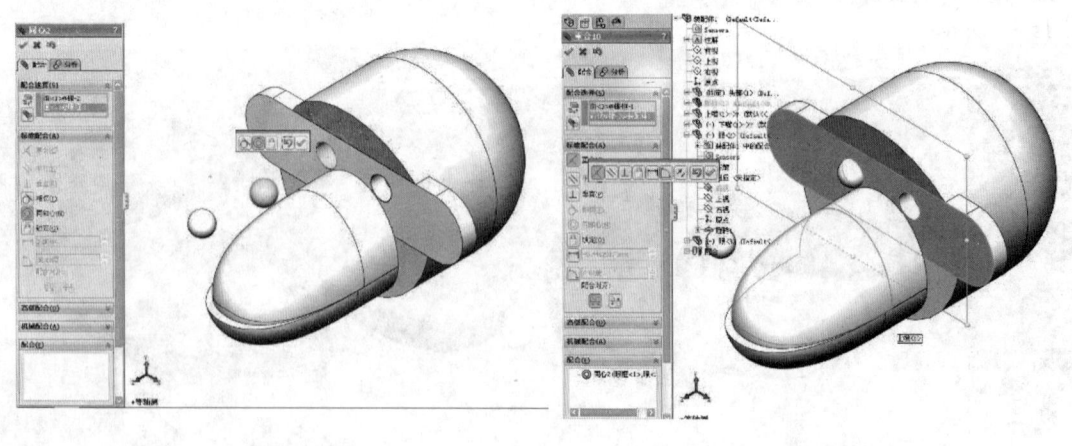

图 15.16　　　　　　　　　　　图 15.17

继续选择眼部的前侧平面和眼睛的前视基准面作为 "要配合的实体"，在 "标准配合" 选项栏中选择 重合(C) 配合，单击配合工具栏中的 "确定" 按钮，生成 "重合 9" 配合，完成眼睛的装配，如图 15.17 所示。

按住 Ctrl 键移动眼睛零部件，完成眼睛零部件的复制。将眼睛 2 按住上述方法配合好。

至此，玩具猴头部装配完成。单击 "标准" 工具栏中的 "保存" 工具保存文件，如图 15.18 所示。

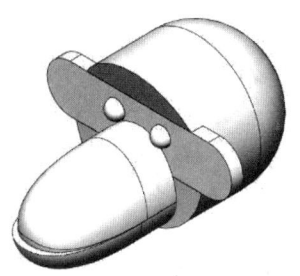

图 15.18

15.5 能力拓展

Solidworks 不仅提供了丰富的用于装配的工具，还提供了多种统计、计算和检查工具，如质量特性、干涉检查等，并且可以很方便地生成装配体爆炸图，清晰地表示装配体中各零件之间的位置关系。

装配体文件中保存了两方面的内容：一是进入装配体中各零件的路径；二是各零件之间的配合关系。

一个零件放入装配体中时，这个零件文件会与装配体文件产生链接的关系。在打开装配体文件时，Solidworks 要根据各零件的存放路径找出零件，并将其调入装配体环境。所以装配体文件不能单独存在，它要和零件文件一起存在才有意义。

15.5.1 装配体综述

在打开装配体文件时，系统会自动查找组成装配体的零部件，其查找顺序是：内存→当前文件夹→最后一次保存位置。如果在这些位置都没有找到相应的零部件，系统会弹出找不到零件对话框，提示用户自己进行查找。此时，用户可以两种选择：选择 "是"，浏览至该文件的位置打开即可。在对装配体进行保存后，系统会记住该零件新的路径；选择 "否"，则会忽略该零件，在打开的装配体绘图区中将缺失该零件，但在设计树中仍有该零件的名称，且呈灰色显示。

装配既然要表达产品零部件之间的配合关系，必然存在着参照与被参照的关系。在装配设计中有一个基本概念——"地" 零件，即相对于基准坐标系静态不动的零件。一般将装配体中起支撑作用的零件或子装配体作为 "地" 零件，即位置固定的零件，不可以进行移动或转动的操作。装配环境下另一个重要概念就是——"约束"。当零件被调入到装配体中时，除了第一个调入的之外,其他的都没有添加约束,位置处于任意的"浮动"状态。在装配环境中,处于"浮动"状态的零件可以分别沿三个坐标轴移动,也可以分别绕三个坐标轴转动,即共有六个自由度。

进入装配体环境有两种方法:第一种是新建文件时,在弹出的"新建 Solidworks 文件"对话框中选择"装配体"模板,单击"确定"按钮即可新建一个装配体。第二种是在零件环境中,选择菜单栏"文件"/"从零件制作装配体"命令,切换到装配体环境。

15.5.2 装配体的设计方式

1. 由下而上设计法

① 由下而上设计法是较为传统的方法。在由下而上设计中,产生零件并将其插入装配体,然后依设计要求将它们配合。

② 当使用已经产生而非订制型的零件时,由下而上设计法是惯用的技术。

③ 由下而上设计法的另一个优点是因为零部件是各自设计的,它们之间的交互关系与重新计算的行为较由上而下设计法简单。

④ 使用由下而上设计法可以专注于单个零件的设计工作。当零件尺寸与其他零件尺寸无相关参考关系时,则此方法较好。

由下而上设计法示意如图 15.19 所示。

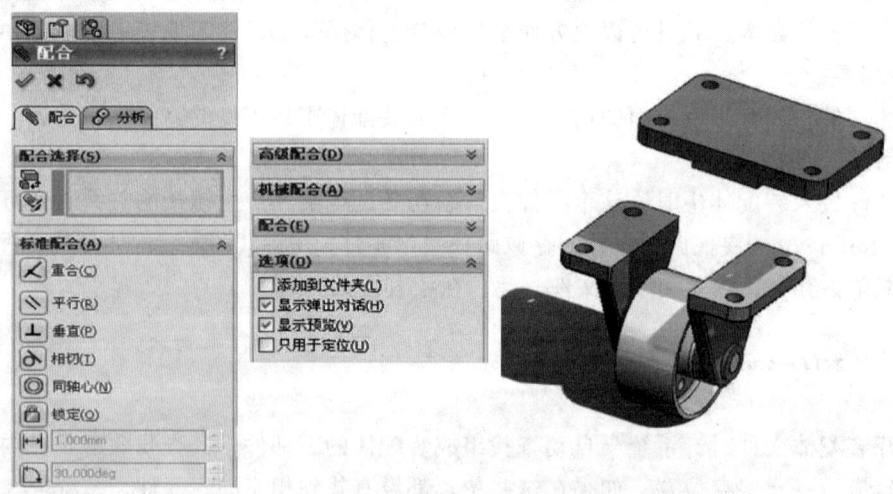

图 15.19

2. 由上而下设计法

① 由上而下设计法不同之处在于从装配体中开始设计工作。可以使用一个零件的几何关系来协助定义另一个零件,或产生组装零件之后才加入加工特征。

② 可以将一个零件插入装配体,然后根据此零件建立一个固定装置。使用由上而下设计法在关联中产生固定装置,此法可以通过产生原来零件的几何限制条件来控制夹具的尺寸。这样,如果更改了零件的尺寸,固定装置会自动更新。

③ 当在装配体的关联中产生零部件时，软件会将它们储存在装配体档案中，因此，可以立即地开始模型设计。之后，可以将零部件储存至外部档案或是将它们删除。

由上而下设计法示意如图 15.20 所示。

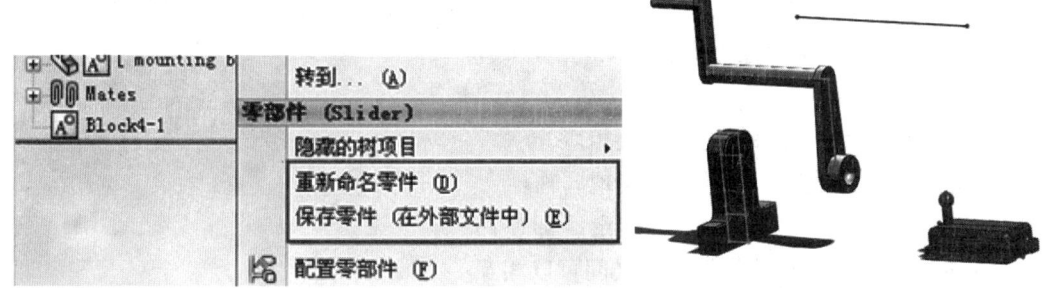

图 15.20

15.5.3 装配体中编辑零件

在装配体中编辑零件不必离开装配体就可以修改零部件。编辑零件时可以在产生新特征时参考周围零件的几何关系，所绘制的草图可以用任何边线或标志尺寸到任何零件的任意边线上，特征也可以使用任意终止形态。

在装配体的关联中编辑零件时，零件会变为蓝色，而装配体的其他部分会变为灰色。也可以在编辑零件时改变装配体零部件的透明度。

装配体中编辑零件示意图如图 15.21 所示。

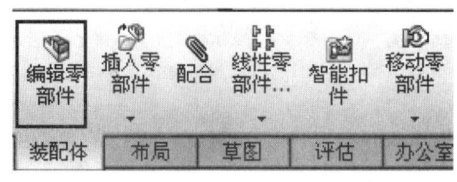 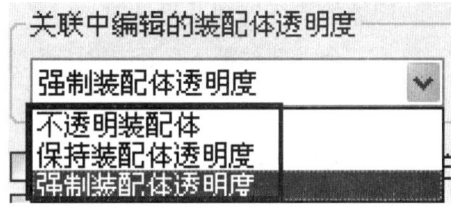

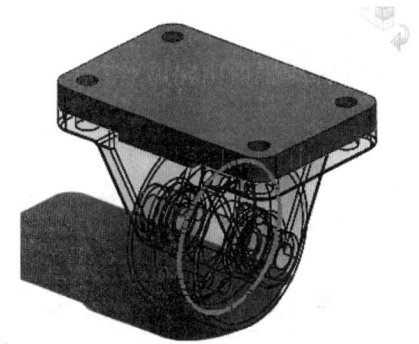 

图 15.21

15.5.4 装配体的配合关系

配合界面如图 15.22 所示。
（1）重合：用于使所选对象之间实现重合。
（2）平行：用于使所选对象之间实现平行。
（3）垂直：用于使所选对象之间实现 90°相互垂直定位。
（4）相切：用于使所选对象之间实现相切。
（5）同轴心：用于使所选对象之间实现同轴。
（6）锁定：用于将两个零件实现锁定，即使两个零件之间位置固定，但与其他的零件之间可以相互运动。
（7）距离：用于使所选对象之间实现距离定位。
（8）角度：用于使所选对象之间实现角度定位。

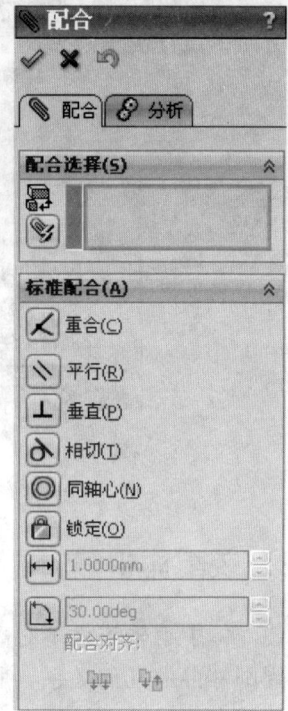

图 15.22

15.6 小结与思考

本项目主要讲述了 Solidworks 软件中装配体的基本操作和基本思想，经过本项目的学习，请思考以下问题：

1. 相同的零件如果多次插入装配体中，Solidworks 如何记录这些不同的零部件？
2. 装配体的特征管理器设计树与零件的特征管理器设计树的差别是什么？
3. 把第一个零部件插入装配体时应注意哪些要点？

15.7 实战演练

应用装配原理完成如图 15.23 所示 U 盘的组装。
装配分析：
这是一个 U 盘。首先创建一个装配体文件，然后依次插入零部件，最后添加配合关系，并调整视图方向，完成整个制作。
装配步骤如下：
（1）导入模型。新建一个装配体文件，点击"插入零部件"命令，导入 U 盘主体和盖子两个零件，如图 15.24 所示。
（2）添加配合关系。选择主体内边缘轮廓和盖子外边缘轮廓，添加"重合"配合关系，如图 15.25 所示。

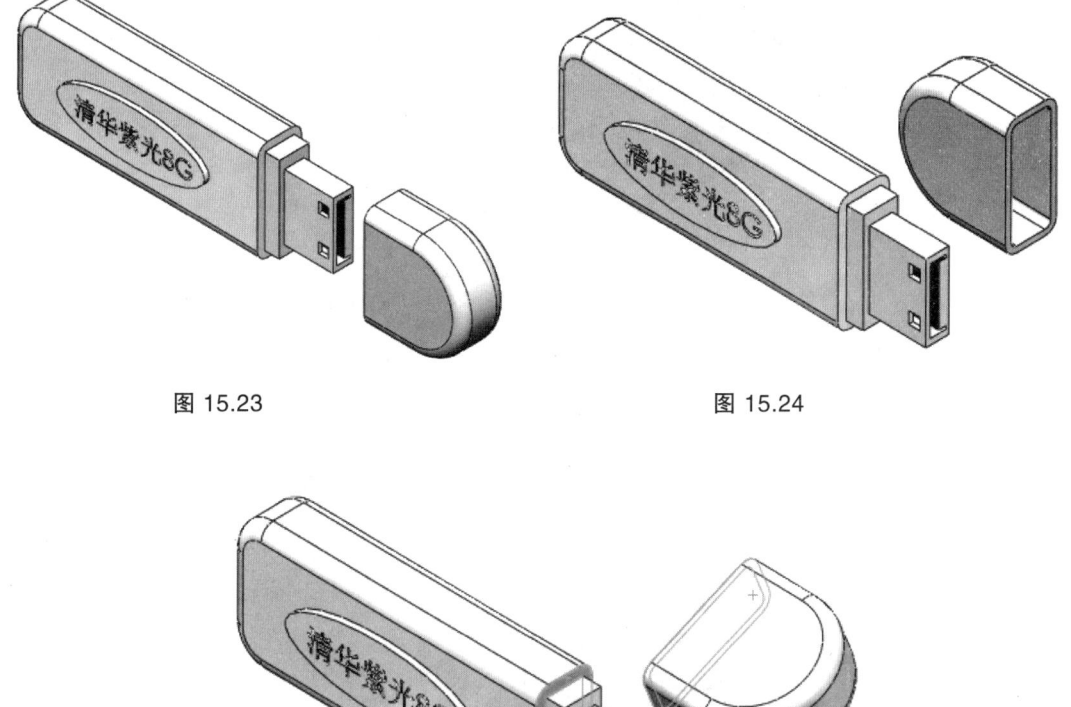

图 15.23　　　　　　　　　　　　　　图 15.24

图 15.25

（3）添加配合关系。选择主体外边缘轮廓和盖子外边缘轮廓，添加"重合"配合关系，如图 15.26 所示。

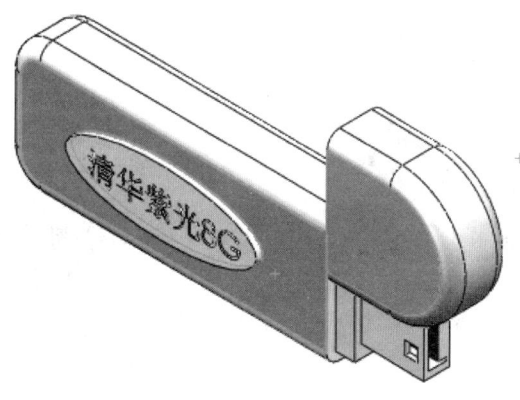

图 15.26

（4）添加配合关系。选择主体上边缘轮廓和盖子上边缘轮廓，添加"重合"配合关系，如图 15.27 所示。

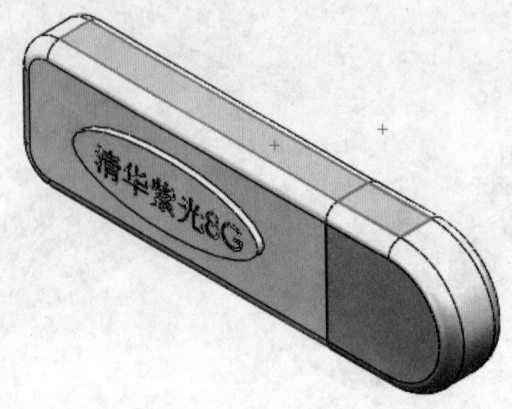

图 15.27

（5）完成模型，如图 15.28 所示。

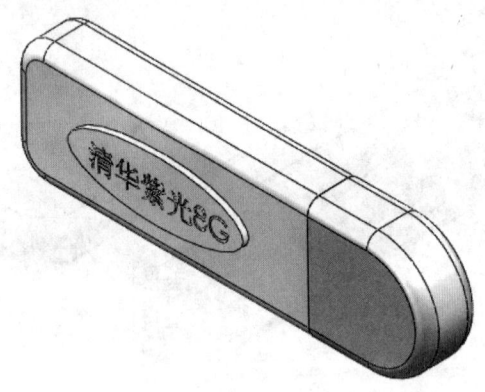

图 15.28

15.8　能力测试

请自定义尺寸，在 100 min 内完成以下 4 个项目建模。

练习图 1　锤头　　　　　　　　练习图 2　插线板

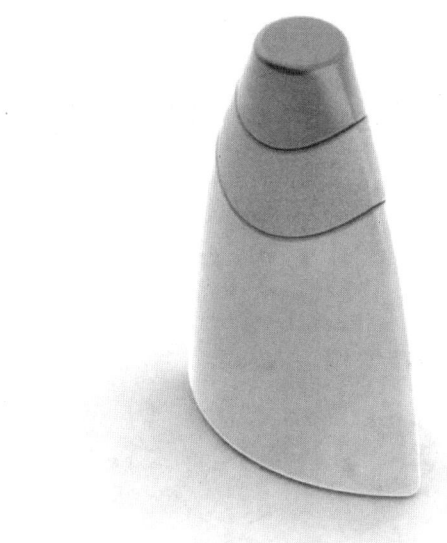

练习图 3　香水瓶

练习图 4　办公系统

项目 16　万向节装配

16.1　案例介绍

这是一款简单的万向节装配体,如图 16.1 所示。

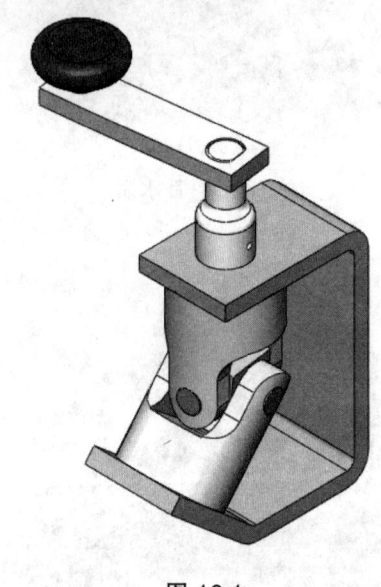

图 16.1

16.2　学习知识点

(1) 高级装配命令的基本操作。
(2) 爆炸视图的装配基本操作。

16.3　案例分析

本案例是一款常见的机械零件装配体,主要使用基础装配中的重合、平行、对称等命令完成零件装配,并通过干涉检查命令检查装配体的运动情况。

采用以下建模分解思路:导入手柄基础零件——建立手柄部位的小装配 1——导入基座零件——逐步添加装配关系——干涉检查——修改零件参数——再次干涉检查——完成制作。绘制流程如图 16.2 所示。

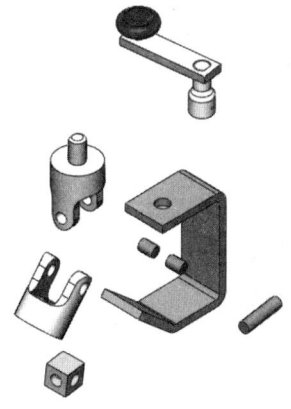

图 16.2

16.4 操作步骤

（1）新建文件。启动 Solidworks 2015，单击菜单栏中的"文件"/"新建"命令，在弹出的"新建 Solidworks 文件"对话框中选择"装配体"图标，然后单击"确定"按钮，创建一个新的装配体文件。单击菜单栏中的"文件"下面的"另存为"命令，弹出"另存为"对话框，在"文件名"文本框中输入"手柄装配"，单击"保存"按钮保存文件。

（2）插入零部件。单击"装配体"工具栏中的 "插入零部件"工具，显示"插入零部件"属性管理器。在"要插入的零件/装配体"选项中，单击"浏览"按钮，在弹出的"打开"对话框中找到"曲臂.sldprt"文件，打开该文件，单击 "确定"，完成曲臂的插入。重复上述步骤，打开"曲柄旋钮.sldprt"文件，在绘图区单击完成曲柄旋钮文件的插入，如图 16.3 所示。

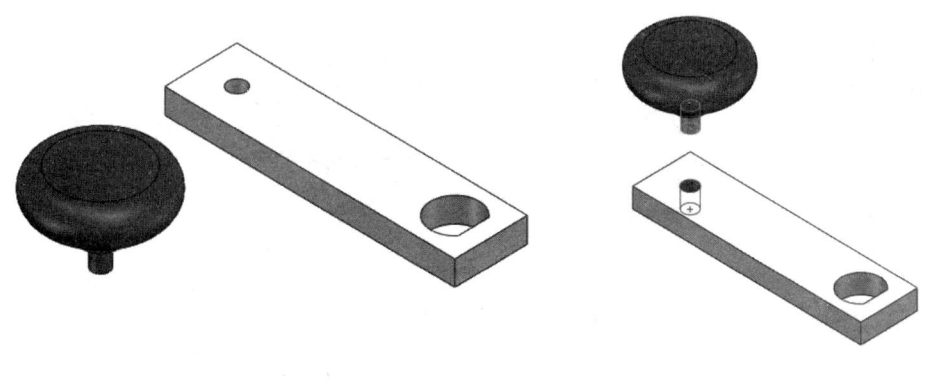

图 16.3　　　　　　　　　　图 16.4

（3）配合曲臂与曲柄旋钮零部件。单击"装配体"工具栏中的 "配合"工具，显示"配合"属性管理器，分别选择曲柄旋钮的圆柱部分和曲臂的小孔作为 "要配合的实体"，在"标准配合"选项栏中选择 ⊚ 同心1 配合，单击配合工具栏中的 ✓ "确定"按钮，生成"同心 1"配合，如图 16.4 所示。

继续选择曲柄旋钮的圆柱上平面和曲臂的上平面作为 🔲 "要配合的实体"，在"标准配合"选项栏中选择 ⼈ 重合(C) 配合，单击配合工具栏中的 ✓ "确定"按钮，生成"重合 1"配合，如图 16.5 所示。

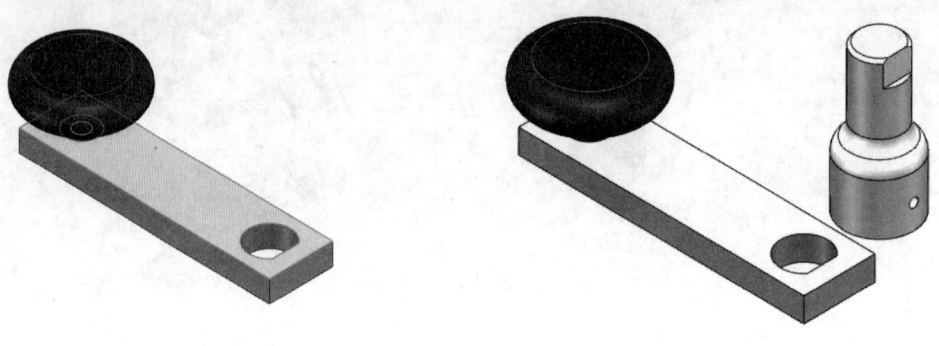

图 16.5　　　　　　　　　　　　　　图 16.6

（4）配合曲臂与曲柄轴零部件。单击"装配体"工具栏中的 🛠 "插入零部件"工具，显示"插入零部件"属性管理器。在"要插入的零件/装配体"选项中，单击"浏览"按钮，在弹出的"打开"对话框中找到"曲臂轴.sldprt"文件，打开该文件，完成曲臂轴的插入，如图 16.6 所示。

单击"装配体"工具栏中的 🔗 "配合"工具，显示"配合"属性管理器，分别选择曲臂轴的圆柱部分和曲臂的大孔作为 🔲 "要配合的实体"，在"标准配合"选项栏中选择 ⊚ 同心配合，单击配合工具栏中的 ✓ "确定"按钮，生成"同心 2"配合，如图 16.7 所示。

继续选择曲臂轴的缺口平面和曲臂的大孔的缺口平面作为 🔲 "要配合的实体"，在"标准配合"选项栏中选择 ⫽ 平行1配合，单击配合工具栏中的 ✓ "确定"按钮，生成"平行 1"配合，如图 16.8 所示。

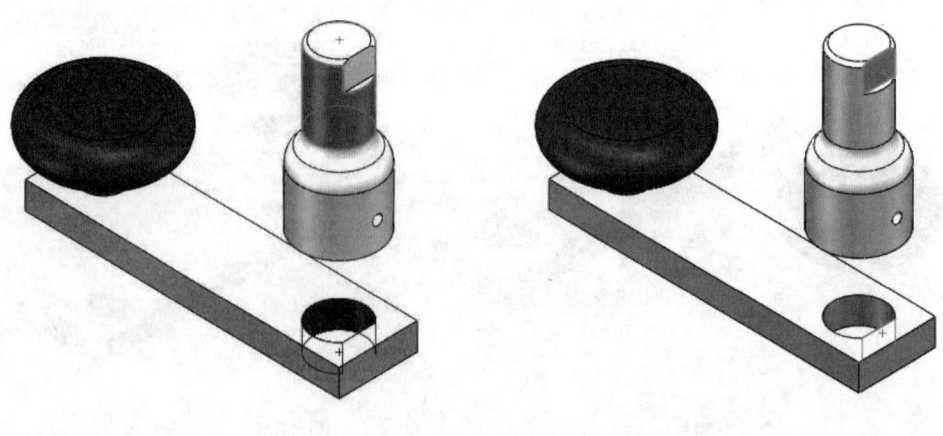

图 16.7　　　　　　　　　　　　　　图 16.8

继续选择曲臂轴的顶面和曲臂的顶面作为 🔲 "要配合的实体"，在"标准配合"选项栏中选择 ⼈ 重合(C) 配合，单击配合工具栏中的 ✓ "确定"按钮，生成"重合 2"配合，如图 16.9

所示，完成手柄部分的装配。

图 16.9

（5）新建文件。再次创建一个新的装配体文件。单击菜单栏中的"文件"下面的"另存为"命令，弹出"另存为"对话框，在"文件名"文本框中输入"万向节装配体"，单击"保存"按钮，保存文件。

（6）插入零部件。单击"装配体"工具栏中的 "插入零部件"工具，显示"插入零部件"属性管理器。在"要插入的零件/装配体"选项中，单击"浏览"按钮，在弹出的"打开"对话框中找到"支架.sldprt"文件，打开该文件，单击 "确定"，完成支架的插入。重复上述步骤，打开"子轭.sldprt"文件，在绘图区单击，完成子轭文件的插入，如图 16.10 所示。

单击"装配体"工具栏中的 "配合"工具，显示"配合"属性管理器，分别选择支架的孔部内壁和子轭的上部圆柱作为 "要配合的实体"，在"标准配合"选项栏中选择 同心配合，单击配合工具栏中的 "确定"按钮，生成"同心 1"配合，如图 16.11 所示。

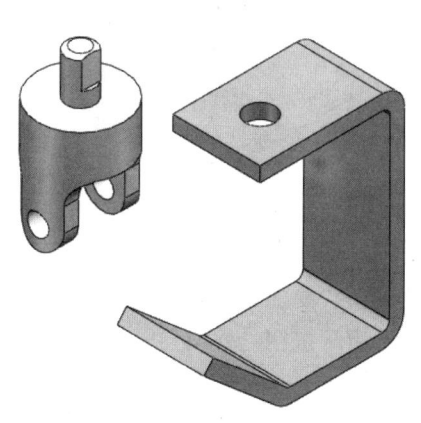
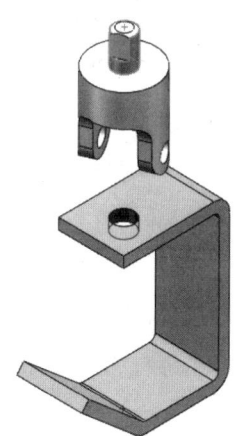

图 16.10　　　　　　　　图 16.11

继续选择子轭的上部圆柱顶部和支架顶的下表面作为 "要配合的实体"，在"标准配合"选项栏中选择 重合配合，单击配合工具栏中的 "确定"按钮，生成"重合 1"配合，如图 16.12 所示。

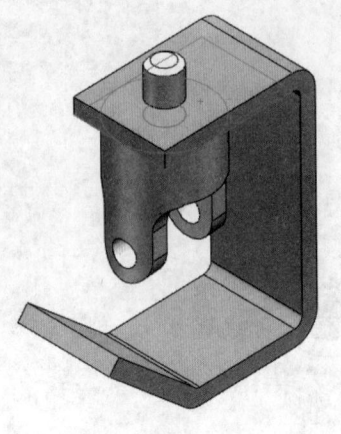 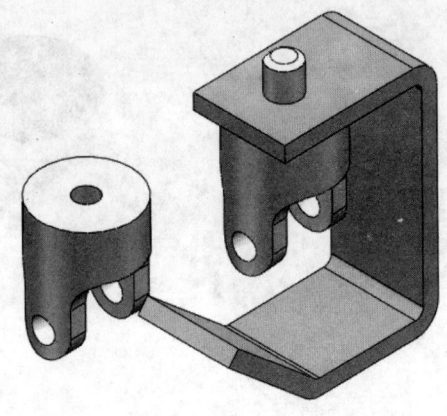

图 16.12　　　　　　　　　　　图 16.13

（7）插入零部件。打开"十字叉.sldprt"文件，完成十字叉零件的插入，如图 16.13 所示。

单击"装配体"工具栏中的 ❨ "配合"工具，显示"配合"属性管理器下的"高级配合"下的"宽度"配合命令，分别选择子轭零件的两个孔部内侧面作为 "宽度选择"，在"薄片选择"选项栏中选择十字叉零件的两个孔部外侧面，单击配合工具栏中的 ✔ "确定"按钮，生成"宽度 1"配合，如图 16.14 所示。

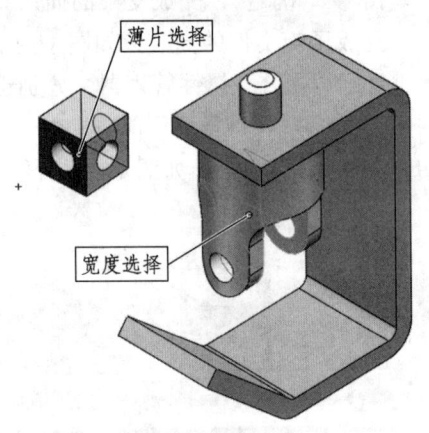 

图 16.14　　　　　　　　　　　图 16.15

继续选择十字叉的孔部内壁和子轭的孔内壁作为 "要配合的实体"，在"标准配合"选项栏中选择 ◎ 同心配合，单击配合工具栏中的 ✔ "确定"按钮，生成"同心 1"配合，如图 16.15 所示。

（8）插入零部件。打开"母轭.sldprt"文件，完成母轭零件的插入，如图 16.16 所示。

单击"装配体"工具栏中的 ❨ "配合"工具，显示"配合"属性管理器下的"高级配合"下的"宽度"配合命令，分别选择母轭零件的两个孔部内侧面作为"宽度选择"，在"薄片选择"选项栏中选择十字叉零件的两个孔部外侧面，单击配合工具栏中的 ✔ "确定"按钮，生成"宽度 2"配合，如图 16.17 所示。

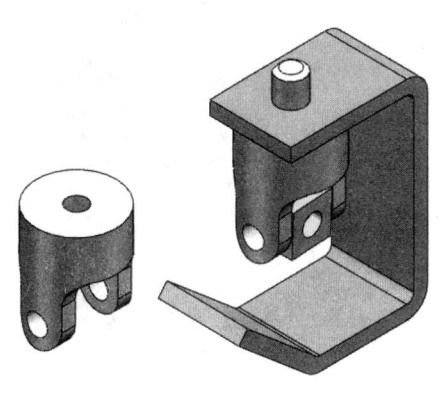 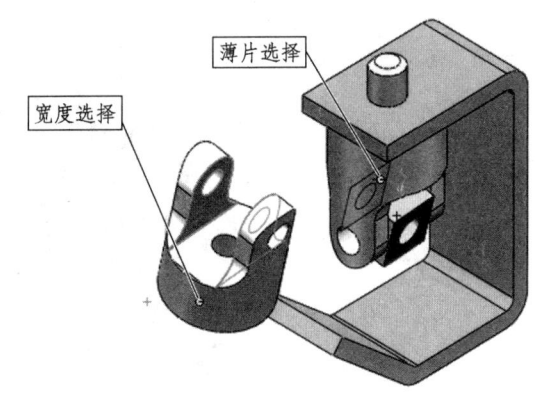

图 16.16　　　　　　　　　　　　　　图 16.17

继续选择十字叉的孔部内壁和母轭的孔内壁作为 "要配合的实体"，在"标准配合"选项栏中选择 同心 配合，单击配合工具栏中的 "确定"按钮，生成"同心 2"配合，如图 16.18 所示。

继续选择母轭的端部面和支架的斜切面作为 "要配合的实体"，在"标准配合"选项栏中选择 平行(R) 配合，单击配合工具栏中的 "确定"按钮，生成"平行 1"配合，如图 16.19 所示。

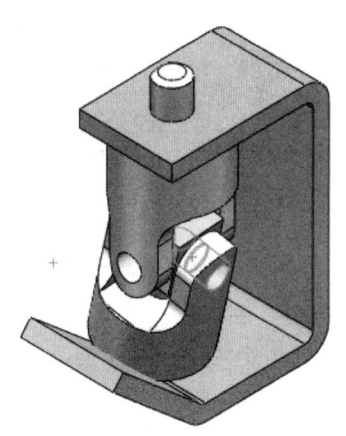 

图 16.18　　　　　　　　　　　　　　图 16.19

（9）插入零部件。打开"长销.sldprt"文件，完成长销零件的插入，如图 16.20 所示。

单击"装配体"工具栏中的 "配合"工具，显示"配合"属性管理器下的"标准配合"下的"同心"配合命令，选择长销的外壁和十字叉的孔内壁作为 "要配合的实体"，单击配合工具栏中的 "确定"按钮，生成"同心 4"配合，如图 16.21 所示。

继续选择长销的端部面和母轭的外表面作为 "要配合的实体"，在"标准配合"选项栏中选择 相切 配合，单击配合工具栏中的 "确定"按钮，生成"相切 1"配合，如图 16.22 所示。

（10）插入零部件。打开"短销.sldprt"文件，完成短销零件的插入，如图 16.23 所示。

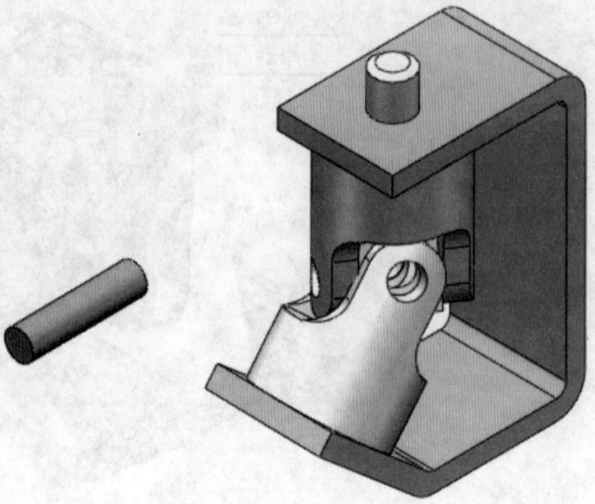

图 16.20 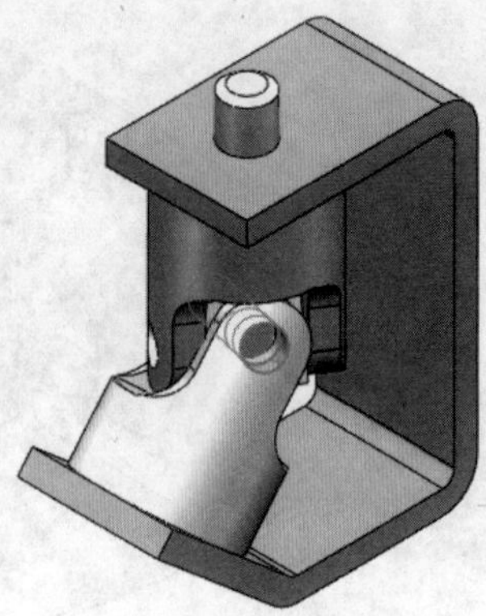　　　　　　　　　　　　　　图 16.21

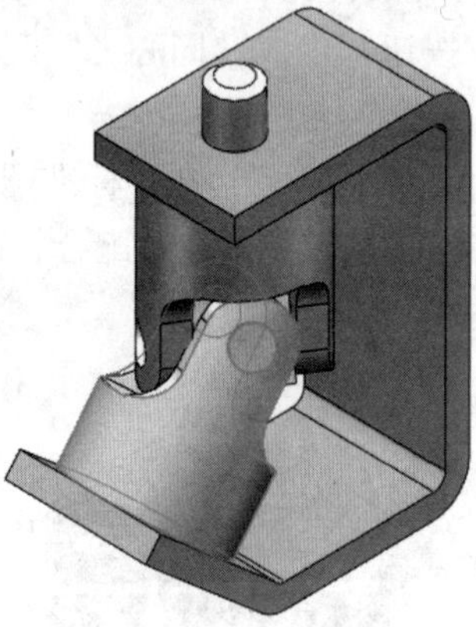

图 16.22 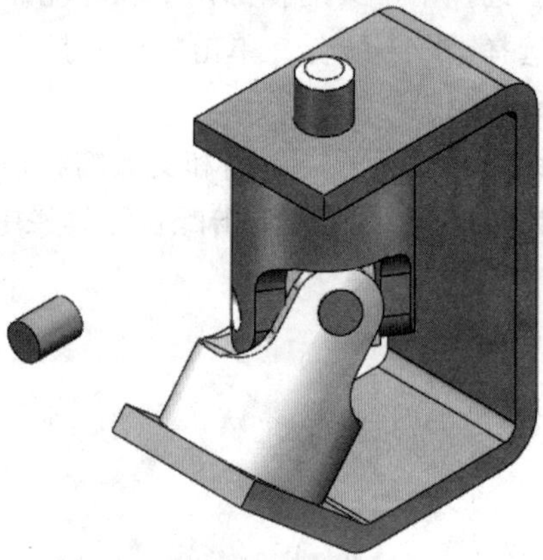　　　　　　　　　　　　　　图 16.23

单击"装配体"工具栏中的 🖉 "配合"工具，显示"配合"属性管理器下的"标准配合"下的"同心"配合命令，选择短销的外壁和十字叉的孔内壁作为 🖳 "要配合的实体"，单击配合工具栏中的 ✔ "确定"按钮，生成"同心 5"配合，如图 16.24 所示。

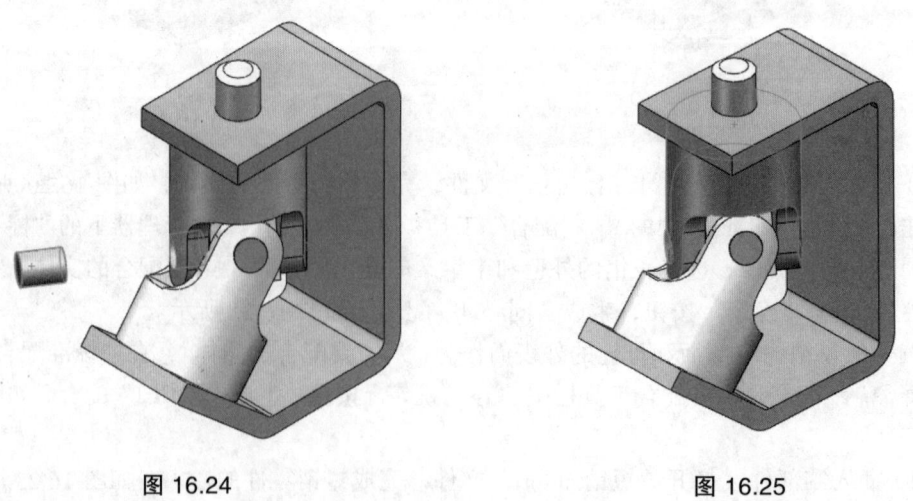

图 16.24　　　　　　　　　　　　　　图 16.25

继续选择短销的端部面和母轭的外表面作为 "要配合的实体",在"标准配合"选项栏中选择 相切配合,单击配合工具栏中的 "确定"按钮,生成"相切2"配合,如图16.25所示。

同理,再次插入"短销.sldprt"文件,按照上一步骤,选择短销的外壁和十字叉的另外一个孔内壁生成"同心6"配合,如图16.26所示。

继续选择短销的端部面和母轭的外表面生成"相切3"配合,如图16.27所示。

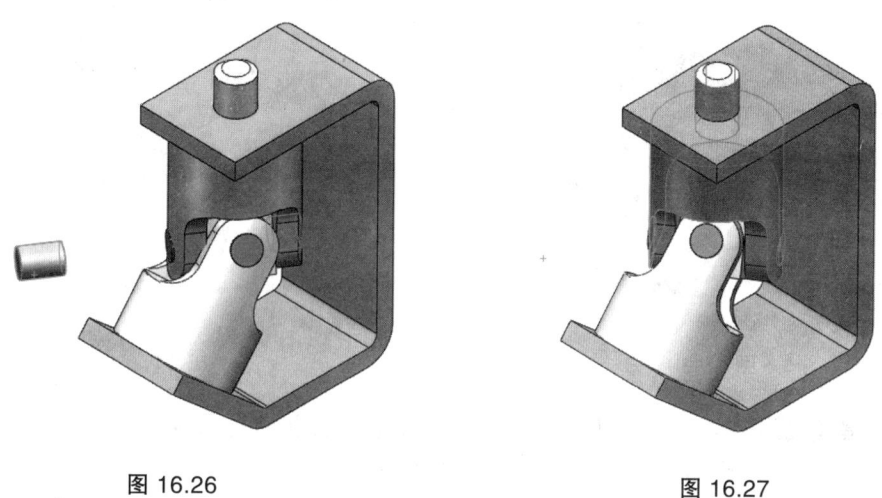

图 16.26　　　　　　　　　　　　　图 16.27

(11)插入装配体。打开"手柄装配.sldasm"文件,完成手柄装配体的插入,如图16.28所示。

单击"装配体"工具栏中的 "配合"工具,显示"配合"属性管理器下的"标准配合"下的"同心"配合命令,选择曲臂轴的外壁和子轭的轴外壁作为 "要配合的实体",单击配合工具栏中的 "确定"按钮,生成"同心7"配合,如图16.29所示。

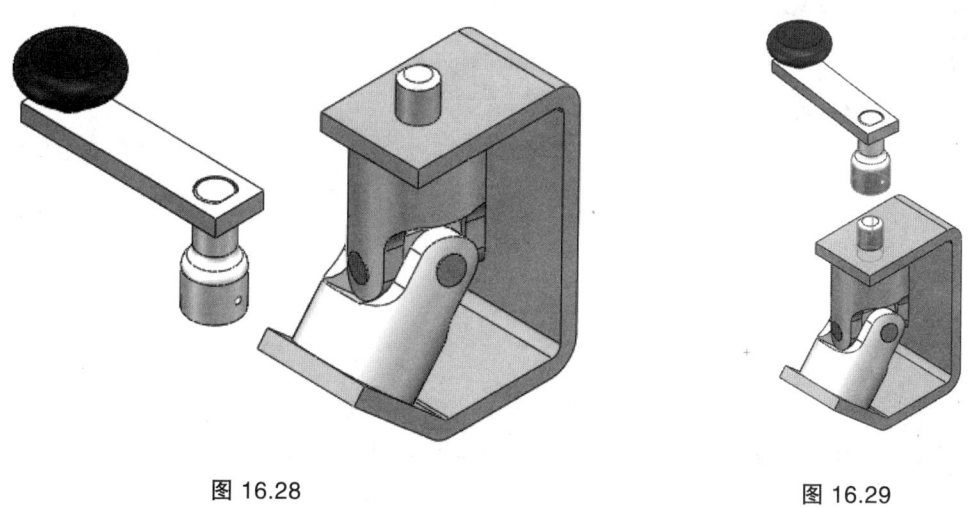

图 16.28　　　　　　　　　　　　　图 16.29

继续选择曲臂轴的内壁缺口和子轭的轴外壁缺口作为 "要配合的实体",单击配合工具

栏中的 ✅ "确定"按钮，生成"平行1"配合，如图16.30所示。

继续选择曲臂轴的下端面和支架的上端面作为 🔲 "要配合的实体"，单击配合工具栏中的 ✅ "确定"按钮，生成"重合6"配合，如图16.31所示，完成万向节的全部装配。

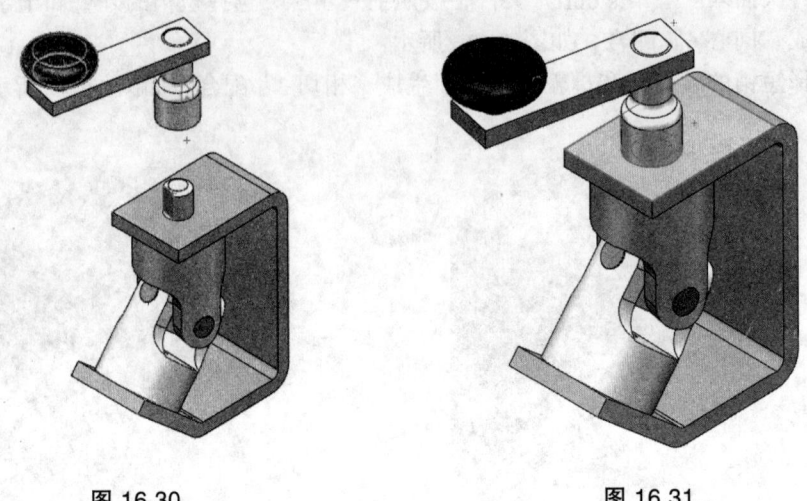

图 16.30　　　　　　　　　　　　图 16.31

（12）爆炸视图。选择设计树下的子目录"配置"，点击鼠标右键，在出现的快捷菜单中打开"万向节配置"下面的"新爆炸视图"，如图16.32所示。

选择"手柄"部分，按照图标所示的十字坐标拖动零件到某一位置，形成"爆炸步骤1"，如图16.33所示。

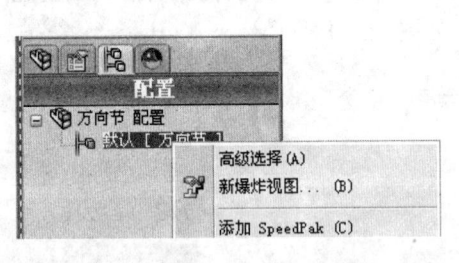  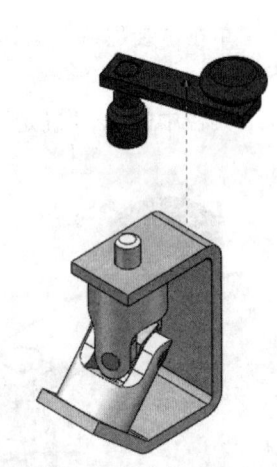

图 16.32　　　　　　　　　　　　图 16.33

逐步拖动其他零件至图上位置，拉开零件间的距离，形成有7个步骤的爆炸视图，如图16.34所示。再次点击鼠标右键，在出现的快捷菜单中选择"解除爆炸"，装配体有可以恢复成爆炸前模型，如图16.35所示。

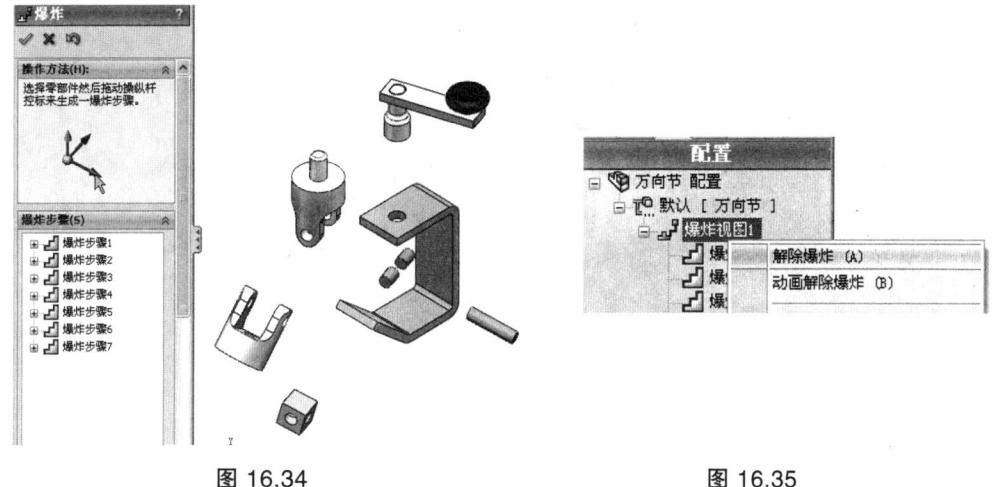

图 16.34　　　　　　　　　　　　图 16.35

16.5　能力拓展

16.5.1　装配体的高级配合

高级配合包含以下几个关系：对称配合；宽度配合；路径配合；线性/线性耦合。

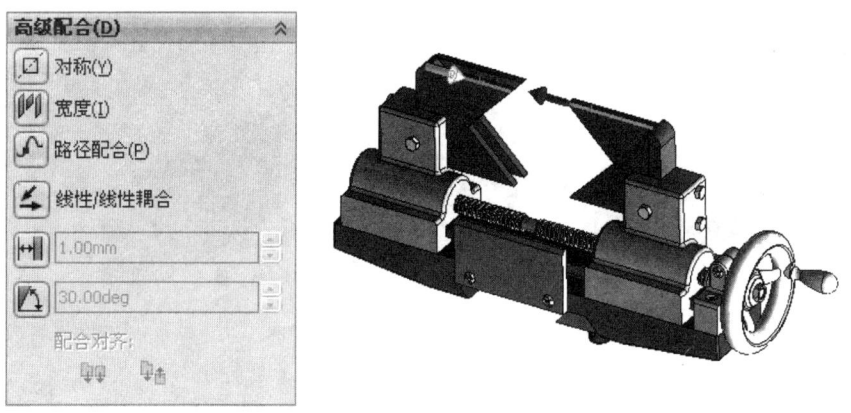

图 16.36

1. 对称配合

强制使两个相似的实体关于平面对称，但它并不创建镜像零件。
对称配合中可使用以下实体：
- 点，例如顶点或草图点。
- 直线，例如边线、轴或草图直线。
- 基准面或平面。
- 相等半径的球体。
- 相等半径的圆柱。

对称配合示例如图 16.37 所示。

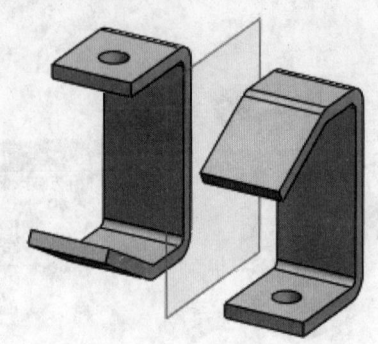

图 16.37

2. 宽度配合

使薄片位于宽度选择的中心。

宽度选择可以是：
- 两个平行平面。
- 两个非平行平面（带或不带拔模）。

薄片选择可以是：
- 两个平行平面。
- 两个非平行平面（带或不带拔模）。
- 一个圆柱面或轴。

宽度配合示例如图 16.38 所示。

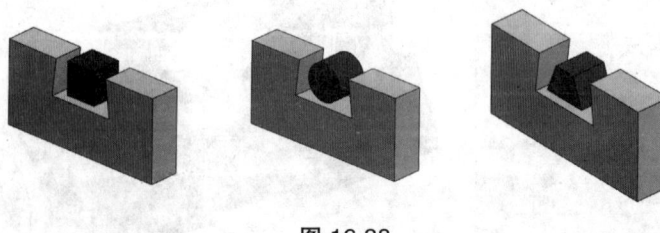

图 16.38

3. 路径配合

将零部件上所选的点约束到路径。用户可以在装配体中选择一个或多个实体来定义路径。用户可以定义零部件在沿路径经过时的纵倾、偏转和摇摆。

路径配合示例如图 16.39 所示。

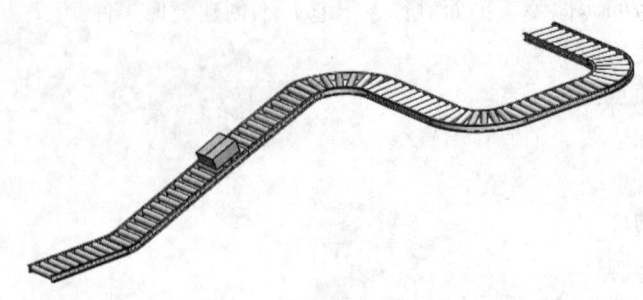

图 16.39

4. 查看配合条件

显示装配体中一个或多个零部件或次装配体的配合条件列表。当配合条件变多时，这是一个非常有用的工具。

点选鼠标右键单击，再选择检视配合条件，如图 16.40 所示。

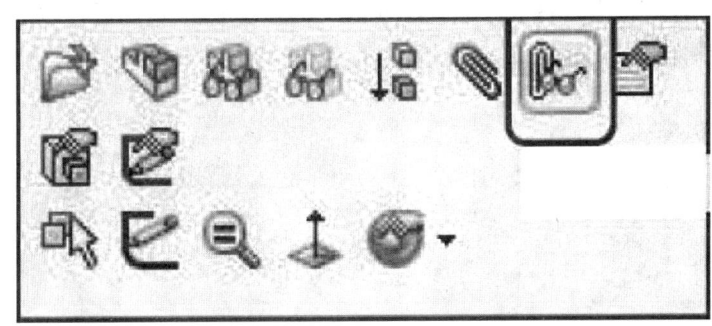

图 16.40

5. 配合方案

（1）最佳配合是把多数零件配合到一个或两个固定的零件。避免使用链式配合，这样更容易产生错误。示例如图 16.41 所示。

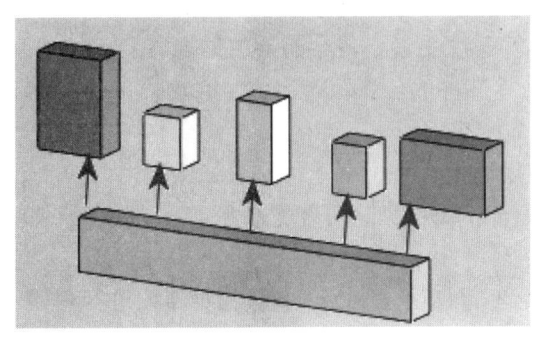
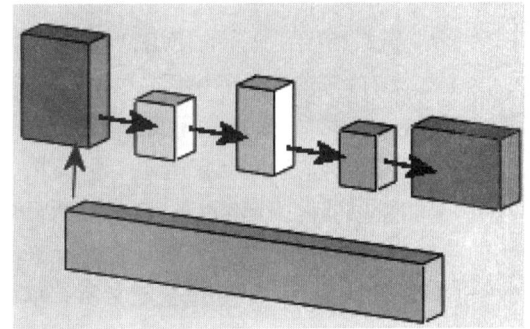

图 16.41

（2）对于带有大量配合的零件，使用基准轴、基准面为配合对象可使配合方案清晰，更不容易产生错误，示例如图 16.42 所示。

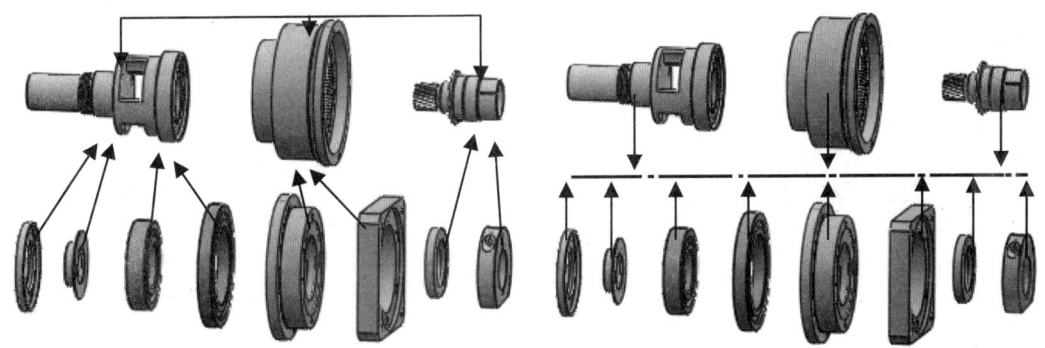

图 16.42

（3）尽量避免循环配合，这样会造成潜在的错误，并且很难排除。

（4）尽量避免冗余配合：尽管Solidworks允许冗余配合（距离和角度配合除外），但冗余配合使配合解算速度更慢，配合方案更难理解，一旦出错，更难排查。

（5）一旦出现配合错误，尽快修复。添加配合决不会修复先前配合问题。

（6）在添加配合前将零部件拖动到大致正确位置和方向，因为这会给配合解算应用程序更佳机会将零部件捕捉到正确位置。

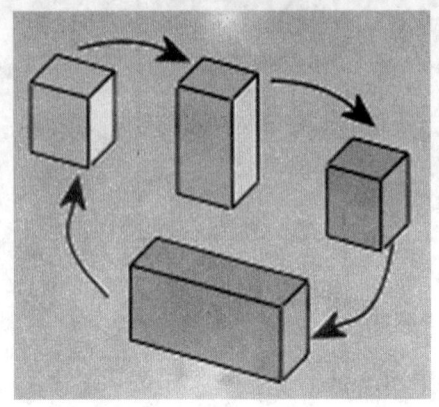 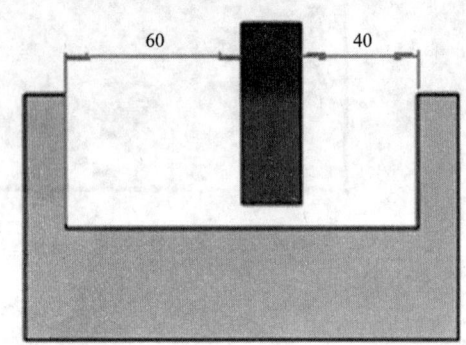

图 16.43

（7）尽量减少限制配合的使用，限制配合解算速度更慢，更容易导致错误。

（8）如果有可能减少自由度，尽量完全定义零部件的位置。带有大量自由度的装配体解算速度更慢，拖动时容易产生不可预料的结果。

（9）对于已经确定位置或定型的零部件，使用固定代替配合能加快解算速度。

（10）如果零部件引起问题，与其诊断每个配合，相反删除所有配合并重新创建常常更容易（同向对齐/反向对齐和尺寸方向冲突）。

（11）绘制零件时，尽量完全定义所有草图，不建议由CAD中直接拷贝草图进行建模。不精确的草图更容易产生配合错误，且极难分析错误的原因。

（12）避免循环参考。大部分循环参考发生在与关联特征配合的时候，有时也会发生在与阵列零部件配合的时候。如果装配体需要至少两次重建才能达到正确的结果，那么装配体中很可能存在循环参考。

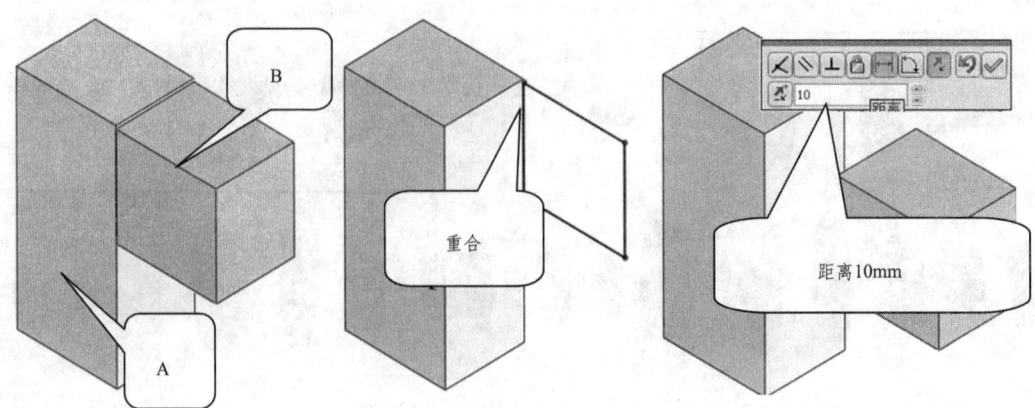

图 16.44

本项目主要讲述了 Solidworks 软件三维建模特征的旋转命令基本操作和基本思想，经过本项目的学习，请思考以下问题：

1. 旋转特征能适合那些模型的创建？
2. 旋转切除命令如何运用？

16.5.2 装配体的爆炸视图

1. 生成爆炸及解除爆炸视图

爆炸视图保存在生成它的配置中。

欲爆炸及解除爆炸视图：

在 ConfigurationManager 选项卡上 ，展开所需的配置，执行以下操作之一：

- 双击爆炸视图特征。
- 用右键单击爆炸视图特征，然后选择爆炸（或解除爆炸）。
- 仅对于装配体操作：右键单击爆炸视图特征，然后选择动画爆炸（或动画解除爆炸）

以在装配体爆炸或解除爆炸时显示动画控制器并弹出工具栏。

2. 爆炸视图的作用

爆炸视图显示分散但已定位的装配体，以便说明在装配时如何组装在一起。

可以通过在图形区域中选择和拖动零件来生成爆炸视图，从而生成一个或多个爆炸步骤。在爆炸视图中可以：

- 均分爆炸成组零部件（器件、螺垫等）。
- 附加新的零部件到另一个零部件的现有爆炸步骤。如果您要添加一个零件到已有爆炸视图的装配体中，这个方法很有用。
- 如果子装配体有爆炸视图，可在更高级别的装配体中重新使用此爆炸视图。
- 添加爆炸直线以表示零部件关系。

装配体爆炸时，不能给装配体添加配合。

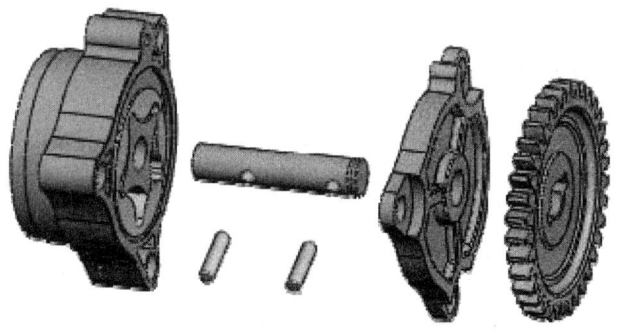

图 16.45

3. 生成爆炸视图（装配体）

通过在图形区域中选择和拖动零件来生成爆炸视图，从而生成一个或多个爆炸步骤。

欲生成爆炸视图步骤如下：

（1）单击爆炸视图 （装配体工具栏）或"插入"/"爆炸视图"。

(2)选取一个或多个零部件以包括在第一个爆炸步骤中。

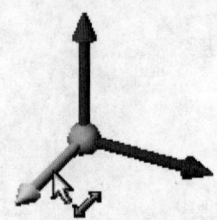

在 PropertyManager 中，零部件显示在爆炸步骤的零部件 中。有一三重轴出现在图形区域中。要移动或对齐三重轴，步骤如下：
- 拖动中央球形可来回拖动三重轴。
- Alt +拖动中央球形或臂杆将三重轴丢放在边线或面上，以使三重轴对齐该边线或面。右键单击中心球并选择对齐到、与零部件原点对齐、或与装配体原点对齐。

(3)拖动三重轴臂杆来爆炸零部件。爆炸步骤出现在爆炸步骤下。
(4)在设置下，单击"完成"。PropertyManager 清除且为下一爆炸步骤作准备。
(5)根据需要生成更多爆炸步骤，然后单击 。

爆炸视图特征 ExplView 显示在 ConfigurationManager 中的生成爆炸视图的配置下。每一个配置都可以有一个爆炸视图。

4. 编辑爆炸视图的步骤

(1)在 PropertyManager 中的爆炸步骤下，右键单击爆炸步骤，然后单击编辑步骤。三重轴显示在图形区域，拖动控标 显示在零部件上。
(2)根据需要重新定位零部件：
- 要沿当前轴移动零部件，请拖动控标 。
- 要更改零部件爆炸所沿的轴，请单击三重轴上的一个轴，然后单击"应用"。爆炸距离保持相同，但沿新轴应用。

(3)根据需要进行以下更改：
- 选择零部件以添加到爆炸步骤。
- 右键单击并选取删除，则从步骤中删除零部件。
- 更改设置。
- 更改选项。

(4)单击"应用"来预览更改。单击 撤销不必要的更改。
(5)单击"完成"以完成此操作。

16.6 小结与思考

本项目主要讲述了 Solidworks 软件中装配体的爆炸视图，经过本项目的学习，请思考以下问题：
1. 爆炸视图将如何清晰地表达出产品内部结构？
2. 高级配合命令适合运用于那些零件配合？

16.7 实战演练

应用装配体配合命令组装好如图 16.46 所示变速箱的三维模型。

图 16.46

装配体分析：

这是一个变速箱。首先创建一个装配体文件，然后依次插入零部件，最后添加配合关系，并调整视图方向。

建模步骤如下：

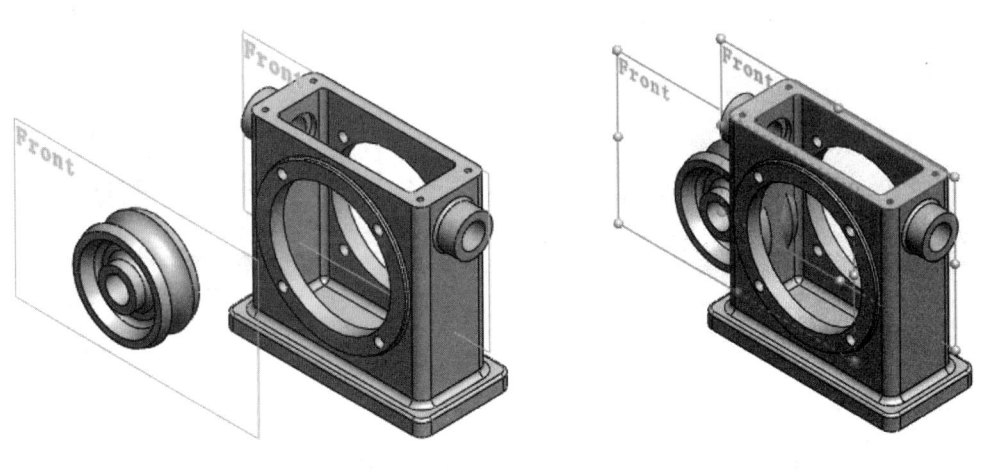

图 16.47　　　　　　　　　　　　　　图 16.48

（1）导入模型。新建一个装配体文件，点击"插入零部件"命令，导入主体和中心轴两个零件，如图 16.47 所示。

（2）添加配合关系。选择主体的前视图和中心轴的前视图，添加"重合"配合关系，结果如图 16.48 所示。

· 211 ·

（3）添加配合关系。选择主体圆环和中心轴圆环，添加"同轴心"配合关系，如图16.49所示。

（4）导入新零件。导入主动轴承零件，如图16.50所示。

图 16.49　　　　　　　　　图 16.50

（5）添加配合关系。选择轴承主体和中心轴上轮廓边缘，添加"相切"配合关系，如图16.51所示。

（6）添加配合关系。选择主体两端孔位轮廓和轴承两端，添加"宽度"配合关系，如图16.52所示。

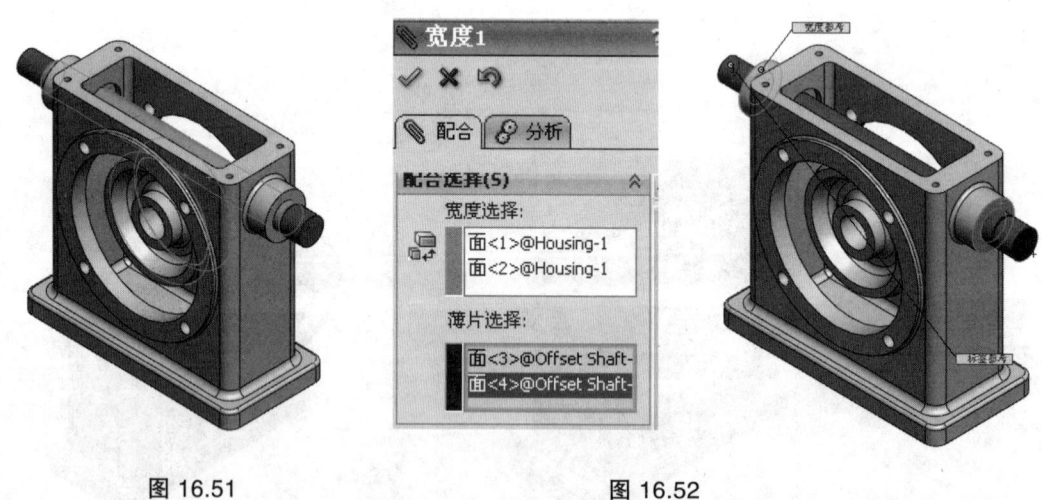

图 16.51　　　　　　　　　图 16.52

（7）导入新零件。导入主动轴承零件，如图16.53所示。

（8）添加配合关系。选择主体外轮廓边缘和外盖内边缘面，添加"重合"配合关系，如图16.54所示。

（9）添加配合关系。选择主体孔位和外盖孔位，添加"同轴心"配合关系，如图16.55所示。

（10）同理，导入前盖，完成前盖与主体的配合关系，如图16.56所示。

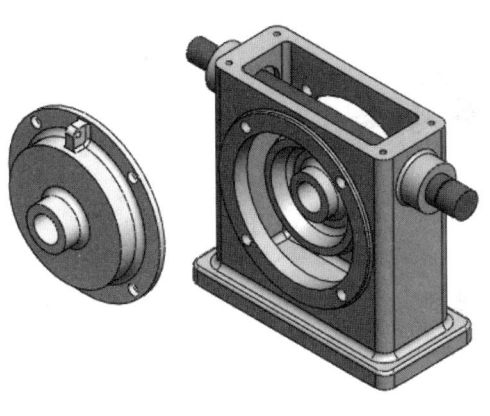
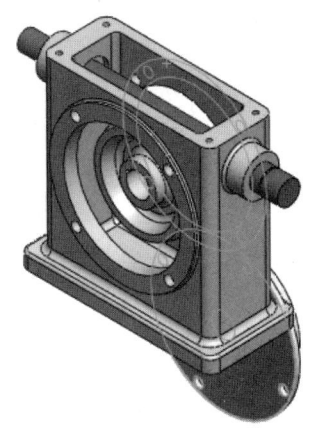

图 16.53　　　　　　　　　　图 16.54

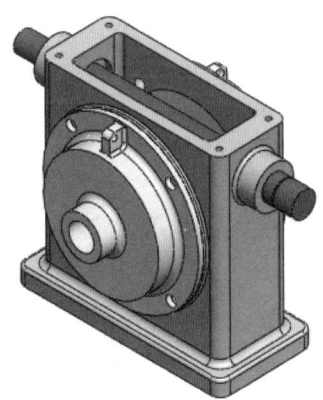

图 16.55　　　　　　　　　　图 16.56

16.8　能力测试

请自定义尺寸，在 100 min 内完成以下 3 个项目建模。

练习图 1　磨床

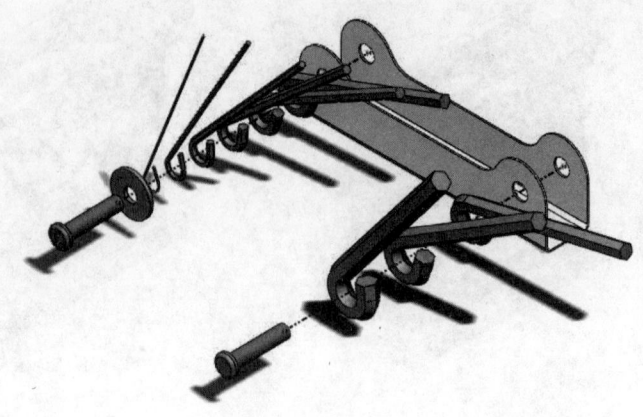

练习图 2　夹子

练习图 3　滑轮装配体

项目 17 饭盒工程图

工程图是传递产品工程信息的规范，因此，它必须完整、准确、清晰。在 Soildiworks 产品工程图中分为 2 个层次：工程图和出详图。一般来说，工程图包含几个模型建立的设计图，包含标准三视图、局部视图，也可以由现在的视图建立视图。出详图中提供零件及装配体等许多必要的模型细节，包括尺寸、注解、符合等。

17.1 案例介绍

这是一款饭盒的三视图，如图 17.1 所示。

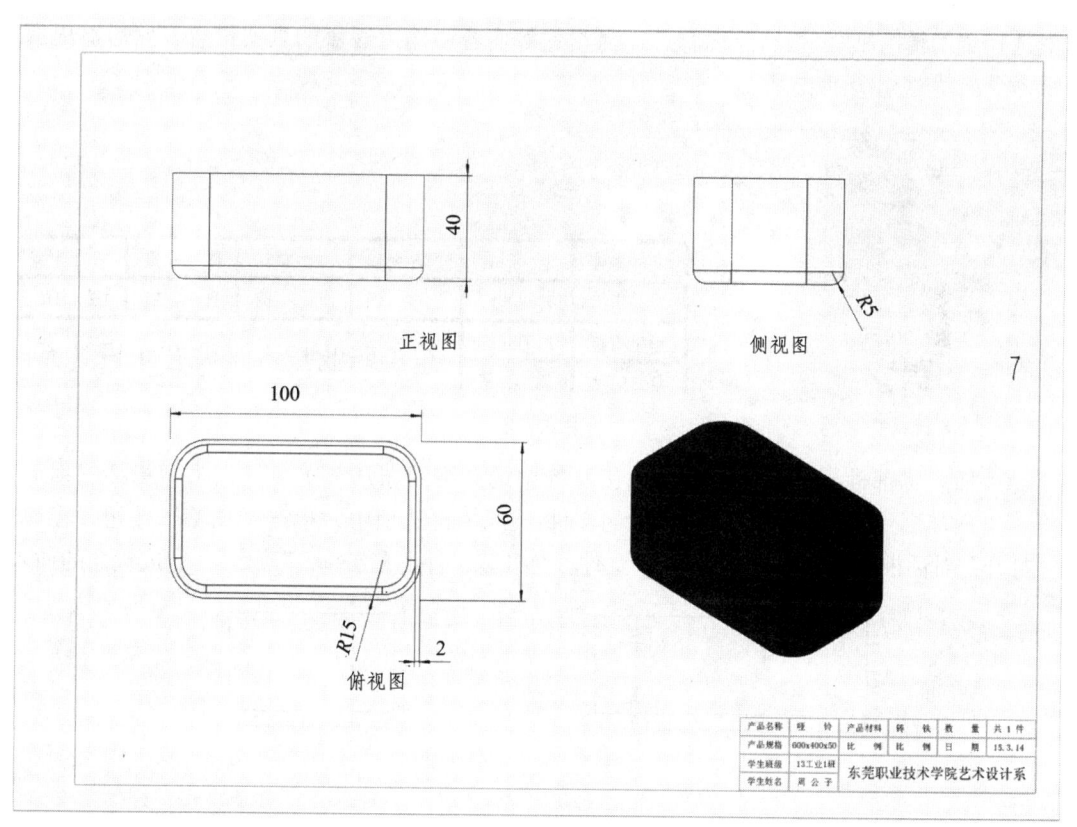

图 17.1

17.2 学习知识点

（1）定制图纸格式。

（2）标准零件三视图表达。
（3）工程图的输出。

17.3 案例分析

这是一个饭盒三视图。利用工程图创建好 A3 图纸模板，然后模型导入后引出三视图，然后添加尺寸和文字，完成制作。

17.4 操作步骤

（1）新建文件。启动 Solidworks 2015，单击菜单栏中的"文件"/"新建"命令，在弹出的"新建 Solidworks 文件"对话框中选择"A3 模板工程图"图标，然后单击"确定"按钮，创建一个新的工程图文件。

（2）编辑图纸内容。进入工程图文件的设计树，选择图纸后点击右键，在弹出的快捷菜单中选择"编辑图纸"，在产品名称、产品材料等内容中输入饭盒的真实信息，然后退出编辑图纸命令。示意如图 17.2 所示。

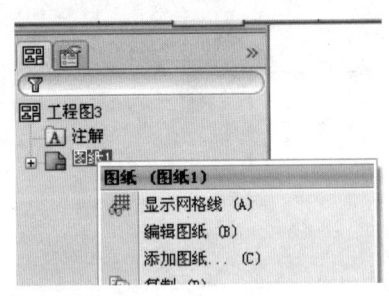

图 17.2

（3）插入零部件。单击"工程图"工具栏中的"视图布局"工具，点击"标准三视图"图标，出现其属性管理器。在"要插入的零件/装配体"选项中，单击"浏览"按钮，在弹出的"打开"对话框中找到"饭盒.sldprt"文件，打开该文件。单击 ✓ "确定"，完成饭盒的插入。

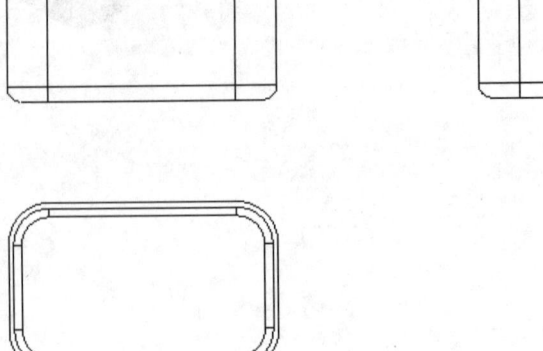

图 17.3

(4)导入三视图尺寸。先选择"俯视图工程图图纸",点击"注解"下的"模型项目"命令,获得俯视图的基本建模尺寸,调整好尺寸位置,并在"选项"/"文档属性"/"尺寸"属性栏下面调整好尺寸的大小为"小一号"。其他视图的尺寸点击"注解"下的"智能尺寸"标注完成,如图 17.4 所示。

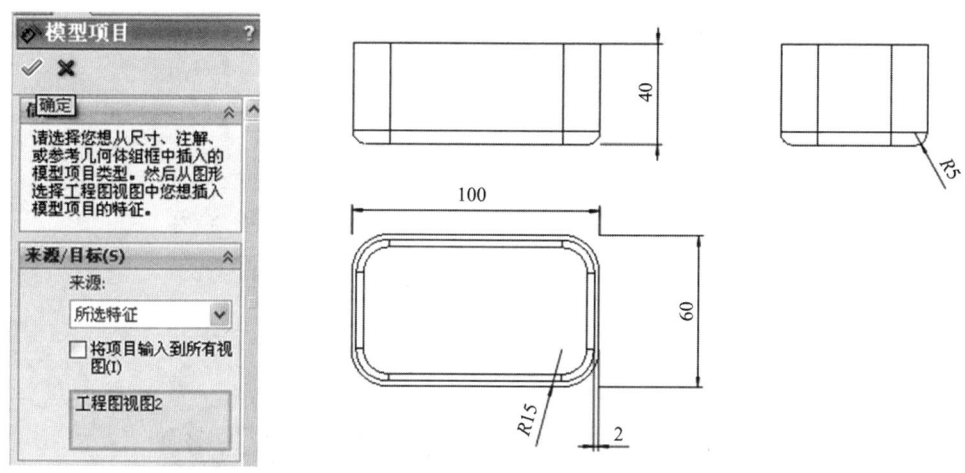

图 17.4

(5)标注文字。点击"注解"工具栏下的"注释"命令,在需要标注文字的地方输入各个视图的名称,并调整字体为"微软雅黑",字体大小为"24 号",依据此方法,完成各个实体的文字标注,如图 17.5 所示。

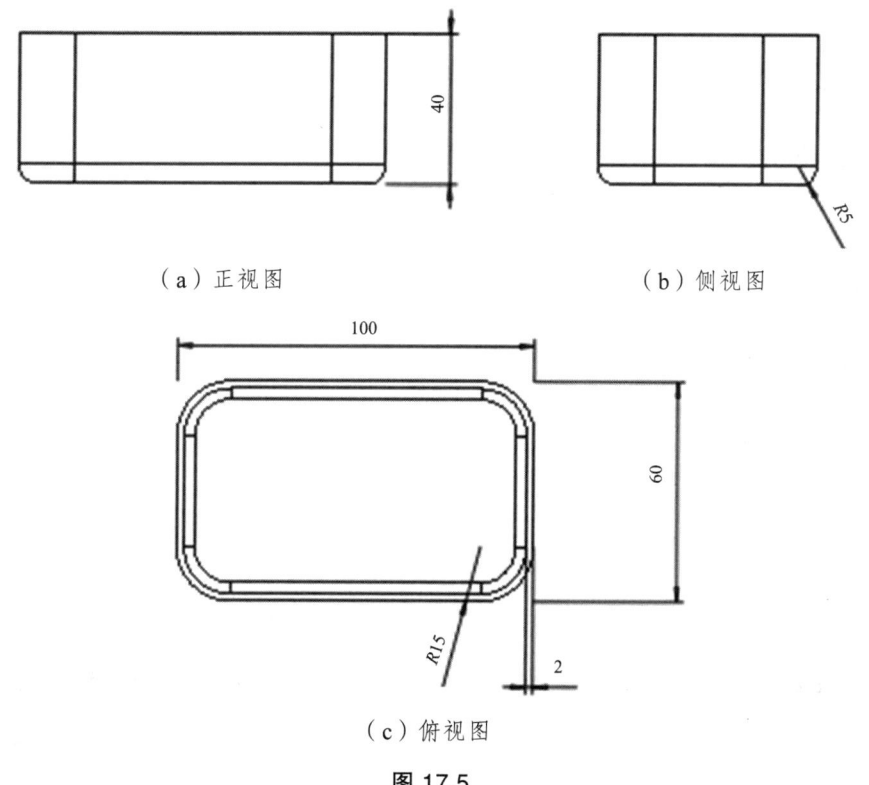

图 17.5

（6）导入等轴视图。点击右边的"视图调色板"，选择饭盒的"等轴视图"将其拖入到工程图文件内，并且以"带边线上色实体模型状态"显示，点击"确定"，完成工程图的简单绘制。

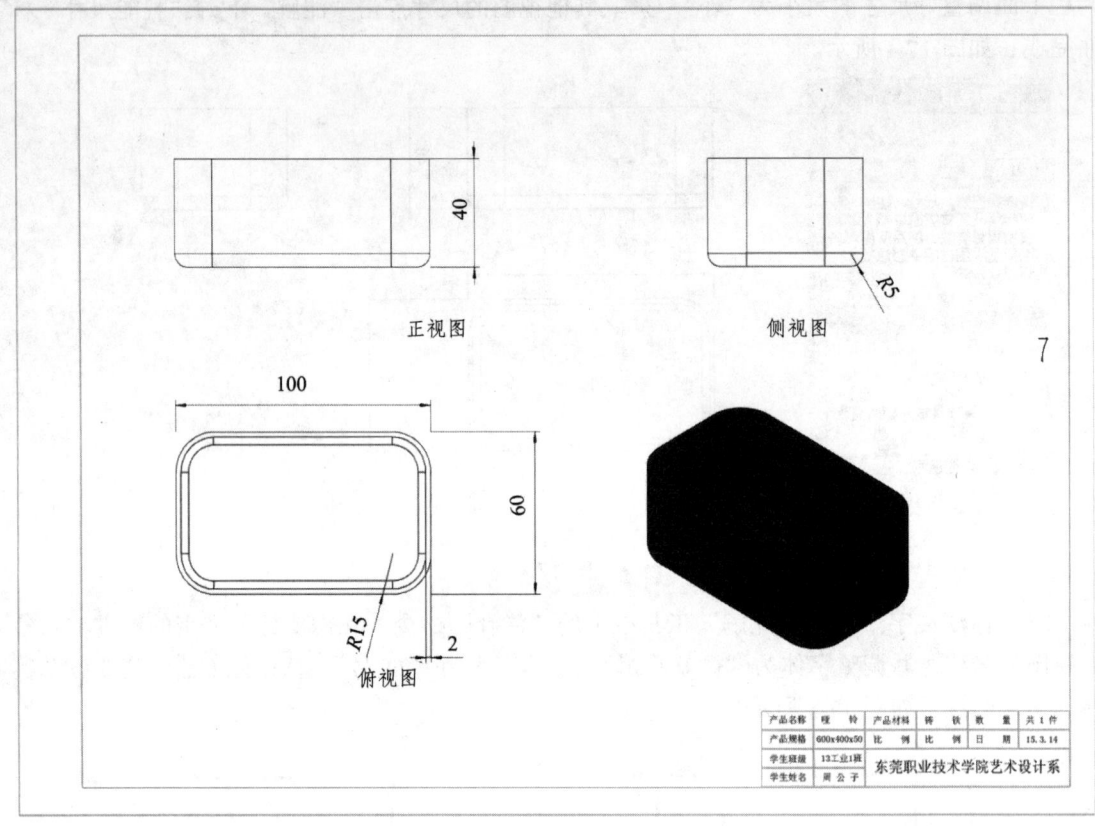

图 17.6

（7）输出图片格式。点击的"零件"/"另存为"，选择保存类型为"JPEG"格式，并且在"选项"下拉菜单中，设置图片格式为"高质量"，打印像素 DPI 为 300 以上，保存好数据后，点击"保存"，如图 17.7 所示，制作完毕。

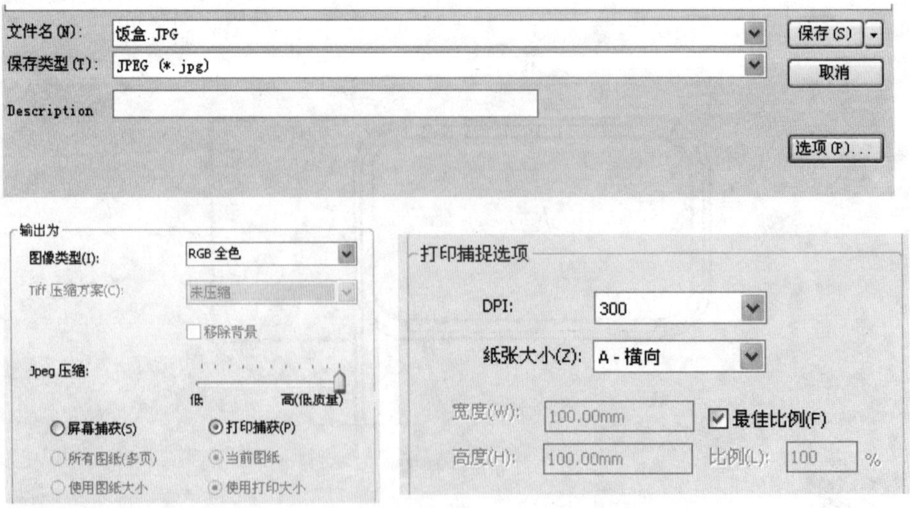

图 17.7

17.5 能力拓展

Solidworks 软件可以使用二维几何绘制生成工程图,也可将三维的零件图或装配体图变成二维的工程图。零件、装配体和工程图是互相链接的文件。通过对零件或装配体所作的任何更改会导致工程图文件的相应变更。

工程图文件的扩展名为".slddrw",新工程图名称是使用所插入的第一个模型的名称,该名称出现在标题栏中。

17.5.1 工程图模板

1. 打开工程图模板

(1)单击标准工具栏上的"新建"。

(2)单击工程图,然后单击"确定"。新的工程图出现在图形区域中,且模型视图 PropertyManager 出现。下一步,我们需要通过更改一些文本属性来编辑图纸格式。因为目前使用的是图纸格式,且还没有在工程图中插入模型,所以取消 PropertyManager。

(3)编辑图纸格式。图纸格式通常包括页面大小和方向、标准文字、边界、标题栏等。图纸格式可自定义并保存供将来使用。工程图文件的每一图纸可有不同的格式。图纸格式文件具有扩展名".slddrt"。模板是形成新文档的基础。工程图模板可包括预定义的视图、多个工程图图纸等。工程图模板具有扩展名".drwdot"。

2. 编辑工程图模板

(1)绘制标题栏。选择"编辑–图纸格式",或在特征树中的"图纸格式"节点单击右键,选择"编辑图纸格式",进入图纸格式编辑状态,图框变为蓝色。删除原有标题栏,根据企业标准绘制新的标题栏。并添加几何关系使标题栏右侧和下侧与图框对齐。填写标题栏中的固定内容。调整标题栏中的注释居中。

(2)建立自定义的系统属性。选择"文件–属性",在"摘要信息"对话框的"自定义"页面,"名称"框内输入标题栏中的一项固定内容,在"数值"框中输入该项固定内容所对应的内容,单击"添加"按钮,将该项属性添加到"属性"框中。依次定义标题栏中的各项固定内容的属性值。

(3)链接系统属性与注释。在标题栏中选择一个空注释,在属性管理器中的"文字格式"选项中单击按钮,出现"链接到属性"对话框,选择链接方式为"来自文件",在下拉列表框中选择与该框注释对应的固定内容,单击"确定"。该属性值出现在标题栏中的对应位置。

(4)在标题栏中,双击文字。可使用缩放工具使选择更容易。单击视图工具栏上的局部放大,然后拖动-选择右下角的标题栏。再次单击局部放大以将此工具关闭。文字出现在编辑框中。

将文字改为公司的名称。单击文字区域外面来保存您的更改。再次单击文字,在 PropertyManager 中,单击字体并更改字体、大小或样式,然后单击"确定"。

(5)可以使用格式化工具栏来更改字体、大小或样式。如果看不到格式化工具栏,请单击"视图"/"工具栏"/"格式化"。

（6）单击文字区域外面来保存您的更改。
（7）单击视图工具栏上的整屏以显示全图。
（8）用右键单击工程图纸中的任何地方，然后选择编辑图纸以退出编辑图纸格式模式。

3. 保存工程图纸模板

若要将此修改后的格式制定为标准模板，以方便下次使用，我们需要单击文件，选择保存图纸格式，具体如下：

（1）选择"文件"/"另存为"。
（2）保存类型选择"工程图模板（*.drwdot）"，系统将提示保存在 templates 文件夹下面，与系统已有的模板存放在一起，点击"保存"后完成。

4. 工程图打印

选择"文件-打印"，出现"打印"对话框，相关属性如下：

页面设置：设置打印比例、纸张大小、打印方向和颜色等。一般在"比例"方式中选择"调整比例以套合"，使图纸按照打印的纸张进行适当缩放。

页眉/页脚：利用自定义方式设置页眉和页脚的位置、格式和内容。

线粗：与"线型"工具栏中的线粗按钮 ■ 中的名称对应。

边界：设定打印区域与纸张的边界距离。

打印范围：选择"选择"，出现"打印所选区域"对话框，图形区中出现一个显示打印区域的方框，按住方框边界可移动方框改变打印的区域。

用小打印机打印较大的图纸时，可分区打印再采用粘贴的方法形成整张图纸。

打印预览：设定完成打印选项后，单击 🔍 观察打印结果。

17.5.2 标准视图

1. 标准三视图概念

标准三视图是指从三维模型的前视、右视、上视 3 个正交角度投影生成的 3 个正交视图。在标准三视图中，主视图与俯视图及侧视图有固定的对齐关系。俯视图可以竖直移动，侧视图可以水平移动。利用标准三视图命令将产生零件的三个默认正交视图，其主视图的投射方向为零件或装配体的前视，投影类型按前面章节中修改图纸设定中选定的第一视角或第三视角投影法。

生成标准三视图的方法有：标准方法、从文件中生成和拖放生成三种，下面主要介绍标准方法。

2. 操作步骤

利用标准方法生成标准三视图的操作步骤：

（1）打开零件或装配体文件，或打开含有所需模型视图的工程图文件。
（2）新建工程图文件，并指定所需的图纸格式。
（3）单击"工程图"工具栏上（标准三视图）按钮，或选择菜单栏中的"插入"/"工程视图"/"标准三视图"命令，指针变为形状。

（4）选择模型。选择方法有三种，简述如下：

当零件图文件打开时，生成零件工程图，可单击零件的一个面或图形区域中任何位置，当装配体文件打开时，如要生成装配体视图，可单击图形区域中的空白区域，也可以单击设计树中的装配体名称。如要生成装配体零部件视图，单击零件的面或在设计树中单击单个零件或子装配体的名称即可。

当包含模型的工程图打开时，在设计树中单击视图名称或在工程图中单击视图。

（5）工程图窗口出现，并且出现标准三视图，如图17.8所示。

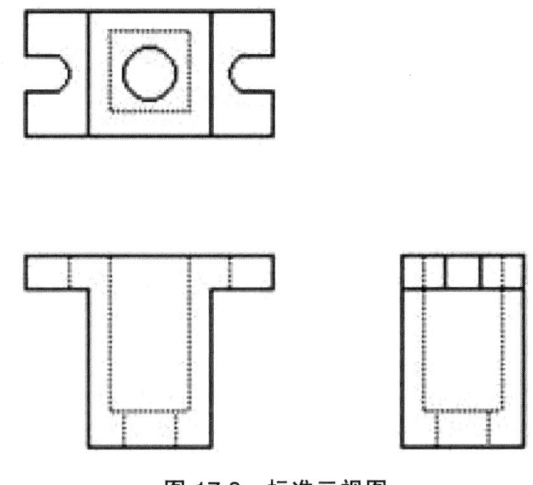

图17.8　标准三视图

17.5.3　派生视图

1. 定义

派生视图是指从标准三视图、模型视图或其他派生视图中派生出来的视图，包括剖视图、辅助视图、局部视图、投影视图等。

2. 工程图中的剖面视图

我们可以用一条剖切线来分割俯视图以在工程图中生成一个剖面视图。剖面视图可以是直切剖面或者是用阶梯剖切线定义的等距剖面。剖切线还可以包括同心圆弧。示意如图17.9所示。

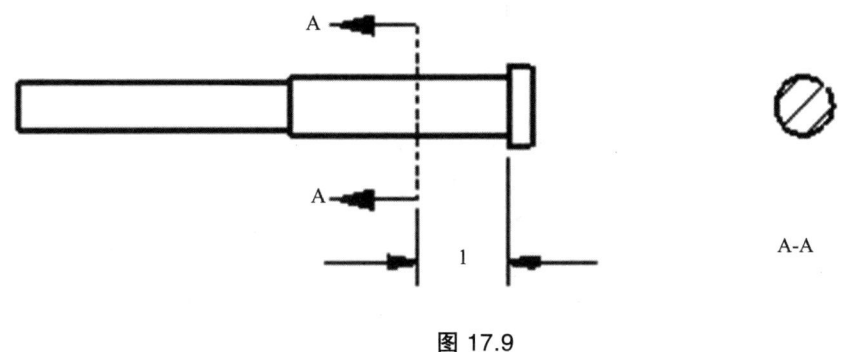

图17.9

生成剖面视图步骤：

（1）单击工程图工具栏上的剖面视图 ↕，或单击"插入"/"工程图视图"/"剖面视图"。也可选取一绘制的直线，然后单击剖面视图 ↕ 工具。

（2）剖面视图 PropertyManager 出现，直线 ╲ 工具被激活。

（3）绘制一剖切线。在绘制时使用推理或添加几何关系以将剖面线在模型中与特征关联。如果剖切线没完全切透此视图中模型的边界框，将会询问您是否想要此视图为部分剖切。如果单击"是"，剖面视图被生成为局部剖视图。如果再创建装配体剖面视图，或者如果模型包含筋特征，则在剖面视图对话框中设定选项。

当移动指针时，拖动工程视图会显示视图预览，并且可控制视图方向和对齐关系。

如果剖切线有多条线段，视图会与单击剖面视图工具时选择的草图线段对齐。

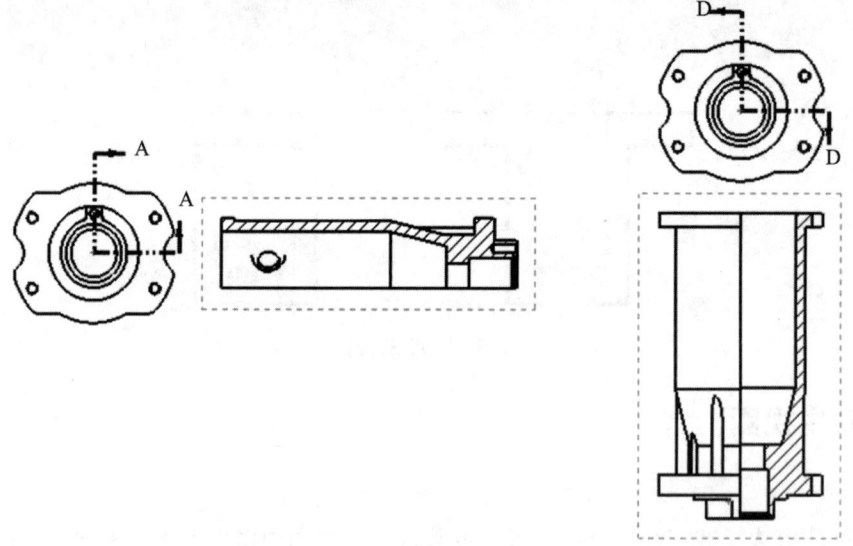

图 17.10

（4）单击以放置视图。如有必要，可编辑视图标号，更改视图的方向或修改剖面视图。

3. 工程图中的局部视图

（1）定义：在工程图中生成一个局部视图来显示一个视图的某个部分（通常是以放大比例显示）。此局部视图可以是正交视图、空间（等轴测）视图、剖面视图、裁剪视图、爆炸装配体视图或另一局部视图。

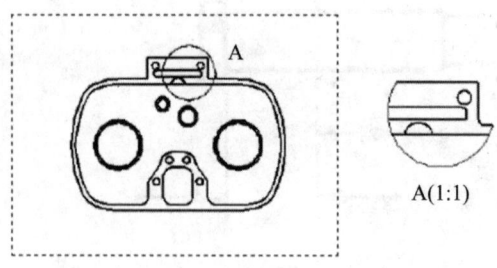

图 17.11

放大的部分使用草图（通常是圆或其他闭合的轮廓）进行闭合。

局部视图的缩放比例可以自由设定，局部视图的比例与所来源的视图相关联。

如图 17.11 所示，左边的活动视图显示绘制的轮廓（圆）和轮廓标号（A）。右边的局部视图显示局部视图标号，此显示轮廓标号（A）和比例（1：1）。

局部视图在 FeatureManager 设计树中展开，这样所有的零部件和特征都可使用。

（2）欲生成局部视图的步骤。

① 单击工程图工具栏上的局部视图 ，或单击"插入"/"工程图视图"/"局部视图"。

② 局部视图 PropertyManager 出现，圆 工具被激活。

③ 绘制一个圆。

④ 当您移动指针时，视图的预览在您选取拖动工程视图时显示内容时会显示。

⑤ 当视图位于所需的位置时，单击以放置视图。您可以编辑视图标号，而且可在必要时修改视图。若想移除输入到工程图的任何草图，将之从 FeatureManager 设计树中删除。

4. 工程图中的投影视图

（1）定义：投影视图通过以八种可能投影之一折叠现有视图而生成。所产生的视向受按在工程图图纸属性中定义的第一角或第三角投影法设定的影响。

（2）投影视图为正交视图，以下列工具生成：

 标准三视图。前视视图为模型视图，其他两个视图为投影视图，使用在图纸属性中所指定的第一角或第三角投影法 。

 模型视图。在插入正交模型视图（前视、右视、左视、上视、下视以及后视）时，投影视图 PropertyManager 出现，可从工程图纸上的任何正交视图插入投影的视图。

 投影视图。从任何正交视图插入投影的视图。

用户可生成爆炸装配体视图的投影视图，但不可从局部视图生成。

（3）生成投影视图步骤。

① 单击工程图工具栏上的投影视图 ，或单击"插入"/"工程视图"/"投影视图"。投影视图 PropertyManager 出现。

② 在图形区域中选择一投影用的视图。

③ 如要选择投影的方向，将指针移动到所选视图的相应一侧。当用户移动指针时，视图的预览在您选取拖动工程视图时显示内容时会显示。用户还可控制视图的对齐。

在此例中，投影视图位于所选视图的右边，如图 17.12 所示。

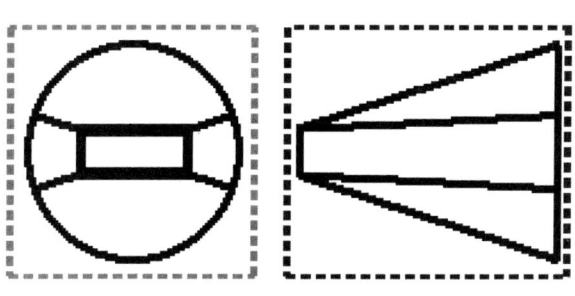

图 17.12

④当视图位于所需的位置时，单击以放置视图。投影视图放置在图纸上，与用来生成它的视图对齐。根据系统默认，您只能沿投影的方向来移动投影视图。如有必要，可更改视图的对齐，示意如图 17.13 所示。

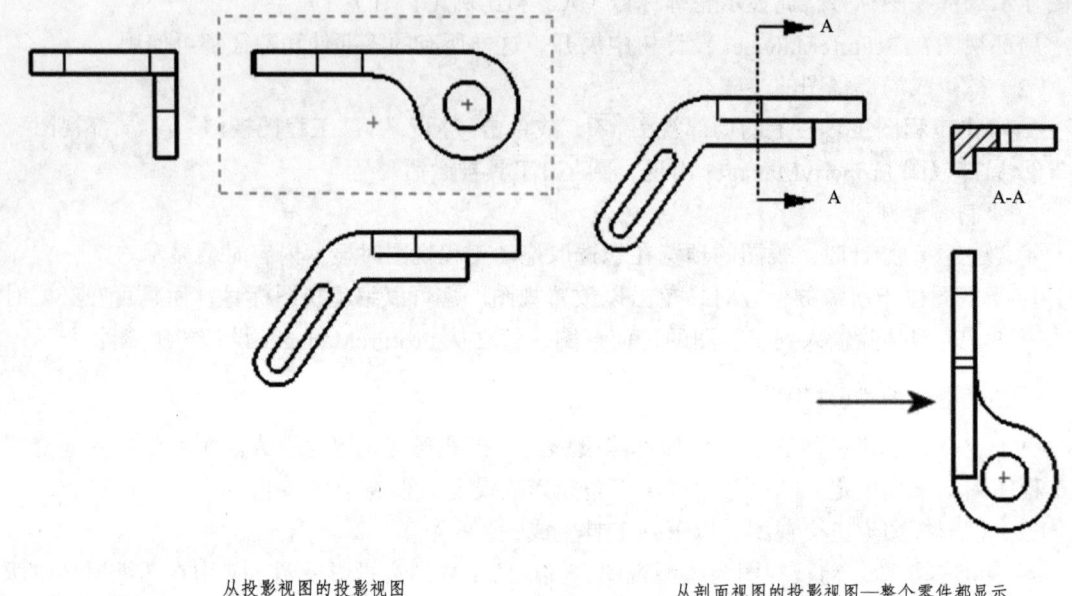

从投影视图的投影视图　　　　　　　　从剖面视图的投影视图—整个零件都显示

图 17.13

17.6　小结与思考

本项目主要讲述了 Solidworks 软件中工程图绘制的基本操作和基本思想，经过本项目的学习，请思考以下问题：

1. 描述工程图格式与工程图模板的差异？
2. 如何向工程图中插入标准三视图？
3. 在工程图中如何显示和隐藏边线？
4. 如何改变视图的比例？

17.7　实战演练

依据所给零件，完成如图 17.14 所示的压盖零件工程图。

建模分析：这是一个压盖的工程图详图。

利用工程图创建好 A3 图纸模板，然后模型导入后引出三视图，然后显示剖视图、局部视图、投影视图、添加文字等，这是一个轴瓦工程图。

建模步骤如下：

（1）导入主要视图。点击"新建"文件，打开"A3 模板"，创建一个自设的 A3 工程图图纸空白文件，点击"标注三视图"命令，选择压盖的三维模型文件，点击"确定"后，获得模型的基本视图，如图 17.15 所示。

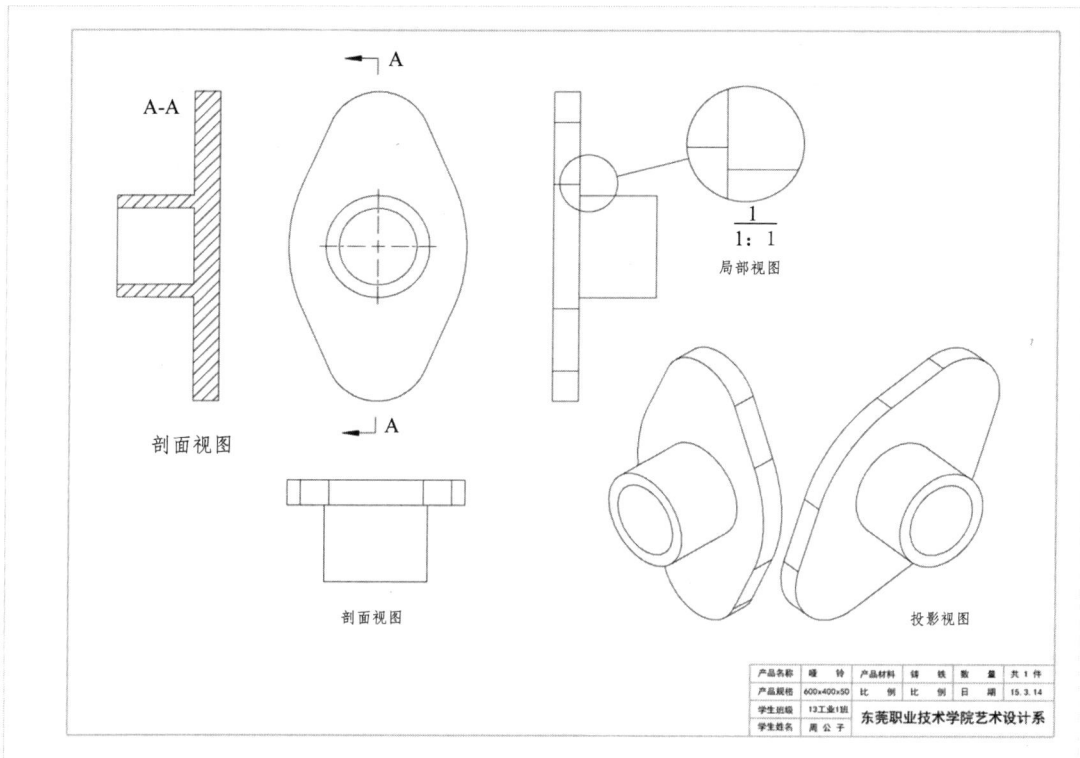

图 17.14

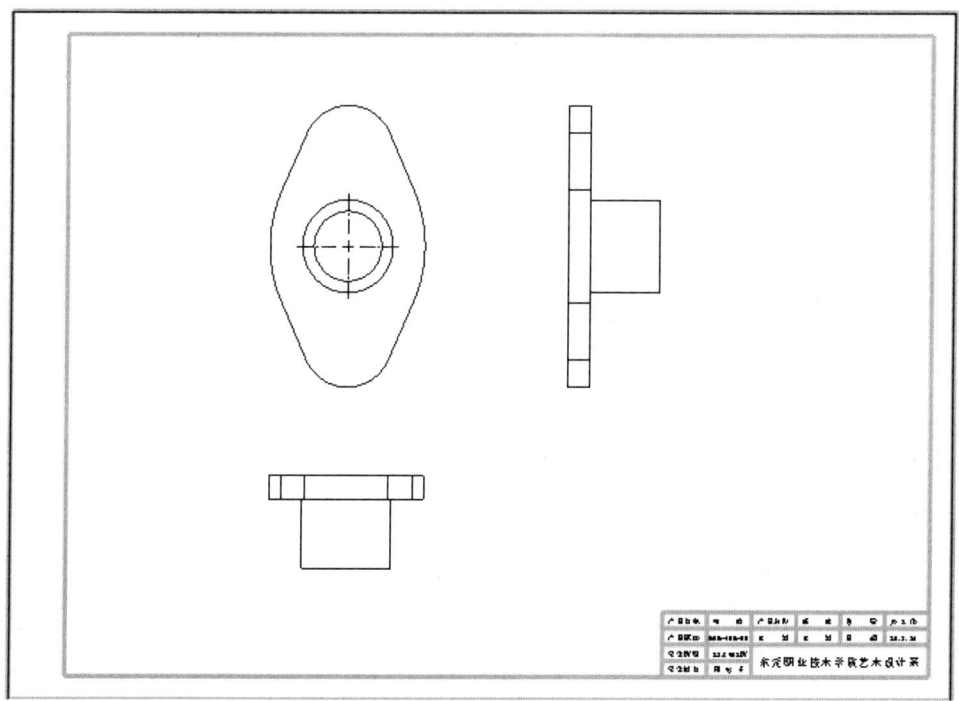

图 17.15

（2）导入剖视图。点击"剖面实体"命令，选择压盖的正视图的中心点作为剖面线，点击"确定"后，获得模型的剖视图，如图17.16、17.17所示。

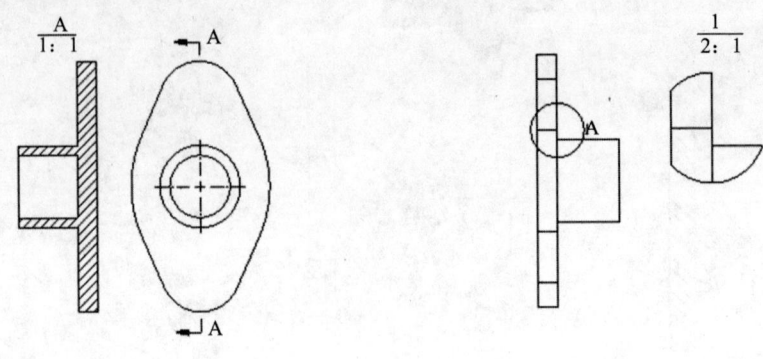

图17.16　　　　　　　　　　　　　　图17.17

（3）导入局部视图。点击"局部视图"命令，选择压盖的左视图的连接位置作为局部放大区域，点击"确定"后，获得模型的局部视图。

（4）导入投影视图。点击"投影视图"命令，选择压盖的等轴视图作为投影实体，点击"确定"，如图17.18所示。

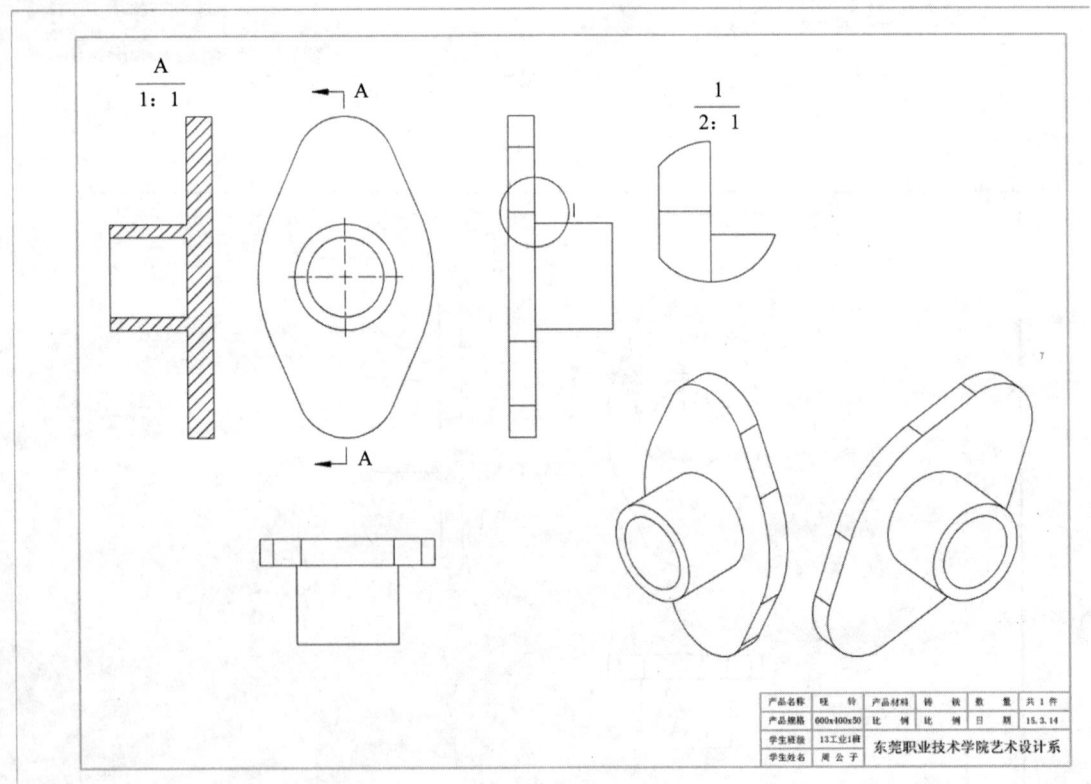

图17.18

（5）标注文字。点击"注解"下的"注释"命令，完成各个实体的文字标注。

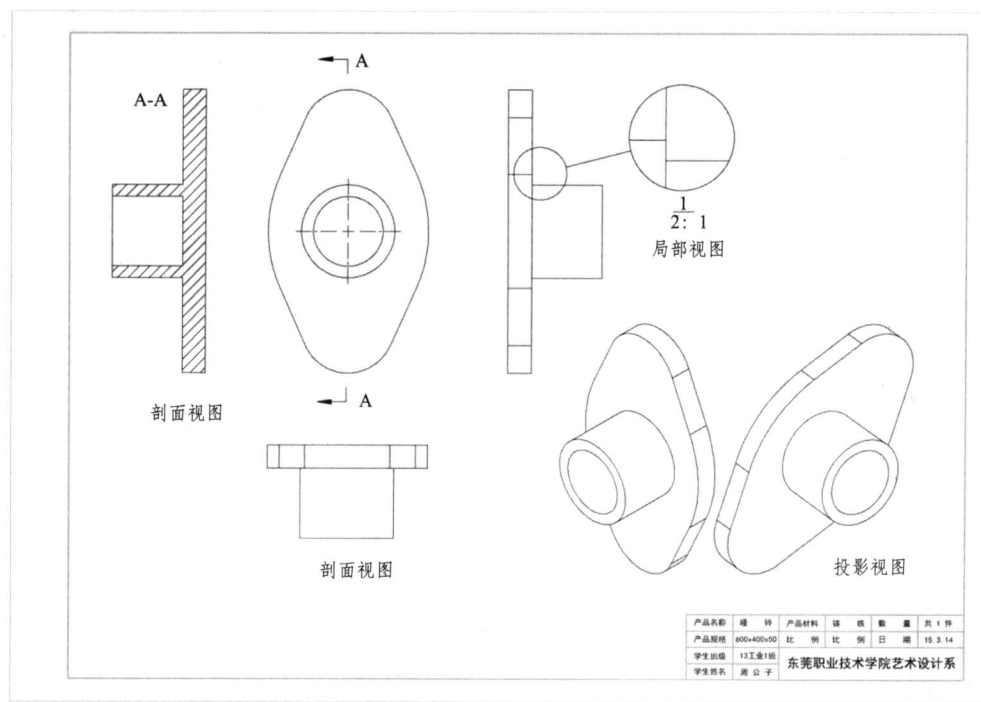

图 17.19

17.8 能力测试

请自定义尺寸，在 100 min 内完成以下 4 个项目建模。

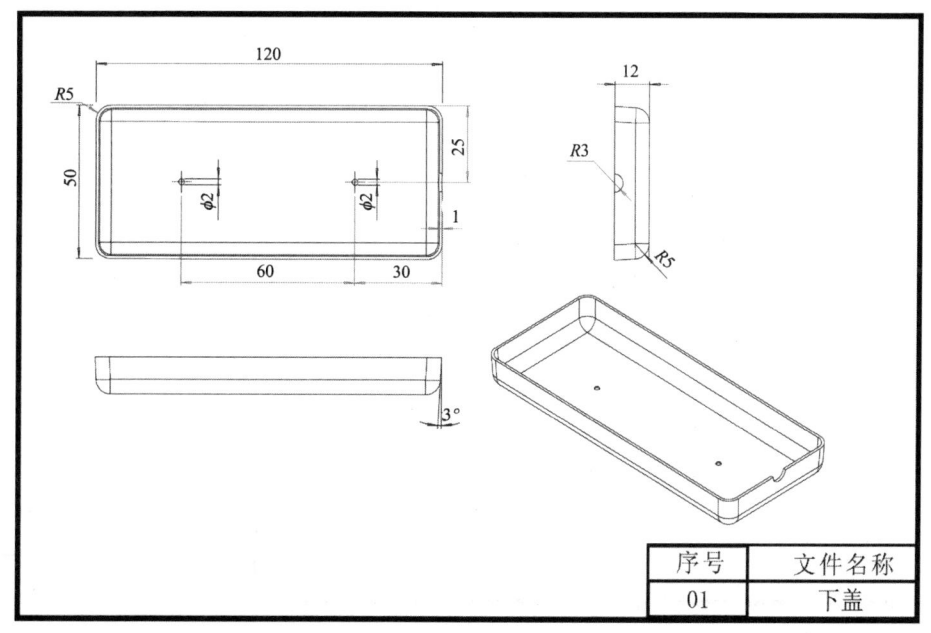

练习 1　插线板下盖

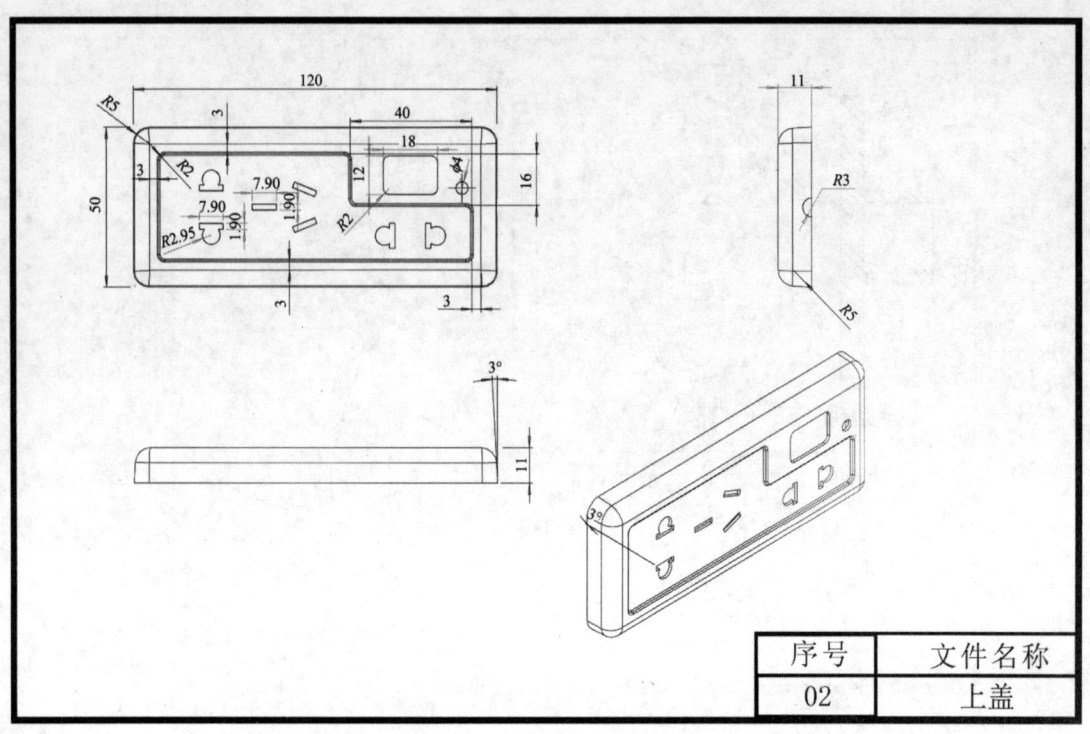

练习2 插线板上盖

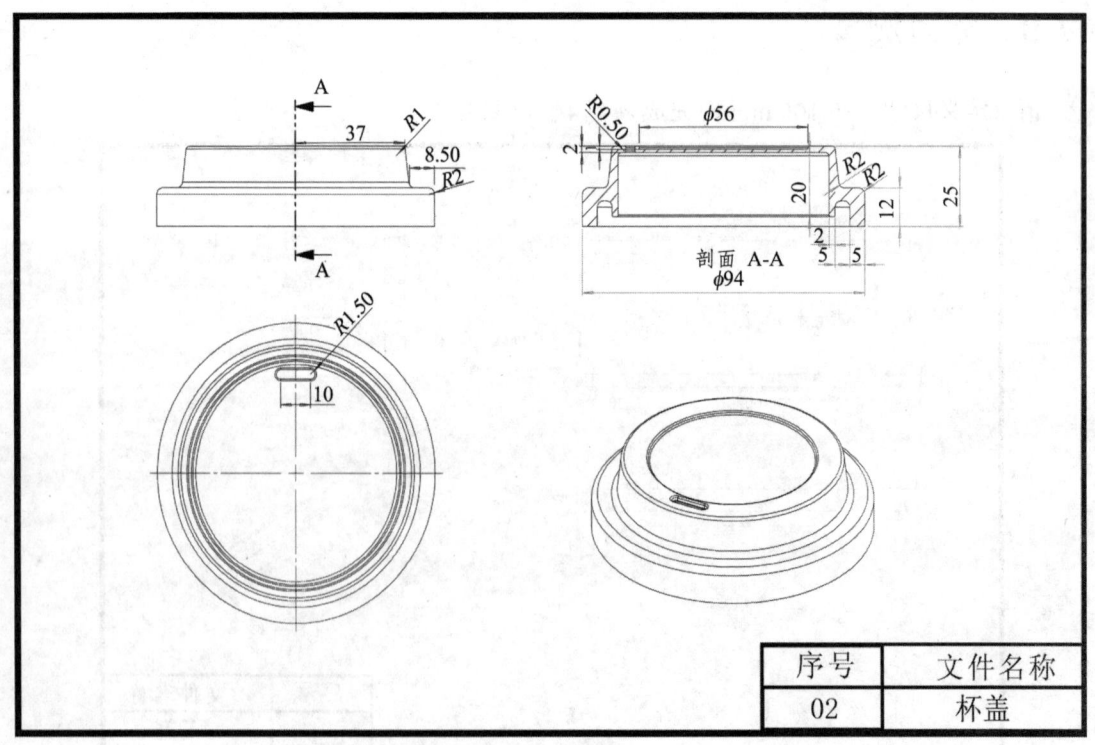

练习3 杯盖

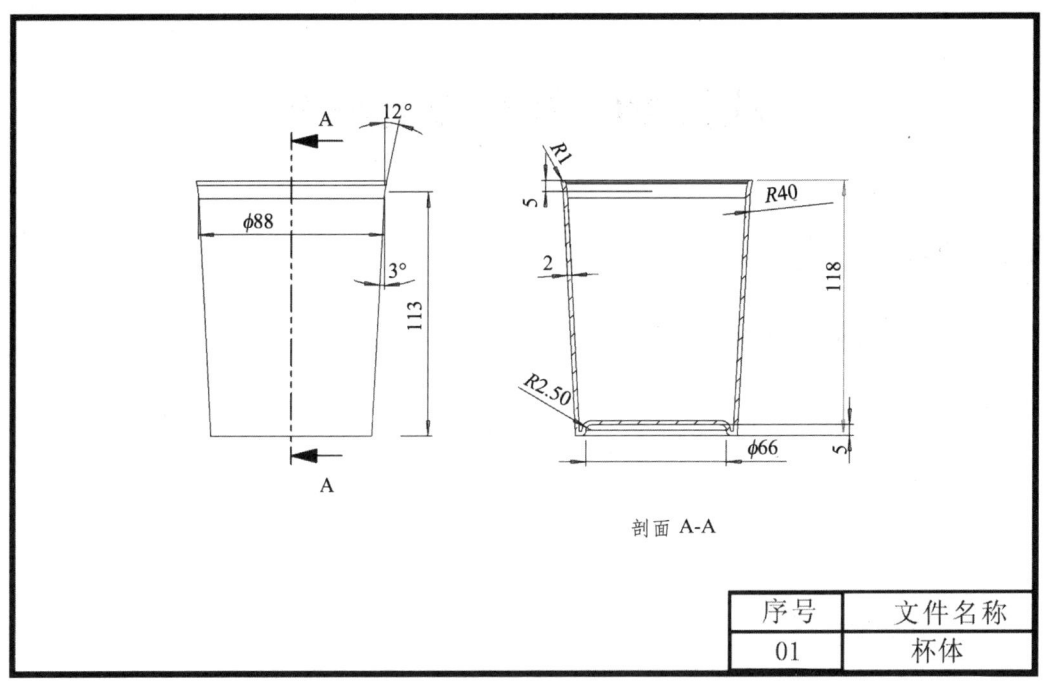

练习4 杯体

项目 18　插线板工程图

18.1　案例介绍

这是一款插线板的三视图，如图 18.1 所示。

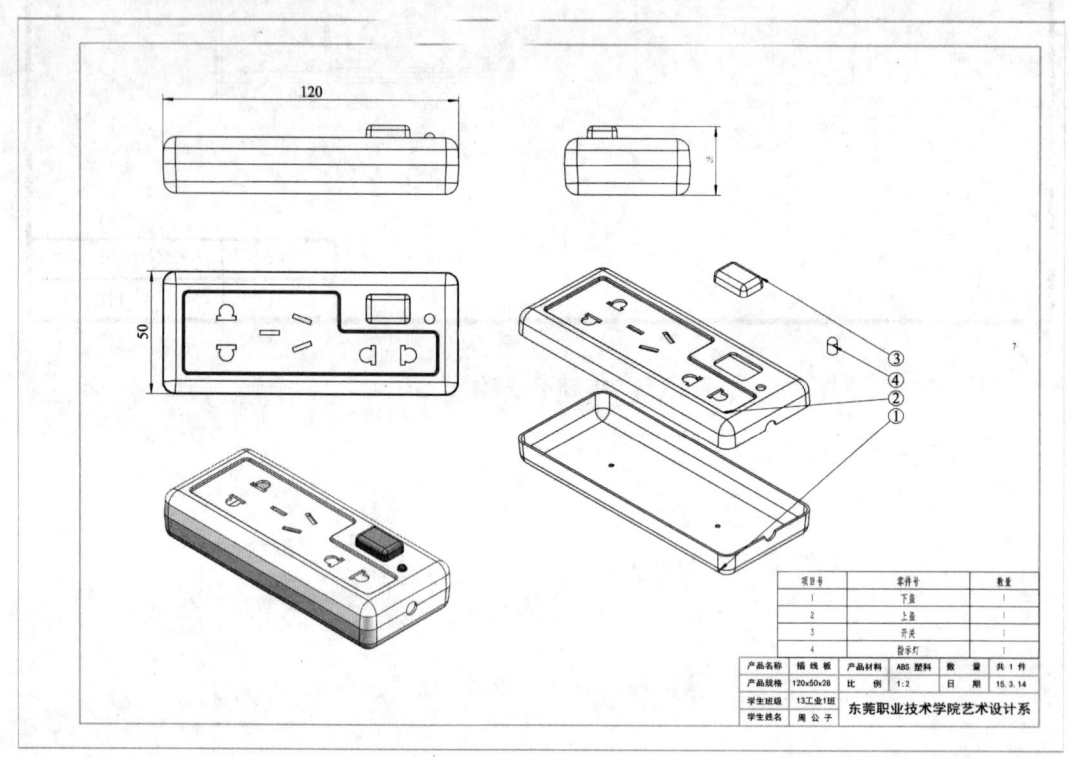

图 18.1

18.2　学习知识点

（1）工程图中添加装配体零件的三视图。
（2）工程图中添加装配体零件的爆炸视图。
（3）工程图中添加装配体零件的序列表。
（4）工程图中添加材料明细表。

18.3　案例分析

本案例比较简单，主要通过插线板装配体案例，阐述了在工程图中如何表达装配图零件的三视图、爆炸视图、零件序列表、材料明细表等。

18.4 操作步骤

（1）新建文件。启动 Solidworks 2015，单击菜单栏中的“文件”/“新建”命令，在弹出的“新建 Solidworks 文件”对话框中选择“A3 标准图框”图标，然后单击“确定”按钮，创建一个新的 A3 图纸的工程图文件。单击菜单栏中的“文件”下面的“另存为”命令，弹出“另存为”对话框，在“文件名”文本框中输入“插线板”，单击“保存”按钮保存文件。

（2）编辑图纸内容。进入工程图文件的设计树，选择图纸后点击右键，在弹出的快捷菜单中选择“编辑图纸”，在产品名称、产品规格、产品材料等内容中输入插线板产品的真实信息，然后退出编辑图纸命令，如图 18.2 所示。

图纸格式1

产品名称	插 线 板	产品材料	ABS 塑料	数 量	共 1 件
产品规格	120x50x28	比 例	比 例	日 期	15.3.14
学生班级	13工业1班	东莞职业技术学院艺术设计系			
学生姓名	周 公 子				

图 18.2

（3）插入装配体文件。单击“装配体”工具栏中的“插入零部件”工具，显示“插入零部件”属性管理器。在“要插入的零件/装配体”选项中，单击“浏览”按钮，在弹出的“打开”对话框中找到“插线板.sldasm”文件，打开该文件。单击“确定”，完成插线板装配体的插入。

选择“注解”/“智能尺寸”工具，将该装配图的基本长、宽、高在三视图上得到体现，调整好尺寸位置，并在“选项”/“文档属性”/“尺寸”属性栏下面调整好尺寸的大小为“小一号”。其他视图的尺寸点击“注解”下的“智能尺寸”标注完成，如图 18.3 所示。

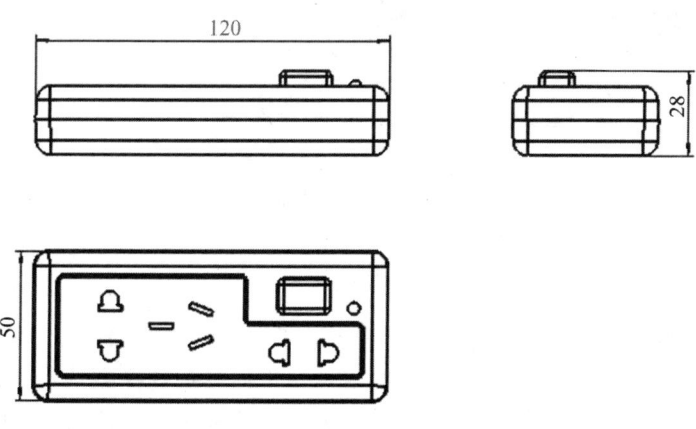

图 18.3

（4）导入其他视图。打开"视图调色板",选择"等轴侧视图"和"爆炸等轴侧"后,将其拖动到工程图图纸内,并调整好视图位置,如图 18.4 所示。

（5）添加零件序号。选择"爆炸等轴侧工程图图纸",点击"注解"/"自动零件序号"后出现对应的零件序号,调整零件序号的位置,"零件序号布局"中选择"布置零件序号到右"。再次选择"注解"/"注释",在序列号对应位置输入零件的名称,如图 18.5 所示。

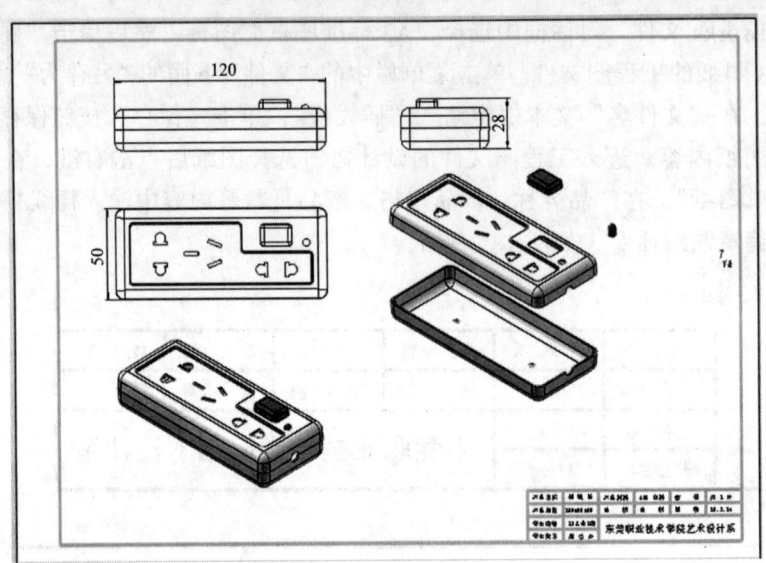

图 18.4

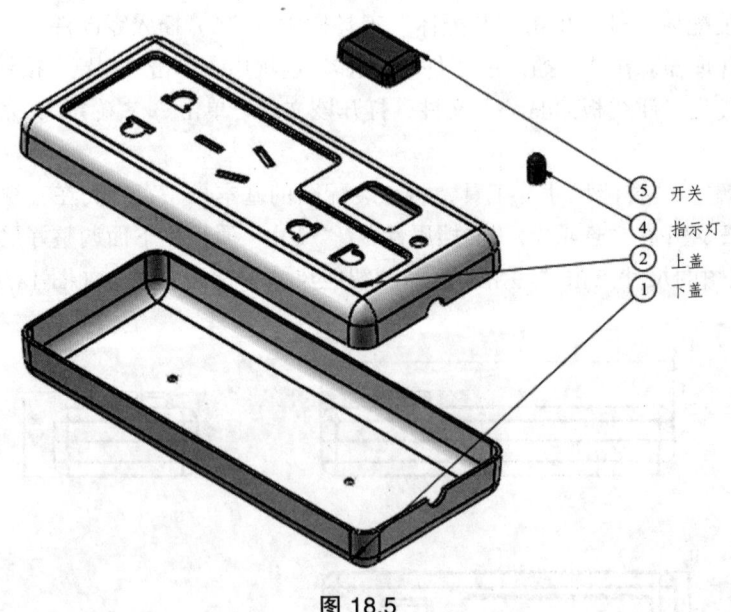

图 18.5

（6）添加材料明细表。选择"等轴侧工程图图纸",点击"注解"/"表格"/"材料明细表",出现"材料明细表"的属性对话框,对属性栏里面参数选择默认不变,点击"确定"。在工程图标题栏上方选择需要摆放表格的位置后确定,调整表格的长宽及字体大小,如图 18.6 所示。

项目号	零件号	数量
4	下盖	1
3	上盖	1
2	开关	1
1	指示灯	1

产品名称	插线板	产品材料	ABS 塑料	数 量	共 1 件
产品规格	120x50x28	比 例	1:1	日 期	15.3.14
学生班级	13工业1班	东莞职业技术学院艺术设计系			
学生姓名	周公子				

图 18.6

18.5 能力拓展

Solidworks 工程图内容不仅可以表达零件的三视图，同样适合装配体文件，并且还在展示装配体的爆炸图、材料序列号等方面做得很详细。

18.5.1 装配体工程图

1. 导入装配体模型

（1）打开装配体文件。
（2）建立一个工程图文件，单击 按钮。
（3）切换到装配体窗口，在图形区的空白处单击鼠标左键，将装配体模型导入工程图中。
注意：如果在装配体窗口图形区内的零件上单击，将只有被选中的零件导入工程图中。

2. 隐藏零部件

在视图的空白处单击右键，选择"属性"，在"工程视图属性"对话框中选择"隐藏/显示零部件"选项卡，在图形区的视图上选择要隐藏的零件，单击"应用"或"确定"。

在视图中选择要隐藏的零件，单击右键，选择"显示/隐藏"/"隐藏零部件"。

在特征树中选择某视图中的某零件节点，单击右键，选择"显示/隐藏"/"隐藏零部件"。

3. 显示隐藏的零件

再次进入"工程视图属性"对话框，在隐藏零件的列表中选择要显示的零部件，用 Del 键从列表中删除，单击"确定"。

在特征树中选择某视图中的某零件节点，单击右键，选择"显示/隐藏"/"显示零部件"。

4. 装配体剖视图

单击 ，在视图中绘制剖切线，出现"剖面范围"对话框。设定好后单击视图放置位置。

排除的零部件：列表中显示生成的剖视图中将不剖切的零部件。在视图中选择某零件，该零件的名称会出现在列表中。

自动打剖面线：设定按照切换 90°的方式标注装配体中相邻剖切零件。

5. 更改剖面线

用鼠标单击剖面线，激活"区域剖面线/填充"属性管理器，取消对"材质剖面线"复选框的选择，可设置剖面线的样式、比例（数值越小，剖面线间距越大）和角度，并设定所选剖面线的应用范围。

6. 零件序号

（1）插入序号的步骤。

① 插入零件序号。单击 ⊕，在视图中依次选择各个零件。

② 插入成组的零件序号。单击 ⊞，依次选择零件组中的零件。

③ 自动零件序号。选择一个视图，单击 ⊘。

④ 零件序号的对齐。框选要对齐的零件序号，单击"对齐"工具栏中相应的对齐方式按钮。

（2）零件序号的属性。

选择一个或所有零件序号，在属性管理器中可设定零件序号的边界样式、零件序号文字。其中的"项目数"即零件序号，对应于装配体特征树中的次序；"数量"表示该零件在装配体中的数目。

（3）改变零件序号的字体。选择零件序号，通过"字体"工具栏进行修改。

（4）改变零件序号字符。零件序号中的项目数与装配体生成的过程相对应，即对应于装配体特征树中的次序，而工程图中是按顺时针方向依次增加零件序号，因此需要进行调整。选择一个零件序号，在属性管理器中的"零件序号文字"列表中选择"自定义"，然后从左至右依次输入新的零件序号。零件序号中的次序设定结果将决定材料明细表中的零件排列顺序。

7. 材料明细表

（1）插入材料明细表。

在图形区选择视图，单击"插入－表格—材料明细表"，在"材料明细表"属性管理器中单击表模板按钮 ⊞，在"选择材料明细表"对话框中选择模板。

在属性管理器中设置材料明细表定位点位置，材料明细表类型选择"仅限顶层"，设定项目号的起始值与增量值。

（2）编辑材料明细表。

在材料明细表中单击，打开"单元格"属性管理器。

表格格式：设置标题行位置、边框、文字格式。

列属性：编辑列标题文字，调整列位置。

行属性：调整行位置。

材料明细表内容：调整行位置。

调整列宽：用鼠标拖动垂直表线：向左减小左列宽度，向右增大左列宽度。

调整行高：用鼠标拖动水平表线：向上减小上行高度，向下增大上行高度。

插入列、行：右击单元格，选择"插入—行"或者选择"插入—列"。

在单元格中输入文字：双击单元格输入文字，在单元格外单击结束。

（3）材料明细表的移动。

在材料明细表内任意位置单击激活明细表，用鼠标点住明细表左上角的移动图标拖动。

（4）保存材料明细表。

设置好材料明细表的格式和样式后，可将其保存为材料明细表模板。右击材料明细表，选择"保存为模板"。

18.5.2　装配体爆炸视图

1. 操作步骤

可以通过在图形区域中选择和拖动零件来生成爆炸视图，从而生成一个或多个爆炸步骤。

（1）单击爆炸视图 🔧（装配体工具栏）或"插入"/"爆炸视图"。

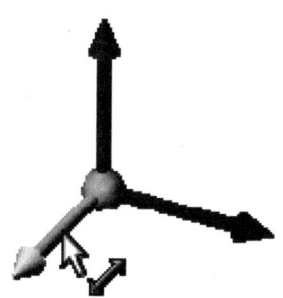

（2）选取一个或多个实体以包括在第一个爆炸步骤中。在 PropertyManager 中，实体显示在爆炸步骤的实体 🗇 中，有一三重轴出现在图形区域中。

要移动或对齐三重轴：拖动中央球形可来回拖动三重轴。

选择 Alt 键并拖动中央球形或者臂杆移动至零部件的任意边线或者面上，可以使三重轴对齐该边线或者面。

（3）拖动三重轴臂杆来爆炸实体，爆炸步骤出现在爆炸步骤下。

（4）在设置下，单击完成。PropertyManager 清除且为下一爆炸步骤作准备。

（5）根据需要生成更多爆炸步骤，然后单击 ✔。

2. 爆炸视图属性

爆炸视图特征 ExplView 🔩 显示在 ConfigurationManager 中的生成爆炸视图的配置下。每一个配置都可以有一个爆炸视图。

自动间距实体：在一个步骤中爆炸多个实体时，您可以沿轴对它们进行均分。

编辑爆炸步骤（多体零件）：可以编辑要添加、删除或重新定位实体的爆炸步骤。

删除爆炸步骤：可以从爆炸视图中删除爆炸步骤。

18.6　小结与思考

本项目主要讲述了 Solidworks 软件中装配体零件在工程图中的基本操作和基本表达，经过本项目的学习，请思考以下问题：

1. 工程图中如何选择性地表达出装配体的有效信息？
2. 如何在工程图的材料明细表中添加表格和修改内容？

3. 工程图中如何同时放入零件和装配体的图纸？

18.7 实战演练

完成画架装配体的工程图，如图 18.7 所示。

图 18.7

工程图图纸分析：

该画架是由众多零件装配而成，工程图中需要表达出画架的基本尺寸及装配体组成，所以在表达的画架的基本尺寸上，需要添加爆炸图图纸和材料明细表，体现出装配体文件所包含的内容。

建模步骤如下：

（1）编辑图纸。创建一个 A3 图纸，设定好内容，形成一个 A3 图纸模板，如图 18.8 所示。

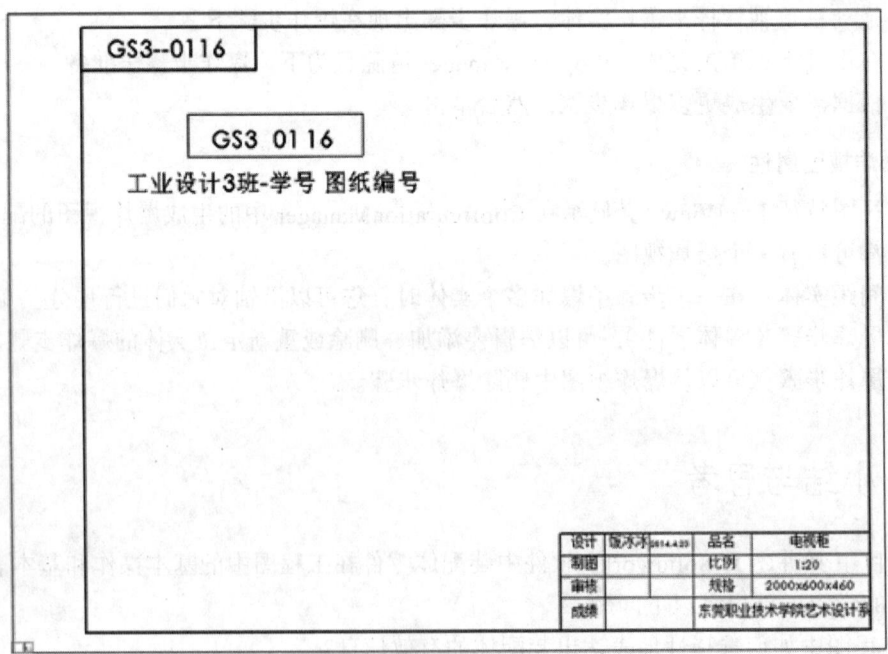

图 18.8

（2）导入三视图。点击"标注三视图"命令，选择画架的三维模型文件，点击"确定"后，获得模型的基本三视图。

（3）导入尺寸。点击"注解"下的"模型项目"命令，获得三视图的基本建模尺寸，如图18.9所示。

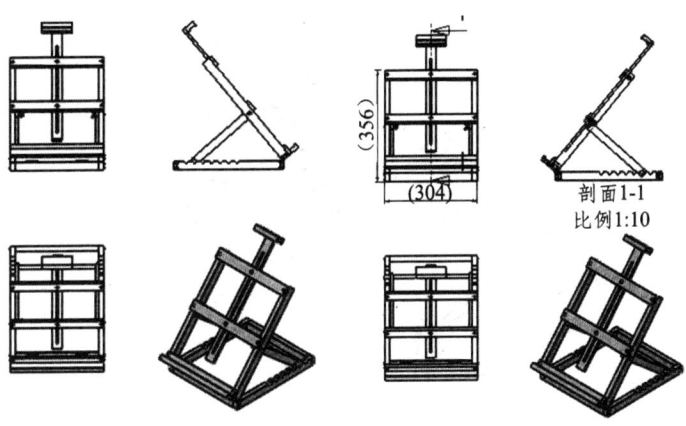

图 18.9

（4）标注文字。调整视图，导入剖面视图，然后点击"注解"下的"注释"命令，完成各个实体的文字标注。

（5）导入爆炸视图。打开"视图调色板"，导入画架的爆炸视图，并且以实体模型状态显示，点击"确定"。如图18.10所示。

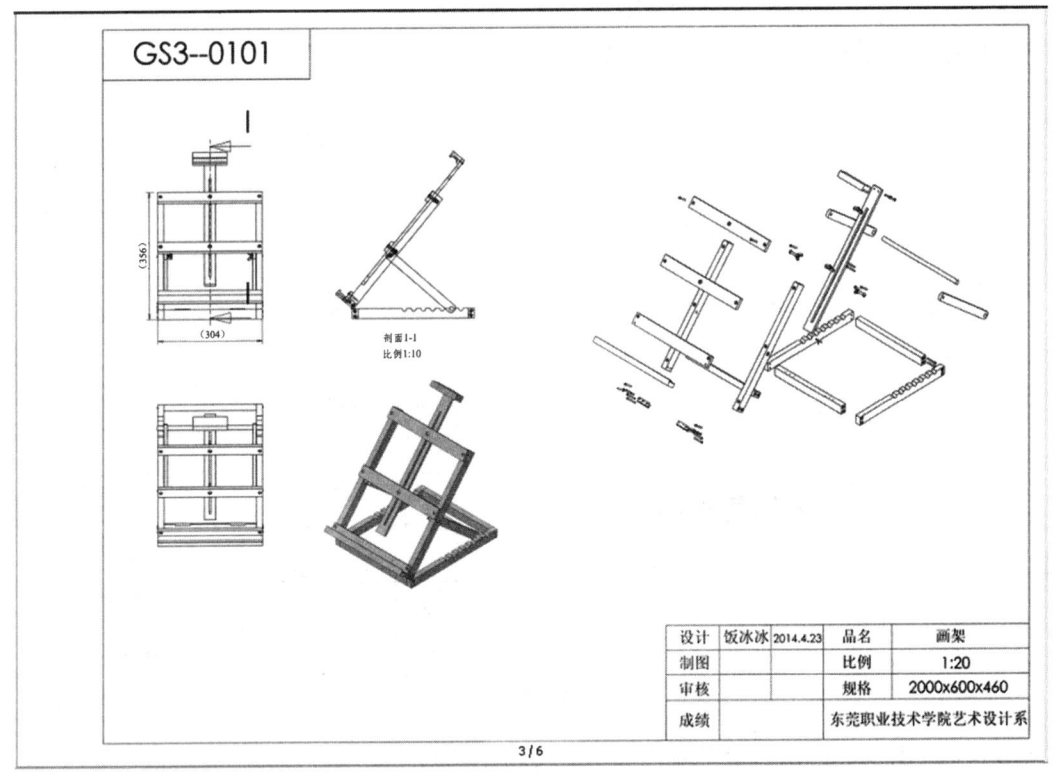

图 18.10

（6）导入零件序号。打开注释下面的“自动零件序号”命令，选择画架的爆炸视图，完成零件序号编写，如图 18.11 所示。

图 18.11　画架爆炸图

（7）导入材料明细表。打开注释下面的“材料明细表”命令，选择画架的爆炸视图，完成零件材料明细表导入工作，如图 18.12 所示。

项目号	零件号	数量
1	零件5(b)	1
2	零件5(a)	1
3	零件4(b)	1

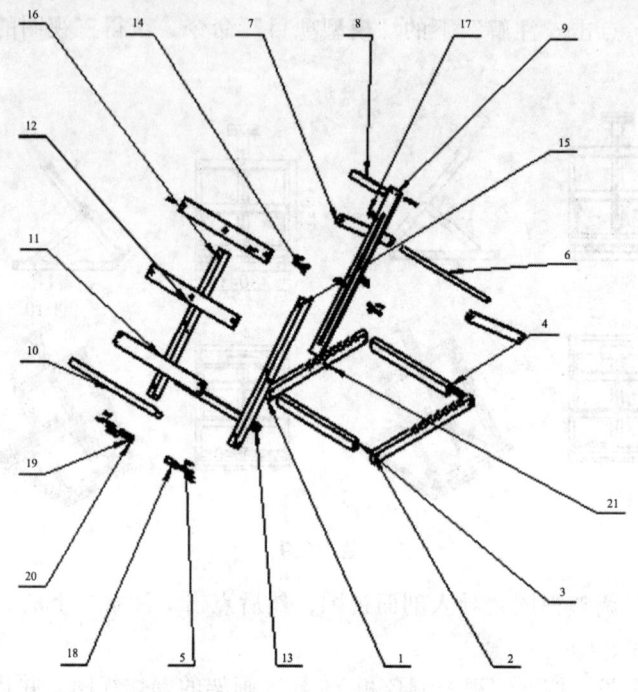

明细表放大图

项目号	零件号	数量
1	零件5(b)	1
2	零件5(a)	1
3	零件4(b)	1
4	零件4(a)	1
5	小螺丝钉	22
6	零件3	1
7	零件7	2
8	零件1	1
9	零件2	1
10	零件10	1
11	零件9(b)	1
12	零件9(a)	2
13	零件6	1
14	蝶形螺母	4
15	零件8(a)	1
16	零件8(b)	1
17	螺栓	4
18	金属1	2
19	金属2	2
20	金属3	2
21	小小螺丝	12

设计	[illegible]	2014.5.6	品名	画　架
制图	[illegible]	2014.5.6	比例	1:5
审核			规格	400X300X200
成绩			东莞职业技术学院艺术设计系	

图 18.12

（8）导入图纸。依据画架的爆炸视图，完成零件的编序及材料明细表工作，如图 18.13 所示。

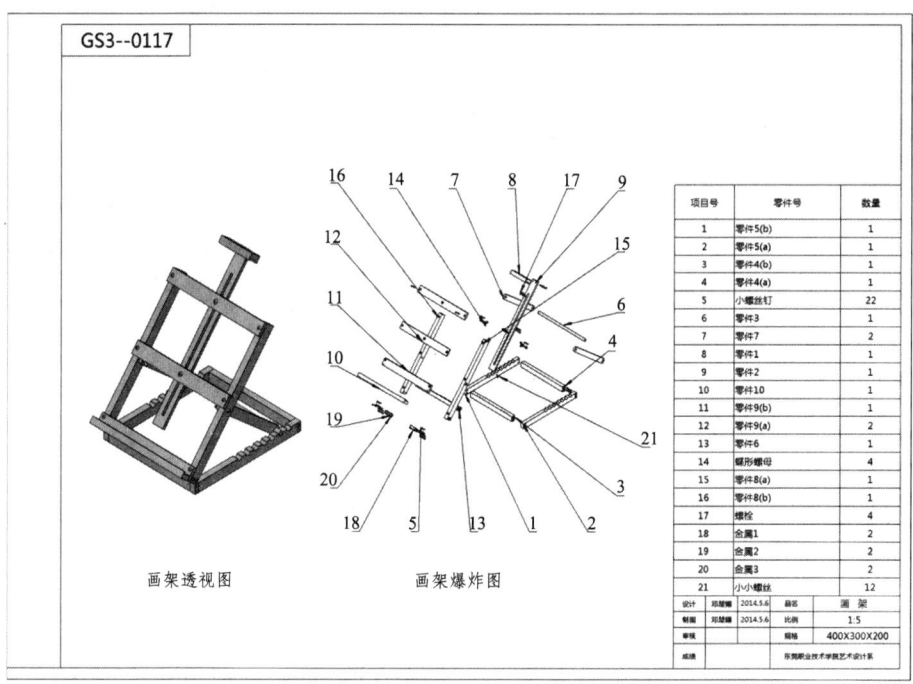

图 18.13

18.8 能力测试

请自定义尺寸，在 100 min 内完成以下两个项目建模。

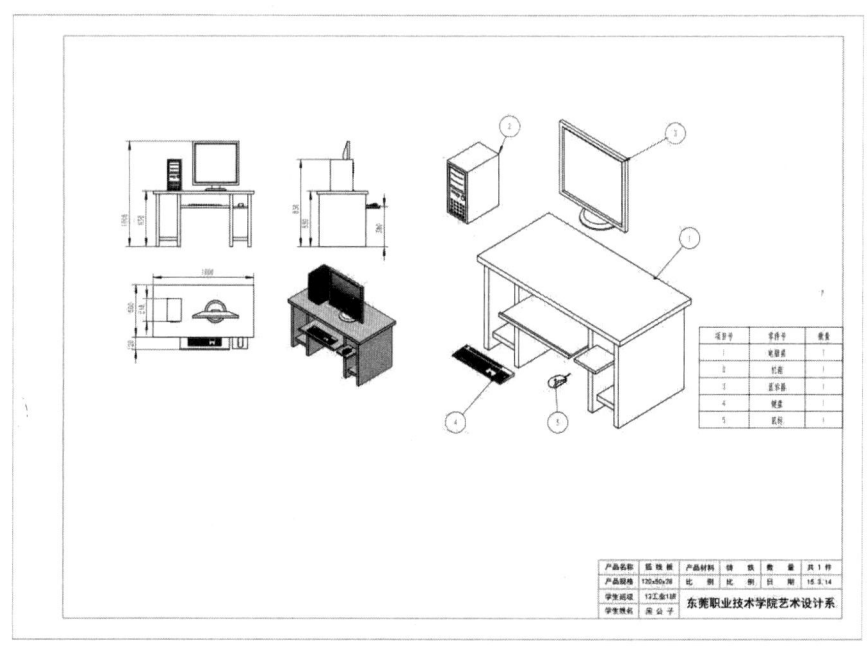

练习图 1 电脑桌

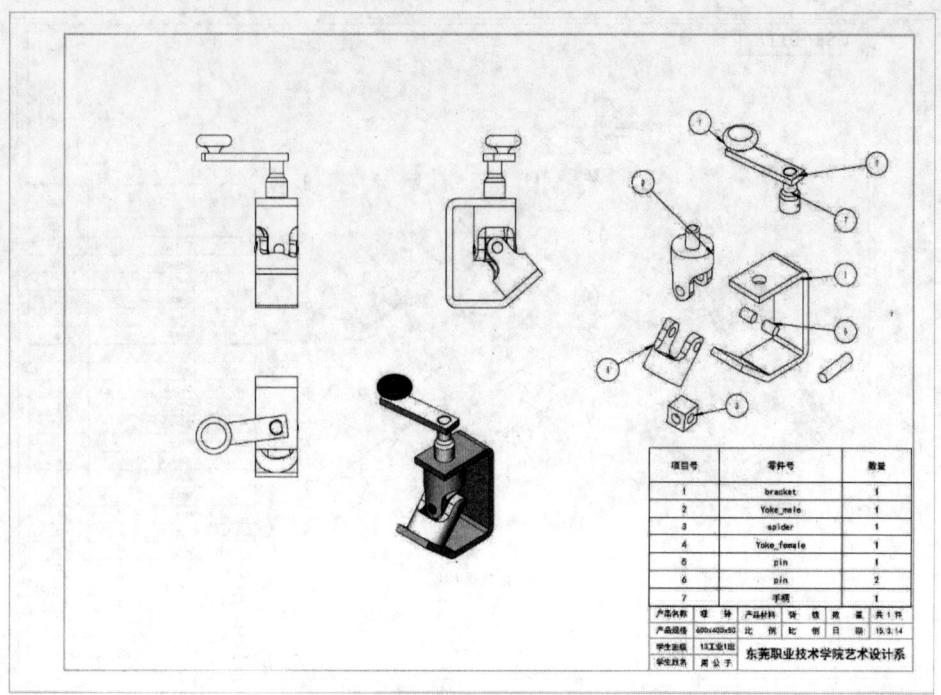

练习图2 万向节

参考文献

[1] 刘春荣. 产品设计创意表达. Solidworks[M]. 北京：机械工业出版社，2012.
[2] 董荣荣，王宏，等. Solidworks 2011 工业设计案例实战[M]. 北京：机械工业出版社，2011.
[3] 邢启恩. Solidworks 产品造型设计实战精解[M]. 北京：机械工业出版社，2012.
[4] 姜海军. Solidworks 项目教程[M]. 上海：复旦大学出版社，2010.
[5] 李观华，黄致程. Solidworks 产品设计图解[M]. 北京：清华大学出版社，2012.
[6] DS Solidworks 公司. Solidworks 工程图教程（2010 版）[M]. 陈超祥，叶修梓译. 北京：机械工业出版社，2011.
[7] 云杰漫步科技 CAX 设计教研室. Solidworks 2010 中文版造型设计项目案例解析[M]. 北京：清华大学出版社，2011.
[8] 胡仁喜，刘昌丽，路纯红，等. Solidworks 2010 中文版标准实例教程[M]. 北京：机械工业出版社，2010.
[9] 张云杰，等. Solidworks 2010 中文版从入门到精通[M]. 北京：电子工业出版社，2010.
[10] 詹迪维. Solidworks 快速入门教程[M]. 北京：机械工业出版社，2010.
[11] 吴高阳，任国全，胡仁喜，等. Solidworks 2010 有限元、虚拟样机与流场分析从入门到精通[M]. 北京：机械工业出版社，2011.
[12] 北京兆迪科技有限公司. Solidworks 2013 宝典[M]. 北京：中国水利水电出版社，2013.
[13] 赵罘，王平. Solidworks 2010 中文版快速入门与应用. 北京：电子工业出版社，2010.
[14] [美]David planchard.mariep P.planchard. Solidworks 官方认证考试习题集——CSWA 考试指导. 陈超祥等译. 北京：机械工业出版社，2010.